호그니에
논믕

싼힌 힝왼곰

삶을 위한
죽음
오디세이

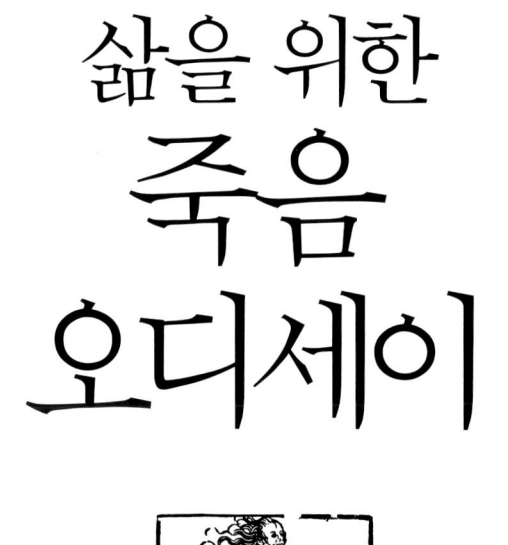

리샤르 벨리보 · 드니 쟁그라 지음 | 양영란 옮김

궁리
KungRee

생명을 위협하는 죽음 유전자

1판 1쇄 찍은 날 2013년 12월 20일
1판 1쇄 펴낸 날 2014년 1월 5일

지은이 리처드 벨리보 · 드니 쟁그라 | 옮긴이 양영란

주간 김현숙 | 편집 변효현, 김주희 | 디자인 이현정, 김화정 | 영업 백국현, 도진호 | 관리 김옥경
펴낸곳 궁리출판 | 펴낸이 이갑수
등록 1999. 3. 29. 제300-2004-162호 | 주소 110-043 서울시 종로구 통인동 31-4 우남빌딩 2층
전화 02-734-6591~3 | 팩스 02-734-6554 | 이메일 kungree@kungree.com | 홈페이지 www.kungree.com

ⓒ 궁리, 2013. Printed in Seoul, Korea.

ISBN 978-89-5820-265-3 03400

값 25,000원

LA MORT
by RICHARD BÉLIVEAU & DENIS GINGRAS
Copyright ⓒ EDITION DU TRECARRE, 2010
Korean Translation Copyright ⓒ KUNGREE PRESS CO., 2013
All rights reserved.

This Korean edition was published by arrangement with
GROUPE LIBREX INC., (Québec)
through Bestun Korea Agency Co., Seoul

삶보다 죽음을 통해
우리에게 더 많은 것을 가르쳐준 모든 이들에게 바친다.

감사의 말

과학적 · 의학적 전문 지식과 비판 정신, 인본주의적 비전으로 우리의 저술 작업을 도와준 모든 이들에게 진심으로 감사드린다.

의학박사이며 캐나다 의사협회 소속 가정의학과 의사이자, 트루아리비에르 사회복지건강센터 소속 완화치료 · 통증치료 전문가인 아가트 블랑셰트(Agathe Blanchette),

의학박사이며 캐나다 왕립외과의사협회 회원으로 몬트리올대학교 신경외과 교수, 몬트리올대학교병원 신경외과 전문의로 일하는 미셸 W. 보자노브스키(Michel W. Bojanowski),

생리학 박사이며 몬트리올대학교 의과대학 연구 담당 부총장이자 생리학과 교수 뱅상 카스텔루치(Vincent Castellucci),

물리학 박사이며 세젭 리무알루에서 물리학을 가르치는 피에르 다르지(Pierre Dargis),

의학박사이며 루이 H. 라퐁텐 병원의 정신과 전문의이자 몬트리올대학교 교수인 마리 클로드 델리즐(Marie-Claude Delisle),

의학박사이며 퀘벡 가정의학과 의사연합의 모리시 지부에서 평생직업심화교육 지역 책임자로 일하는 장 데솔니에(Jean Desaulniers),

의학박사이며 성심병원 내과 전문의로 퀘벡-장기이식 교육 및 진흥 문제 자문이자 몬트리올대학교 임상교육 담당 부교수인 피에르 마르솔레(Pierre Marsolais),

의학박사이며 몬트리올 종합병원, 맥길대학교병원의 방사선 종양과 전문의인 세르지오 파리아(Sergio Faria),

의학박사이며 왕립외과의사협회 회원으로 맥길대학교의 재건성형외과에서 일하는 뤼시 레사르(Lucie Lessard),

유머 만점의 박학다식한 석학 이브 벨리보(Yves Béliveau),

이들에게 진심 어린 감사를 표한다.

아울러, 여러 해 동안 우리에게 삶에 대한 그들의 애착, 죽음에 대한 불안감 또는 생을 마감하는 순간에 느끼는 평온함 등을 털어놓아준 환자들에게도 고마운 마음을 전한다. 그들의 생각과 그들이 터득한 삶의 지혜, 유머 등이 우리에게 많은 영감을 불어넣어주었다. 그들이야말로 이 책을 쓰게 된 출발점이었다.

차례

책머리에

산다는 건 우리를 무척 흥분시키는 풍요로운 경험이다. 인간의 모든 삶에는 시련과 슬픔이 따르게 마련이지만, 그럼에도 삶은 우리가 지식을 얻고 사고의 지평을 넓히며 새로운 것에 도전하고 정서 면에서건 물질 면에서건 혹은 직업 관련 전문 분야에서건 자신이 세운 목표와 꿈을 실현해가는 멋진 기회임이 분명하다. 의학의 발전으로 우리는 인류 역사상 예외적이라 할 만큼 질적으로 우수한 삶, 예전에 비해 월등하게 늘어난 기대 수명의 혜택을 보는 시대에 살고 있다. 훌륭한 의사와 과학자가 거듭 강조하듯이, 우리를 무기력하게 만드는 몇몇 만성질환(암, 심혈관 질환, 제2형 당뇨, 알츠하이머)의 출현을 억제해주는 좋은 생활 습관을 통하여 이 길어진 수명을 최대한 활용하는 것이 우리에게는 얼마든지 가능하다. 이러한 예방적인 접근법이 현대의학의 엄청난 치료 잠재력과 결합하게 되면, 삶의 질이 향상됨은 물론, 기대 수명도 늘어날 수 있으며, 따라서 매 순간 살아 있음을 만끽하고 우리가 몸담고 있는 사회의 변화에 적극적으로 참여할 수 있는 기회도 얻게 된다.

인간은 생존과 종(種)의 번식이라는 생물의 기본적인 기능으로만 요약되는 삶에 만족하지 않는 유일한 생물이다. 삶에 대한 애착과 더불어, 우리가 실존 문제에 으레 연결지어 생각하기 마련인 성공이나 발전 지향성으로 말미암아 죽음의 필연성은 더더욱 받아들이기 어려워진다. 성공이 삶의 덧없음에 대한 진정한 성찰의 정도보다는 물질적인 소유와 권력의 크기로 가늠되는 시대이니만큼, 우리는 궁극의 비극적 사건으로서의 죽음을 애써 모르는 척 하려 하거나, 죽음으로부터 도망가거나, 아니면 아예 죽음을 부정하는 편을 선호한다.

어째서 죽음에 관한 책을 써야 하는가? 종양을 연구하는 학자들은 언제나 죽음과 대면하기 마련이다. 암

연구의 목표는 건강한 세포들은 살려두면서 암에 걸린 세포들만 선별하여 죽이는 치료법을 발전시키는 것이다. 마찬가지로, 삶을 이해하기 위해서는 죽음을 이해해야 하며, 삶과 죽음을 갈라놓는 모호한 경계선 위에서 일상적으로 줄을 타보아야 한다. 이렇게 해서, 신경종양학과 신경외과 분야에서의 오랜 연구가 암 가운데에서도 가장 무서운 암으로 손꼽히는 뇌종양 치료제의 개발이라는 결과를 낳았다. 짐작하겠지만, 뇌종양은 우리에게 인간이라는 종으로서의 정체성을 부여해주고 우리를 개인으로 정의하게 해주는 바로 그 전체를 총괄하는 곳, 즉 뇌를 공격한다는 이유 때문에 가장 힘들고 어려운 암으로 여겨진다. 그런데 그보다 더 중요한 건, 죽음에 대한 성찰이 우리가 여러 해 동안 곁에서 지켜보았던 중병 환자들과의 빈번한 접촉을 통해 가다듬어졌다는 사실이다. 어떻게 생각하면 그들을 가까이에서 관찰하고 그들과 이야기 나눌 수 있었던 건 우리에게 일종의 특권이었다고도 할 수 있다. 환자들이 느끼는 깊은 절망감 또는 죽음에 대한 초연한 태도는 어떤 식으로건 항상 삶의 의미, 삶의 덧없음에 대한 명상으로 이어졌다. 이 책은 우리의 학술적 연구, 우리에게 풍부한 생각할 거리를 주는 환자들과의 이 같은 만남에서 비롯된 성찰이 한데 어울려 태어났다.

죽음을 예견하기란 불가능하겠지만, 죽음에 대한 두려움을 미리 방지하는 건 가능하다. 생명을 유지하기 위해 동원되는 모든 과정이 일시적이라는 사실을 이해하면 되기 때문이다. 과학은 애초부터 우리를 둘러싼 세계의 현상을 이해하고자 하는 노력에서 시작되었고 지금도 그러한 역할을 충실히 수행하고 있다. 과학은 죽음과 관계있는 모든 기제의 신비를 벗길 수 있으며, 우리 사회에서 최후의 금기로 남아 있는 이 현상에 대해 새로운 시각을 제공할 수 있다. 죽음에 대해서 이야기하는 것은 곧 우리 모두에게 닥칠 시련을 길들이는 것이다. 죽음의 불가피성을 의식하고 죽음이 무엇인지를 좀 더 잘 이해하게 되면, 우리는 매우 소중한 삶의 한 순간 한순간을 낭비하는 일 없이 만끽할 수 있을 것이다. 삶을 충분히 향유하기 위해 죽음을 이해하기, 이것이 바로 이 책을 쓰는 목적이다.

> 타지마할. 샤자한 황제가 황후 아르주만드 바누 베감을 기리기 위해 지은 이 건축물은 세계에서 가장 아름다운 영묘(靈廟) 중 하나로 손꼽힌다.

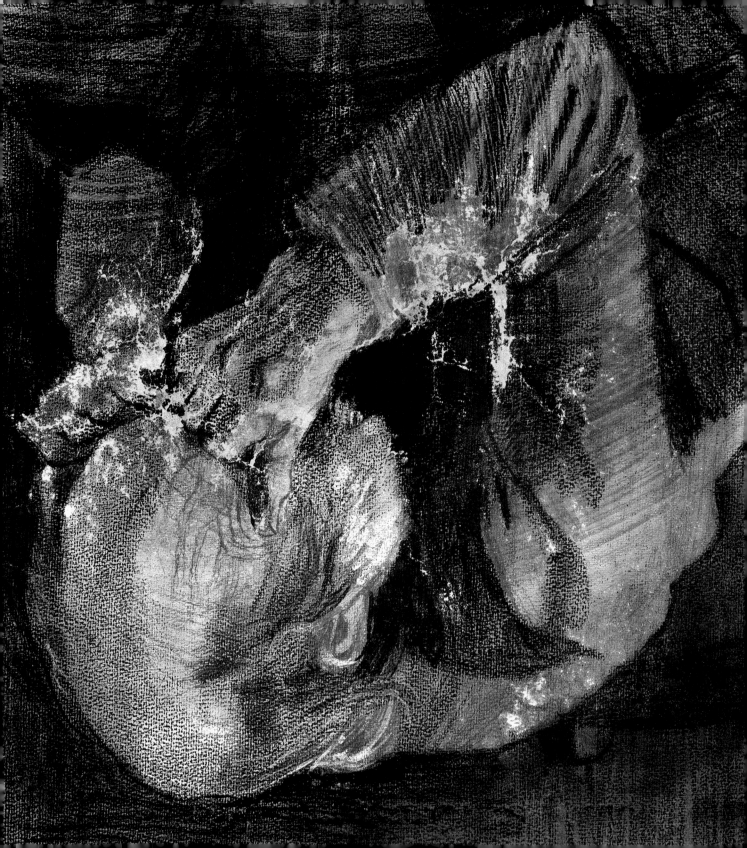

들어가는 말

선(禪) 수행 중인 제자와 스승 사이에 오고간 유명한 대화가 있다. 제자가 물었다. "스승님, 어떻게 하면 죽음을 이길 수 있습니까?" 그러자 스승이 망설임 없이 대답했다. "잘 사는 법을 배우면 된다." 스승의 대답에 얼떨떨해진 제자가 다시 물었다. "하지만 스승님, 그렇다면 잘 사는 법은 어떻게 배울 수 있습니까?" 스승이 다시 알쏭달쏭한 대답을 들려주었다. "그야 간단하지, 죽음을 이기면 되지."

이 재미난 대화는 인간이 지구상에 출현한 이후 줄곧 시달려왔던 가장 근본적인 딜레마를 단 몇 줄로 요약하여 보여준다. 언젠가는 반드시 죽음으로 끝날 것이 확실한 우리의 삶에서 어떻게 의미를 찾아야 할 것인가? 철학적 사색과 주요 종교들이 성장해가는 데 중요한 역할을 한 이 실존적인 질문은 지난 수천 년간 인류가 낳은 뛰어난 지성들을 사로잡았다. 플라톤, 아우구스티누스, 단테, 데카르트, 니체, 하이데거, 사르트르 (얼핏 떠오르는 대로 가장 대표적인 인물들만 꼽아보아도 이 정도다) 같은 철학자들의 책은 여러 세기를 관통하면서 우리가 삶을 바라보는 방식에 끊임없이 영향을 주고 있다. 죽음과 직면해야 하는 인간 조건에 대한 이들의 성찰은 유한한 존재로서 우리가 제기하는 질문과도 상당 부분 일맥상통한다.

지상에 잠깐 모습을 나타내는 것으로 그치는 존재가 지니는 타당성 혹은 부당성에 대해 의문을 품는 것은 너무도 당연하다. 인간처럼 이성적인 동물은 늘 자신을 둘러싼 세계에서 일어나는 자연 현상의 의미를 찾고자 애쓰기 때문이다. 죽기 위해서 태어난다는 건 사실 납득하기 어려운 어처구니없는 일이 아닌가? 설혹 그것이 전적으로 자연스러운 일이라 할지라도, 부질없고 비논리적인 이 과정은 아무래도 당혹스럽고, 그렇기하지만 소중한 사람들의 죽음을 슬퍼하고 그들과의 추억을 그리는 것이 인류의 고귀한 습성이라지만, 남의 죽음이 아닌 우리 자신의 죽음이 불러일으키는 불안감으로 말하자면 그건 정말이지 우리의 실존을 망쳐놓을 수 있는 독버섯과 같은 특성이라 말할 수 있다. 실제로, 죽음에 대한 두려움의 상당 부분은 다른 사람이 아닌 우리 자신의 죽음에 대한 공포에서 비롯된다. 우리가 사후 세계의 존재를 믿건 믿지 않건, 죽음은 어쨌거나 입에 올리지 않는 편이 낫거나, 꼭 입에 올려야 한다면 마지못해 주저하며 언급하는 금기이다. 프로이트가 말했듯이, 우리는 무의식적으로 우리 자신의 죽음을 거부하는 것이다. 이러한 거북함의 상당 부분은 죽음에 대한 몰이해에서 온다. 우리는 왜 죽는가? 삶의 마지막 순간에는 어떤 일이 일어나는가? 역설적이게도 모든 종교와 철학 사조들이 죽음의 심리적 · 사회적 · 형이상학적 측면에 대해서 깊이 있는 성찰을 계속하고 있음에도 우리들 대다수는 삶의 과정이나 죽음을 몰아오는 사건들에 대해서 거의 아는 바가 없다. 우리는 인간의 삶이 얼마나 믿기 어렵고 있음직하지 않은 경험인지, 지금으로부터 30억 년 전에 출현한 하나의 원시세포에서 시작된 경이롭기 그지없는 모험인지에 대해 충분히 인식하지 못한다. 더구나 우리는 죽음이 실존을 마감하는 부정적이거나 부당한 종말이라기보다, 인간이라는 종이 지구상에 출현하기까지의 과정에 필연적이고 본질적인 역할을 해온 긍정적인 현상임을 자주 잊어버린다. 이 같은 상황은 사실 매우 유감스럽다. 역설적으로 들릴 수도 있겠으나 죽음을 이해하게 되면 삶을 더 잘 이해할 수 있으며, 따라서 영생 중의 한순간을 사는 특권을 한층 더 충실하게 맛볼 수 있다. 그 한순간이 아무리 덧없고 일시적이라 할지라도.

이런 관점에서 우리 두 공저자는 삶을 구성하는 굵직한 윤곽선을 제시하고, 구체적인 사례를 통해서 죽음의 여러 방식을 예시해보자는 계획을 세우게 되었다. 암은 어째서 불치의 병일까? 어떻게 해서 무게가 10억 분의 1밀리그램도 안 되는 일부 바이러스나 박테리아가 단 며칠, 아니 몇 시간 만에 인간을 죽일 수 있을까? 왜 어떤 상처는 죽음에 이르게 하고, 다른 상처는 겉보기엔 위중해 보여도 표피적인 손상만 입힐 뿐일까? 인간은 어떻게 독살에 이르는가? 또 용케 이러한 시련을 모두 피했더라도, 왜 결국 늙어서 죽게 되는 것일까? 우리는 죽음에 이르는 이러한 과정에 대한 이해가 삶이라는 현상과 불가분의 관계에 있음을 납득하고, 죽음이야말로 실존의 논리적이며 유일한 귀결이라고 믿는 우리의 확신을 독자들에게도 전달할 수 있기를 바란다. 죽음을 길들이는 것이야말로 삶을 최대한 향유하는 가장 좋은 방법이 아니겠는가?

1장

영혼의 죽음

친구의 죽음으로 우리가 겪는 깊은 슬픔과 고통은 개개인의 내부에 딱히 정의할 수 없는 무엇,
그 사람에게만 고유한 무엇이 있으며, 따라서 절대 돌이킬 수 없는 일이 벌어졌다는 감정에서 비롯된다.

– 아르투르 쇼펜하우어(1788~1860)

어떤 사람들은 죽음이라면 기겁을 하며 거기에 대해서 언급하기를 피하고 아예 생각조차 하지 않으려든다. 그런가 하면, 죽음이 실존의 끝이기 때문에 불안해한다기보다 죽음을 향해서 가는 과정, 특히 마지막 숨을 내쉬기 전까지 겪게 될 신체적·정신적 고통 때문에 괴로워하는 사람들도 있다. 죽음은 어느 누구에게도 무관심을 허락하지 않는 엄숙한 주제이다. 우리는 실존의 종말을 어떤 태도로 대하느냐와 상관없이, 죽게 될 것이라는 생각 자체가 전혀 즐거울 것이 없으며, 언젠가 속수무책으로 당할 수밖에 없음을 인정하지 않을 수 없다.

삶을 사랑하는 모든 사람들이 죽음과 관련하여 불안을 느끼는 것은 어쩔 수 없다고 하더라도, 그 같은 두려움을 어느 정도 줄이는 건 가능하다. 또한 우리의 삶이 막바지에 다다른 순간에 일어나는 일들을 이해함으로써 일종의 위안을 얻는 것도 가능하다. 인간의 가장 큰

덕목 중 하나는 그를 둘러싼 세계를 이해하려는 욕망을 지녔다는 점이다. 인간에게 내재적인 이 같은 호기심은 지식의 축적을 가능하게 했으며, 그 덕분에 인간은 지구상에서 자신의 위치를 새롭게 정립하고 오늘날 우리가 살고 있는 세계를 이룩할 수 있었다. 학문적인 관점에서 보자면, 오늘날 우리 일상의 일부가 된 기술 진보, 과거에 비해서 말할 수 없이 길어진 평균 수명 등이 축적된 지식의 중요성을 여실히 증명해준다. 수명 연장이야말로 현대 의학이 이룩한 수많은 발전의 직접적인 결과가 아니겠는가. 학문의 유용성은 새로운 기술을 고안하는 방식이나 혁명적인 치료제를 발명하는 수준에 국한되지 않는다. 이는 우리의 사고방식이나 세계관마저 바꾸어놓는다. 이를테면, 우리가 이 지구상에 나타나게 된 요인들, 또 죽을 수밖에 없는 까닭 등을 더 잘 이해하도록 도와주기도 한다. 죽음은 흔히들 생각하듯이 그렇

게 신비스럽거나 수수께끼 같은 현상이 아니다. 오히려 그와 반대로 지극히 정상적이며 매혹적인 현상이므로 우리 사고의 지평을 넓히고 삶을 새로운 각도에서 바라보기 위해서는 반드시 잘 알아야 할 필요가 있다.

마지막 숨

사망을 야기하는 원인은 크게 네 부류로 나누어볼 수 있다. 1) 여러 가지 질병에 의한 사망(특히 암, 심혈관 질환, 당뇨병, 유전병), 2) 다양한 바이러스, 박테리아, 원생 동물 등에 의한 감염(독감, 결핵, 말라리아, 에이즈), 3) 중대한 행위에 의해 야기된 사망(외상外傷, 총격 또는 흉기에 의한 살해), 4) 신체 조직이 다양한 독의 공격을 받음으로써 야기된 사망, 이렇게 네 가지이다(표 1).

위에 열거한 각각의 사건들이 인체에 끼치는 영향은 본질적으로 완연히 다르다. 뒤에서 상세하게 살펴보겠지만, 바이러스에 의한 죽음과 심각한 교통사고로 인한 죽음, 또는 급작스러운 암으로 인한 죽음엔 각각 확연하게 구분되는 요인들이 개입한다. 그렇지만 이러한 차이점에도 불구하고 이 모든 사망 원인에는 궁극적으로 같은 방식으로 생체 기능을 정지시킨다는 공통점이 있다. 방식이야 어찌되었건 결과적으로 인체의 각 기관에 산소 공급이 차단됨으로써 죽음에 이르게 된다는 말이다. 그러므로 각각의 삶이 유일하며, 그의 결말을 둘러싼 상황 또한 그에 못지않게 개별적이라 하더라도, 죽

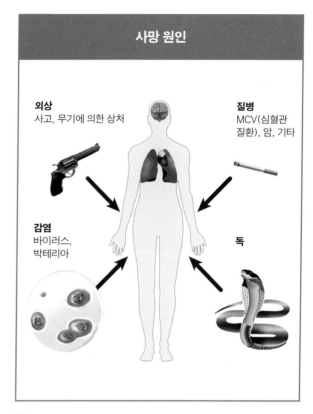

표 1

음 자체는 생물학적으로 볼 때 비교적 단순한 현상이라 할 수 있다. 질병이나 감염에 의한 죽음이건 사고나 독극물에 의한 죽음이건, 좌우지간 죽음은 산소 부족으로 인해 인체 각 기관의 생체 기능이 생리적으로 멈춘 데 따른 결과인 것이다.

심장이냐 뇌냐?

수천 년 동안 심장 박동과 호흡의 정지는 한 인간의 죽음에 대한 가장 믿을 만한 징표로 여겨졌다. 예를 들어, 전쟁터의 군의관이 어떤 병사가 죽었는지 아닌지 여부를 판단하는 가장 신속하고 손쉬운 방법은 해당 병사의 입 앞쪽에 거울을 대고 그 표면에 김이 서리는지를 확인하는 것이었다.

오늘날까지도 죽음은 적어도 의학적인 관점에서 보자면 정의하기 매우 어려운 난제에 속한다. 심장과 뇌의 기능은 너무도 밀접하게 연결되어 있기 때문에 이 두 기관 중에서 어느 쪽이 죽음에 더 결정적인 작용을 하는지 판단하기가 무척 어렵다. 심장은 뇌로 산소와 영양분이 가득 찬 혈액을 보낸다. 그래야만 뉴런, 즉 신경세포가 원활하게 기능할 수 있다. 뇌의 특정 부위에서는 신경을 통해 심근 수축에 반드시 필요한 자율적인 신호를 보낸다.

1950년대에 처음으로 선보인 인공 호흡기를 비롯하여 몇몇 소생 기술의 개발로 삶과 죽음의 경계를 확실히 하는 일은 예전에 비해서 한층 더 어려워졌다. 혼수상태에 빠진 인간의 심장과 폐 기능을 유지시켜주는 이같은 소생 기술로 인하여 죽음에 대한 고전적인 정의가 혼란에 빠졌기 때문이다. 소생 기술 덕분에 심장이 여전히 뛰고 있다고 하더라도, 이 경우 인체는 '뇌사상태에 가까운 혼수상태', 즉 뇌가 완전히 기능을 멈추고, 나머지 생체 기능들은 인공 기구에 의해 가끄스로 유지되

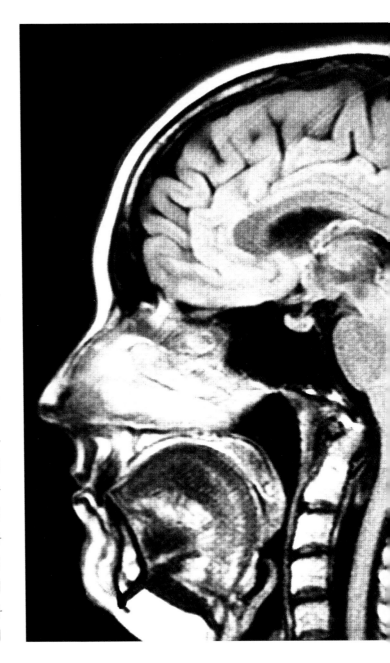

∧ X선으로 촬영한 인간의 뇌

는 상태에 빠질 수 있다. 이 같은 상황은 사실 상당히 복잡한데, 일부 환자들, 즉 심장과 폐를 관장하는 뇌의 운동신경 중추가 손상되지 않은 환자들은 깊은 혼수상태에 빠져 있더라도 특별한 기구의 도움 없이 살아 있는 것이 가능하기 때문이다. 예컨대, 이스라엘의 전(前) 수상 아리엘 샤론은 2006년 뇌혈관 장애로 쓰러진 후 수년 넘게 깊은 혼수상태에 빠져 있다. 튜브를 통해 영양분을 공급하며, 욕창을 방지하기 위해 규칙적으로 자세를 바꿔주고는 있으나, 그가 혼수상태에서 깨어나는 기적이 일어나기란 어려울 듯싶다. 뇌가 현저하게 훼손되어 신체 기관을 움직이는 기능만 어렵사리 유지되고 있

기 때문이다.

그렇다면 이런 사람들은 죽은 것인가? 이 문제에 대해 답하기란 매우 어려우며, 그 답은 삶을 어떻게 바라보느냐에 따라 달라진다. 어떤 사람들에게는 모든 형태의 생명이 보호해야 할 대상이다. 태아 상태나 식물인간 상태, 이런 건 중요하지 않다. 주로 종교인들 가운데 이런 태도를 보이는 사람이 많다. 샤론 수상의 경우도, 유대교 정신에 입각해서 생명 연장이 계속되고 있다. 유대교 경전 토라에 따르면, 인간의 삶은 신성한 것이기 때문에 어떠한 이유로도 고의로 죽음을 촉발하는 일은 허용되지 않는다. 하지만, 이 문제를 놓고 이따금씩

뇌사 진단을 내리기 위한 지침

- 환자가 깊은 혼수상태일 것
- 혼수상태의 원인이 확실할 것
- 저체온증, 약물, 내분비 또는 전해질로 인한 이상을 포함하여 혼동의 여지가 없을 것
- 뇌간의 반사작용 부재
- 운동 반사작용 부재
- 무호흡
- 6시간 경과 후 위의 증세를 재확인할 것
- 임상 상태 평가 요소들을 신뢰할 수 있는 방식으로 측정할 수 없는 경우 확인 테스트가 필요
- 적어도 두 명 이상의 의사로부터 진단 소견을 받을 것

표 2

출처: 로이스 외, 『신경학Neurology』, 2008년 70: e14–15

열띤 공방이 벌어지는 것만 보아도 짐작할 수 있듯이, 국민 대다수가 세속적인 삶을 사는 현대 사회에서, 삶이란 인공적인 수단에 의지하여 기본적인 생리작용을 유지하는 것만으로 간단하게 설명되지 않는다. 죽음은 육체의 죽음만을 의미하지 않는다. 죽음은 무엇보다도 인격의 죽음, 생물계를 통틀어 필적할 만한 상대가 없을 정도로 발달한 뇌 기능, 사고하고 동류와 더불어 반응하며 감정을 표현하게 해주는 바로 그 뇌 기능을 갖춘 인격체의 죽음을 의미한다. 이런 관점에서 볼 때, 우리 인간의 삶이 다른 동물들의 삶과 뚜렷하게 구분되는 것이 사실이라면 우리의 죽음 또한 이와 다르지 않다. 심장, 폐, 아니 인체의 모든 기관이 어느 하나 빼놓을 수 없이 모두 삶에 필수적이라고 하더라도, 삶과 죽음을 결정적으로 갈라놓는 것은 뇌의 죽음이다. 물론 뇌사는 의학적·법적 관점에서 엄격하게 정의되어야 한다. 1968년 하버드 의대에서는 의사, 생명윤리학자 등을 구성하여 어떤 사람에게 '뇌사' 판정을 내리는 데 필요한 기준을 마련했다. 의식 부재(혼수상태), 뇌간(腦幹)과 연결된 반사작용 부재(통증을 느끼지 못하거나 동공 반사 상실, 구토나 기침 등의 반사 행동 부재), 호흡정지 등이 이들이 제시한 가장 대표적인 기준이다(표 2). 매우 엄격한 이 진단 방식은 검사 대상이 되는 자가 어떠한 형태로건 중독이나 저체온증, 그 외 다른 의학적 이상 상태(이를테면 심각한 갑상연골 관련 질병)를 보이지 않을 경우에만 적용 가능하다. 왜냐하면 그럴 경우 생리적 기능이 극도로 약화되어 뇌사 상태와 혼동될 염려가 많기 때문이다. 환자의 상태가 이 모든 기준에 부합되어 절대 뇌의 기능을 회복할 가능성이 없어 보일 때에야 비로소 사망을 선언하는 데 아무런 이의가 제기되지 않는다. 하버드 기준은 이후 세계 여러 나라에서 뇌사 판정 기준을 마련하는 데 가장 권위적인 지침이 되고 있다.

일요목수와 인간 뇌의 진화

뇌사를 죽음의 결정적인 기준으로 간주하는 입장은 충분히 설득력이 있다. 뇌는 생명을 유지하는 데 필수적일 뿐 아니라 생명 현상에 관한 한 진정한 사령탑 역할을 하기 때문이다. 뇌를 구성하는 수천억 개의 신경세포들은 뚜렷하게 구분되는 몇 개의 구역에 흩어져서 분포하고 있으며, 이 세포들은 집단적으로 기초 생체 기능(호흡, 심장 박동, 소화, 성적 충동) 유지는 물론 주변 환경에 적응하는 방식까지도 조절한다(표 3).

생명의 조직 가운데 단연 최고 걸작품이라고 할 수 있는 우리의 뇌는 하루아침에 형성되지 않았다. 뇌는 매우 오래도록 진행되어온 진화의 산물로, 가장 기본적인 필요를 조절하는 기능을 지닌 '기초' 뇌에 복잡한 구조물들이 점차적으로 덧붙여진 형국이다. 흔히 '파충류의 뇌'라고 불리는 이 기초 제어 시스템은 뇌간과 소뇌에 연결되어 있으며, 맥박과 호흡, 체온과 균형 등을 제어함으로써 신체 각 기관의 생체 기능을 관장한다. 파충류의 뇌와는 달리 이 뇌에는 1억 5천만 년쯤 전 소형

포유류에 대뇌 변연계가 생겨나면서 '부속기관'이 하나 첨부되었다. 대뇌 변연계란 해마와 시상하부, 편도선 등을 포함하는 일단의 구조를 말한다. 이들 기관은 한데 어우러져 우리의 감정과 행동에 결정적인 영향을 끼친다. 하지만 뭐니 뭐니 해도 뇌가 지금처럼 대단히 복잡한 기관으로 발달하게 된 데에는 피질의 출현이 중요한 역할을 했다. 피질은 사고, 언어, 의식, 상상력 같은

고차원적인 기능을 담당하는 부위이다. 인간 뇌의 발전 과정은 그러므로 "진화란 마치 틈이 날 때마다 이쪽은 잘라내고 저쪽은 길게 늘이는 식으로 자신의 작품을 가다듬어가는 일요목수처럼 수백만 년, 수천만 년 동안 천천히, 기회 있을 때마다 조절하고, 변형시키며, 재창조를 거듭해왔다"는 프랑수아 자코브(『가능태의 유희Le Jeu des possibles』, 1981)의 개념을 감탄스러울 정도로

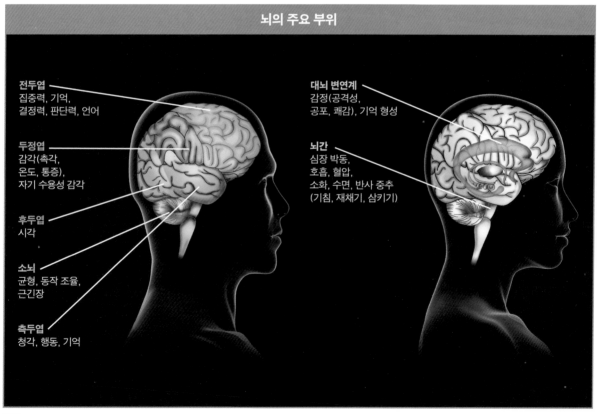

뇌의 주요 부위

전두엽
집중력, 기억,
결정력, 판단력, 언어

두정엽
감각(촉각,
온도, 통증),
자기 수용성 감각

후두엽
시각

소뇌
균형, 동작 조율,
근긴장

측두엽
청각, 행동, 기억

대뇌 변연계
감정(공격성,
공포, 쾌감), 기억 형성

뇌간
심장 박동,
호흡, 혈압,
소화, 수면, 반사 중추
(기침, 재채기, 삼키기)

표 3

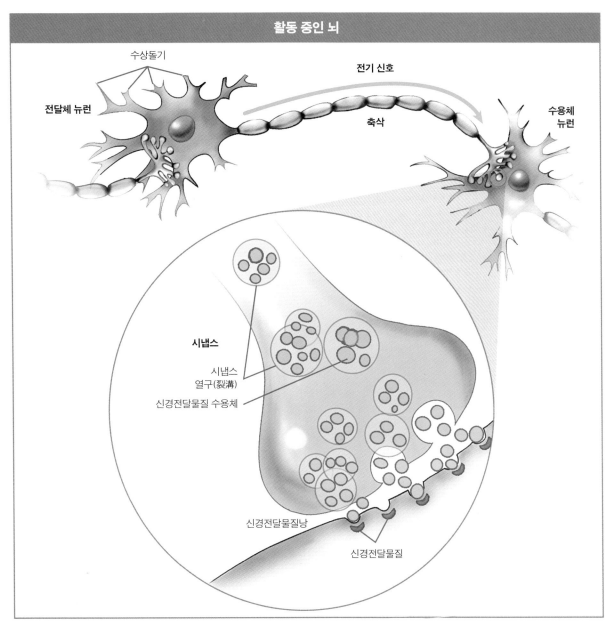

활동 중인 뇌

수상돌기

전기 신호

전달체 뉴런

축삭

수용체 뉴런

시냅스

시냅스 열구(裂溝)

신경전달물질 수용체

신경전달물질낭

신경전달물질

표 4

잘 입증해준다.

분자식 사고

사고, 정서, 지능처럼 대단히 추상적인 현상을 일으키는 뇌의 능력은 뉴런에서 비롯된다. 뉴런은 극도로 전문화된 세포의 한 유형으로, 수상돌기와 축삭(표 4)이라고 불리는 무수히 많은 연장선이 특징이다. 뉴런은 자극에 반응하는 세포이다. 다시 말해 뉴런은 전위(電位)의 변화에 따라 활성화되며, 이 변

화를 이용해 시냅스라고 하는 접합부의 도움을 받아 다른 뉴런에 정보를 전달할 수 있다. 하나의 뉴런은 수상돌기와 축삭을 통해 평균 1만 개의 시냅스를 구축한다. 따라서 1천억 개의 뉴런을 지닌 인간의 뇌는 10^{15}개의 시냅스를 거느리고 있는 셈이다. 이와 같은 시냅스 덕분에 사고 작용이 일어나는 것이니만큼, 삶의 의미에 대해 한 번쯤 생각해보는 것이 마땅하지 않겠는가!

뉴런을 따라 전류가 흐를 수 있는 건 뉴런 내부 이온의 구성과 외부 이온의 구성에 엄청난 차이가 있기 때문이다. 이 하중의 차이가 세포막 사이의 전위차를 만들어낸다. 이 전위차를 유지하기 위해서는, 에너지의 관점에서 볼 때, 매우 큰 비용이 든다. 뇌의 무게는 우리 몸 전체 무게의 2퍼센트에 불과하지만 우리가 필요로 하는 에너지(거의 대부분 당분)의 20퍼센트를 소비하며, 이 중에서 80퍼센트가 오로지 이 전위차를 유지하는 데 사용된다. 용량이 큰 뇌가 갖는 장점을 고려한다면, 이 정도 소비는 충분히 이해할 만하다! 이 전기 에너지는 게다가 뇌파(腦波)에 의해 기록되어 의식 상태와 뇌의 활동 상황을 측정하는 데 쓰이기도 한다.

뉴런이 전달한 신경임펄스는 '신경전달물질'(표 4)이라고 불리는 분자들의 매개로 시냅스 차원에서 다른 뉴런에 자극을 가할 수 있다. 축삭을 지나는 전류가 시냅스 접합부에 도착하면 시냅스의 열구를 통해 축삭 끝에 있던 분자들, 즉 신경전달물질을 내보낸다. 이렇게 나온 분자들은 근처(40나노미터, 즉 1밀리미터의 4백만 분의 1 정도의 거리)에 있던 뉴런의 수상돌기로 퍼져나가 특

<　로댕의 대표작 〈생각하는 사람〉
>　뉴런 망의 예술적 재현

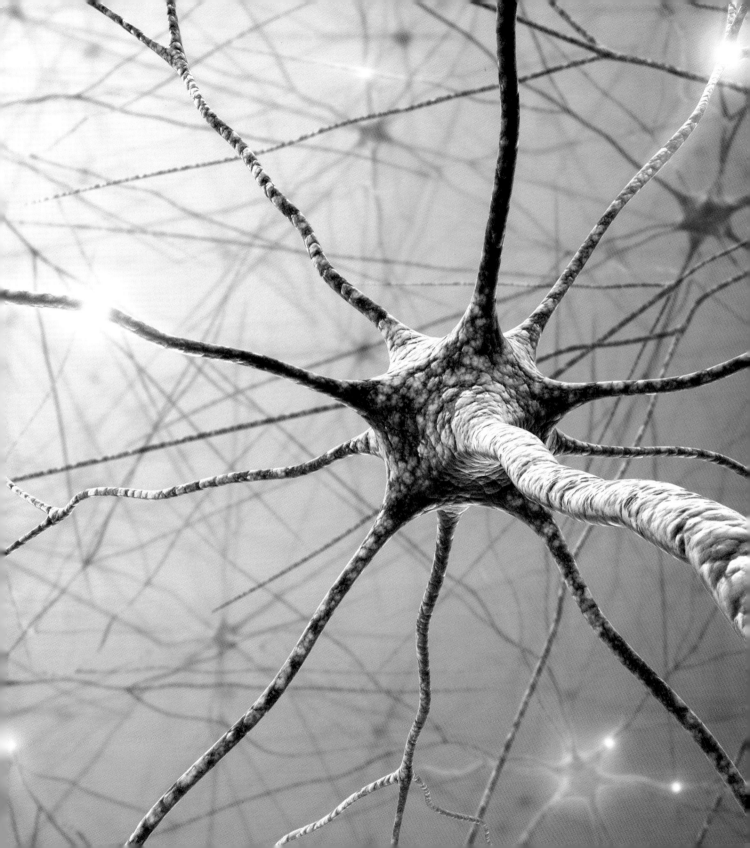

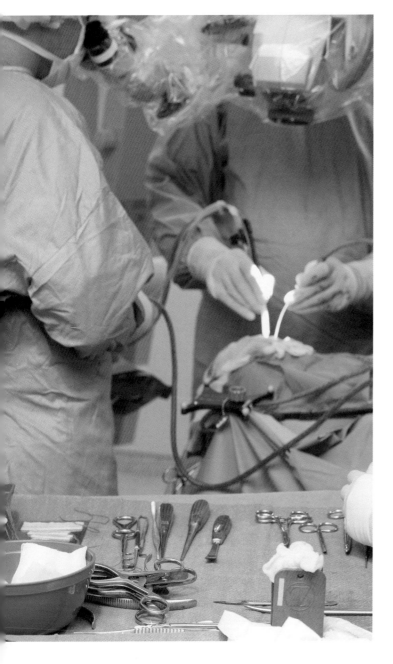

∧ 뇌 수술 중인 신경외과 의사들

수한 수용체와 이어진다. 수상돌기에 충분한 양(때로는 20개의 시냅스가 동시에 활성화되어야 연결이 제대로 이루어진다)의 신경전달물질이 모이면, 수용체 뉴런으로 신호가 전달되어 다음 과정이 이어진다.

수상돌기에 도달하지 못했거나 제대로 접합을 이루지 못한 신경전달물질은 특수한 이동 시스템에 의해 다시금 발신체 뉴런에 포획되거나 시냅스 공간에 포함되어 있는 효소들에 의해 파괴당한다. 모노아민 산화효소(MAO)와 아세틸콜린 가수분해효소(AChE) 등이 대표적이다. 일부 독(7장 참조)에 의해 이 효소들의 활동이 억제될 경우 신속하게 죽음에 이르는 것을 보면 이 효소들이 얼마나 중요한지 알 수 있다.

신경임펄스의 전달 결과는 뉴런이 자기들끼리의 커뮤니케이션을 위해 사용하는 신경전달물질의 성질에 달려 있다. 신경전달물질 역할을 하는 60여 가지 분자 중에서 몇몇은 특히 뇌의 원활한 기능을 돕거나 혹은 마약이나 의약품의 타깃으로 기능한다(표 5).

예를 들어, 도파민은 운동 기능(도파민을 생성하는 일단의 뉴런의 퇴화가 파킨슨병의 원인으로 지적된다. 파킨슨병에 걸리면 가만히 있을 때 손을 떤다거나 근육이 뻣뻣하게 경직되는 식의 운동 기능 장애가 나타난다) 제어와 '보상' 행동에 관계하는 신경전달물질이다. 즉, 도파민은 쾌감 중추에 작용하여 유쾌한 감각을 야기하는 활동(음식물 섭취, 섹스, 마약)을 반복하게 만든다. 알코올이나 코카인, 니코틴 또는 암페타민 등과 연결되어 있는 행복감, 기쁨 같은 감각은 전부 직접 또는 간접적으로 시냅스

주요 신경전달물질

도파민은 뇌의 여러 부위에 가해지는 자극을 조절하는 화학물질로 동기부여에서 아주 중요한 역할을 한다. 파킨슨병에서 보듯이, 도파민이 부족할 경우 뉴런 기능 장애로 인하여 일부 동작을 하는 데 어려움을 겪게 된다. 반대로 도파민 과잉은 각종 환각 작용과 정신 장애를 일으킬 수 있다. 코카인이 몸에 들어오면 도파민의 재포획을 방해함으로써 도파민 활동을 촉진한다. 니코틴도 역시 도파민을 활성화시킨다.

세로토닌은 가령 기분, 불안감, 식욕, 성적 충동, 수면, 통증, 혈압, 체온 조절 등에 개입하는 신경전달물질이다. 세로토닌 감소는 일부 유형의 우울증을 낳을 수 있으며, 반대로 세로토닌 증가는 사람들을 낙천적이고 편안하게 만든다. 프로작, 팍실, 루복스 같은 일부 약물은 관련 뉴런을 통해 세로토닌 재포획을 방해함으로써 활력을 북돋는 작용을 한다.

아세틸콜린은 가장 먼저 발견된 신경전달물질이다. 학습, 기억, 주의력 등의 작용에 중요한 역할을 한다. 알츠하이머 환자들의 경우, 아세틸콜린 부족이 관찰된다.

아드레날린은 흥분제로 알려져 있다. 심장 박동을 촉진하며, 혈압을 올리고 동공을 확장시킨다. 아드레날린이 과도할 경우, 신경질적이 된다.

글루타민산염은 뇌의 주요 신경전달물질로 작용한다. 시냅스 전달의 3분의 1 정도를 관장하며 학습과 기억 과정에서 비중 있는 역할을 한다. 따라서 글루타민산염이 부족하게 되면 이 두 가지 활동에 부정적인 결과를 초래한다.

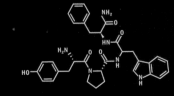

엔도르핀은 통증을 진정시키는 특성을 지니고 있으므로 행복감을 유발한다. 반면, 중독 현상 (아편이나 모르핀, 헤로인 등의 마약을 생각해보라)을 가져올 수도 있다. 당분과 지방이 엔도르핀 분비를 유도한다는 사실도 주목할 만하다.

표 5

출처 : www.linternaute.com/science/biologie/dossiers/06/0602-cerveau/7.shtml

접합부의 도파민 증가와 관련이 있다.

도파민과 유사한 세로토닌은 진정한 '행복의 분자'로 우리의 기분을 좌우하는 결정적인 역할을 한다. 하지만 이 뉴런의 과도한 기능항진은 멕시코 무당들이 오래전부터 이용해온 환각 작용을 일으킨다. 프실로시빈(psilocybin)을 함유한 '마법의' 버섯이 우리 몸에서 소화되지 못하면 버섯에서 프실로신(psilocin)이라는 물질이 나온다. 프실로신은 세로토닌 수용체와 연결되는 분자로 세로토닌 에너지관의 과다자극을 야기하며, 이렇게 되면 세계에 대한 지각이 현저하게 바뀐다. LSD로 인한 환각 작용 역시 이 분자와 수용체가 연결됨으로써 일어난다. 반대로 세로토닌 결핍은 불쾌한 기분이나 우울증 위험을 높인다. 프로작이나 팍실 같은 일부 강장제는 시냅스 차원에서의 세로토닌 재포획을 억제함으로써 소기의 효과를 낸다. 이 신경전달물질의 양을 증가시키면 세로토닌 에너지를 지닌 뉴런의 신경전달 효율이 향상된다.

신경전달물질은 사고, 감정, 행동 일반의 통제를 가능하게 하는 외에 통증 지각도 관장한다. 생리적인 관점에서 보면, 통증은 우리 인체가 해를 입을 수 있는 상황에 노출되는 것(가령 불 위에 손을 놓는 식의 행동)을 방지해주며, 그 같은 상황을 기억하여 차후에라도 그런 일이 일어나지 않도록 돕는다. 사실 통증과 관련된 기제는 매우 복잡하지만, 대부분 신체의 각기 다른 부위에 산재해 있는 통증 감각 수용체(침해수용체)와 연관을 맺고 있다. 예를 들어, 이 수용체가 너무 뜨거운 열기나 너무 높은 기계적 압력 또는 자극성 화학물질에 의해 활성화되면 관련 뉴런이 활성화되고 척수를 통해 뇌로 신체 보전을 위협하는 위험이 나타났다는 신호를 전달한다. 이 위협이 즉각적인 행동반응을 필요로 할 경우, 자극과 동시에, 그러니까 신경 신호가 뇌에 전달되기도 전에 반사작용으로 나타난다(가령 얼른 불에서 손을 멀리 한다). 아울러 뇌에서는 엔도르핀, 곧 무통각증을 겪고 있는 뇌의 부위를 자극하며 이 뉴런의 활동으로 야기된 통증을 완화시켜주는 신경전달물질이 분출된다. 아편류나 모르핀, 헤로인 등이 지니고 있는 진통 효과는 무통각증 관련 뉴런(9장 참조)의 활성화와 밀접한 관계를 맺고 있다.

정서적인 차원의 외상을 겪을 때 물리적인 통증을 일으키는 여러 기제들이 발동하기도 한다. 강력한 정서적 충격이 있을 때 신체적으로도 반응이 오는 건 그런 까닭에서다. 불행의 예고가 마치 직접적으로 신체를 건드린 것과 같은 결과를 초래하는 것이다. 유난히 견디기 어려운 정서적인 체험이 이어지는 동안 내내 '전대상피질(anterior cingulate cortex)'이라고 불리는 뇌의 일부분은 가슴과 배에 분포되어 있는 신경(미주 신경)의 활동을 촉진시킨다. 이 신경에 가해지는 과잉자극은 구토, 가슴이나 배의 거북함을 유발하는데 이러한 증상은 강한 정서적 충격을 받았을 때 주로 나타난다. 때문에 감정적으로 힘든 상황은 문자 그대로 우리의 '가슴을 찢어놓거나', 우리를 '병들게' 만들기도 한다.

이처럼 통증 지각에 미치는 정신의 힘은 고통스러운

상황에 대처하는 우리의 태도에서도 뚜렷하게 드러난다. 우리가 느끼는 통증의 상당 부분은 매우 주관적이며, 지극히 개인적인 지각의 표현이다. 그런데 개인적인 지각이라고는 하지만, 환경이나 문화적 전통으로부터 무시할 수 없는 영향을 받는 것도 사실이다(표 6). 예를 들어, 바늘을 무서워하는 사람은 주사 맞기 전에 일정 수준의 불안감을 느낄 것이다. 이러한 두려움으로 인하여 우리의 뇌에서는 통증을 모방하는 활동이 시작된다. 이렇게 되면 주사 바늘이 피부로 들어갈 때 신체에 가해지는 통증을 한층 증폭시키게 된다. 이러한 효과를 '노세보(nocebo) 효과'라고 하며, 이는 심기증 환자들이 신체적 통증을 느끼는 원인이 된다. 자신이 병에 걸렸다고 믿다보니 이들은 '정말로' 통증을 느끼게 되는 것이다. 반대로 지금 일어나고 있는 사건이 우리에게 해를 끼칠 수도 있음을 부인함으로써 통증을 완화시킬 수도 있다. 이때는 '플라세보(placebo) 효과'라고 말한다.

즉, 플라세보 효과는 우리의 뇌가 부분적으로 통증을 제거하거나 적어도 통증으로부터 관심을 다른 곳으로 돌리는 몇몇 기제를 발동시키는 현상을 가리킨다. 플라세보 효과는 가슴에서 느껴지던 통증이 경색으로 인한 것이 아니라 단순히 소화 장애로 인한 것이었음을 알게 되면 어째서 통증이 사라진 것처럼 느끼는지를 설명해준다. 플라세보 효과는 약을 실험하는 임상 연구에서 매우 중요한 역할을 한다. 약 대신 아무런 작용도 하지 않는 물질을 제공받은 실험 대상 그룹에서 치료 반응이 의미심장한 수준(환자의 3분의 1 정도가 될 때도 있다)으로 나타나기 때문이다. 인도의 고행자들은 플라세보 효과를 보여주는 아주 극단적인 사례에 해당한다. 이들은 통증을 차단하는 뛰어난 능력을 키운 덕분에 스스로에게 극심한 고통을 가하면서도 정신적·신체적 대비를 통해 이를 제어할 수 있다.

뇌에 깃들어 있는 영혼

신경외과학과 신경학 분야에서 쏟아져 나오는 수많은 첨단 연구들을 살펴보면, 신경임펄스를 뇌로 전달하는 과정에 관계하는 기제들이 우리들 각자를 하나의 인간으로 정의해주는 데 필수적인 의식 상태를 결정한다고 주장한다. 우리는 뇌의 활동, 다시 말해서 뉴런 간에 이루어지는 믿을 수 없을 만큼 복잡하고 다양한 시냅스

통증의 지각

노세보 효과와 플라세보 효과

요컨대 부정적인 자기암시는 부정적인 결과를 낳는다는 것이 노세보 효과이다. 노세보 효과는 실제적인 통증이 있을 때, 그 통증 증세를 악화시키는 각종 생각과 믿음 또는 부정적인 기대치가 더해졌을 때 나타난다.

플라세보 효과는 이와 정반대이다. 긍정적인 자기암시가 실제적인 통증을 완화시키는 것이다.

이 두 가지 상반되는 효과는 객관적인 체험에 주관성이 미치는 영향을 잘 보여준다. 쾌유에 도움을 주고 불편함을 줄여줄 수 있는가 하면, 치료에 해를 끼치고 불편함을 가중시킬 수도 있는 것이다.

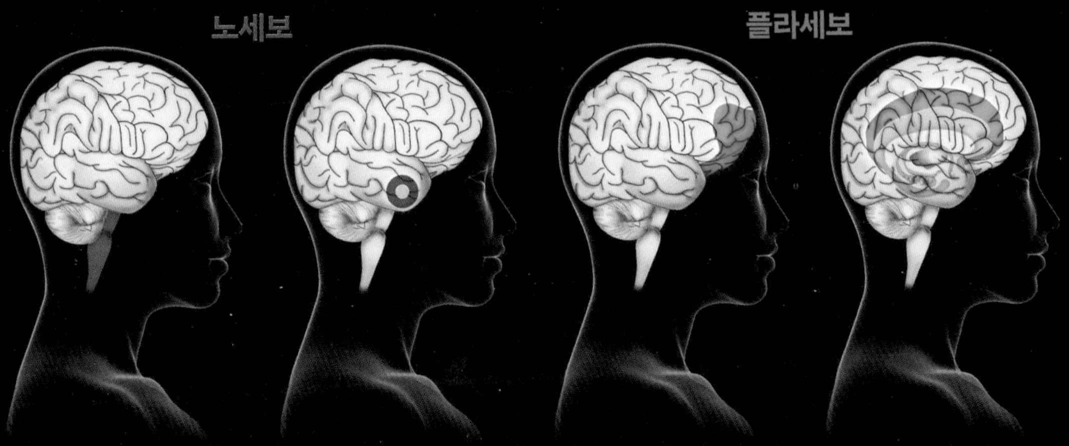

노세보

플라세보

통증 신호가 척수를 통해 뇌에 도달하면 불안감이 증가한다.

편도선에서 전달된 불안감 신호가 뉴런의 활동을 촉진하게 되면 실제로 느꼈던 통증이 증폭된다.

전전두피질에서 전달된 신호가 의식적으로건 아니건 통증 신호와 간섭한다.

통증으로부터 주의를 돌리면, 전대상피질이 활동을 시작하며 통증과 관련된 뇌의 활동은 약화된다.

표 6

< 못이 잔뜩 박힌 침대에서 휴식을 취하는 인도의 고행자

연결 덕분에 사고할 수 있다. 논리적인 추론, 감정, 그 외 무수히 많은 인간 고유의 활동 역시 뇌의 활동 덕분에 가능하다. 이처럼 다양한 활동은 말하자면 뇌 피질의 서명이 들어간 작품이라 할 수 있다. 우리 뇌의 피질은 이 모든 특성들을 조율하는 코디네이터이다. 반대로, 두개골 외상성 상해나 다양한 병(내분비 · 혈관 · 헤모스타틱 질환 등)으로 인한 심각한 대사 장애는 혼수상태로 이어지는 의식 상실을 초래할 수 있다. 이 같은 혼수상태는 매우 심각할 수 있으며, 심각한 정도는 뇌 조직이 입은 손상 정도에 따라 달라진다(35쪽 박스 내용 참조).

이러한 외상으로 인한 혼수상태는 의식 상태를 유지하는 데 개입하는 뇌의 각기 다른 여러 회로 간의 연결이 부실해진 데에서 기인한다. 신경과학의 발전, 특히 PET(Positron Emission Tomography, 양전자 방출 단층 촬영) 같은 영상의학 기술(39쪽 박스 내용 참조)의 개발 덕분에 우리는 각성 상태에는 두 군데의 뇌 피질, 즉 측두엽-두정엽, 그리고 전전두엽이 활동한다는 사실을 알게 되었다. 또한 감각 정보를 걸러서 피질에 전달하는 진정한 중계 지점에 해당되는 시상도 중요한 역할을 담당한다(표 8). 각성 상태에서는 측두엽-두정엽 부위의 동작 피질과 체감각 피질이 특히 활동적이다. 전신 마취 환자나 식물인간 상태에 있는 사람에게서는 이 활동이 매우 미미하다. 일부 마취 인자들은 그물망 형태의 활성화 시스템, 즉 경계와 의식에 관여하는 뇌간에 개입하는 뉴런을 불활성화시켜 수면 상태와 혼수상태

를 유발하기도 한다. 의식 상실은 그러므로 뇌 기능 전체를 관장하는 중앙 '차단기'가 내려짐으로써 발생하는 현상이 아니다. 그보다는 뇌의 특정 부분에서 일어난 차단에서 비롯된다고 보아야 한다. 신경전달물질과 이 특정 부분과의 긴밀한 협조가 각성 상태, 의식 상태 유지에 반드시 필요하다.

반면, 이 소통망을 통해 만들어진 신호의 강도는 매우 섬세하게 조절된다. 예컨대 뇌전증 발작의 경우, 뉴런의 활성화 정도가 너무 강하기 때문에 오히려 의식 상실을 초래한다(표 9).

(38쪽으로 이어짐)

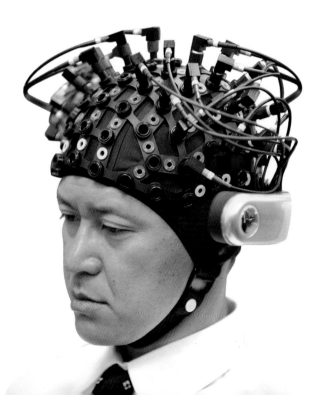

글래스고 혼수 척도

관찰 대상 기능	반응	점수
눈뜨기	■ 자발적으로(처음에는 깜박거리며) 눈을 뜬다	4
	■ 요청하면(언어나 외침) 눈을 뜬다	3
	■ 팔다리 또는 흉골에 가해진 통각에 대한 반응으로 눈을 뜬다	2
	■ 전혀 눈을 뜨지 않는다	1
언어 반응	■ 정상적	5
	■ 횡설수설하나, 질문에는 제대로 답한다	4
	■ 맥락에는 부적절하나, 단어 하나하나는 알아들을 만하게 대답한다	3
	■ 알아들을 수 없게 말한다	2
	■ 말을 하지 못한다	1
운동 반응	■ 지시에 따라 자발적으로 움직인다	6
	■ 촉각에 회피 반응을 보인다	5
	■ 통각에 회피 반응을 보인다	4
	■ 통각에 대해 비정상적인 굴곡(구부리기)반응을 보인다 (제피질경직)	3
	■ 통각에 대해 비정상적인 신전(뻗기)반응을 보인다 (제뇌경직)	2
	■ 무반응	1

*총점이 8점 이하일 경우 일반적으로 혼수상태로 판정.

Teasdale G.와 Jennett B.의 "Assessment of coma and impaired consciousness. A pratical scale"(*Lancet*, 2 : 81-84, 1974년)에서 정리한 척도.

표 7　　　출처: www.merck.com/mmpe/sec16/ch212/ch212a.html/

의식 불명

고대 그리스어에서 '깊은 수면'을 의미하는 coma, 즉 혼수상태는 자극에 대한 언어, 운동, 또는 안구 반응이 전혀 이어지지 않는 상태를 가리킨다. 두개골 외상성 상해와 혼수상태의 심각성 정도는 글래스고 혼수 척도(Glasgow scale)에 따라 측정할 수 있다. 이 척도는 1974년 환자들의 소생 가능성을 판단하기 위해 마련되었으며, 운동이나 언어 기능, 안구 움직임 등의 열다섯 가지 기능을 측정한다(표 7).

각각의 항목에서 얻은 점수를 더하면 뇌의 손상 정도를 평가할 수 있다. 가령 13~15점 정도면 일반적으로 미미한 외상으로 간주되며, 8점 이하라면 혼수상태에 들어간 것으로 분류된다.

식물인간 상태. 뇌에 심각한 손상이 있는 위중한 상태(글래스고 혼수 척도 3)에 놓인 환자를 가리켜 '식물인간 상태'에 있다고 말한다. 이 상태에 있는 환자에게서는 뇌가 전혀 기능하지 않으며, 따라서 환자는 외부 자극에 전혀 반응을 보일 수 없고, 주변 사람들과 어떠한 소통도 불가능하다. 하지만 간뇌(시상視床, 해마)와 척수가 손상되지 않았을 경우라면, 기본적인 생체 기능인 호흡, 심장 박동, 수면-각성 주기, 그 외 일부 반사작용은 유지된다. 이런 상황에 놓인 환자들은 때로 이 기관들이 관장하는 비교적 복잡한 일부 반사작용, 즉 하품, 씹기, 후두음 발성, 안구 움직임(동공 반사, 안뇌 반사), 팔다리 움직임(손에 닿는 물체를 움켜쥐는 운동 반사) 등을 할

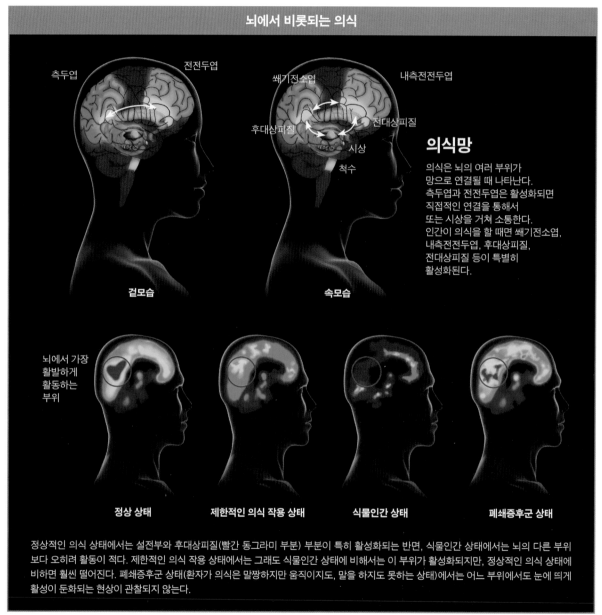

뇌에서 비롯되는 의식

측두엽 전전두엽

쐐기전소엽 내측전전두엽

후대상피질 전대상피질

시상

척수

의식망

의식은 뇌의 여러 부위가
망으로 연결될 때 나타난다.
측두엽과 전전두엽은 활성화되면
직접적인 연결을 통해서
또는 시상을 거쳐 소통한다.
인간이 의식을 할 때면 쐐기전소엽,
내측전전두엽, 후대상피질,
전대상피질 등이 특별히
활성화된다.

겉모습 속모습

뇌에서 가장
활발하게
활동하는
부위

정상 상태 제한적인 의식 작용 상태 식물인간 상태 폐쇄증후군 상태

정상적인 의식 상태에서는 설전부와 후대상피질(빨간 동그라미 부분) 부분이 특히 활성화되는 반면, 식물인간 상태에서는 뇌의 다른 부위
보다 오히려 활동이 적다. 제한적인 의식 작용 상태에서는 그래도 식물인간 상태에 비해서는 이 부위가 활성화되지만, 정상적인 의식 상태에
비하면 훨씬 떨어진다. 폐쇄증후군 상태(환자가 의식은 말짱하지만 움직이지도, 말을 하지도 못하는 상태)에서는 어느 부위에서도 눈에 띄게
활성이 둔화되는 현상이 관찰되지 않는다.

표 8

출처: 《라르세르슈》, 2010년 3월호

수 있다. 뇌혈관 손상이나 두개골 외상성 상해로 뇌의 혈액 순환 정지 상태가 오래 지속되는 것이 식물인간 상태의 주요 원인이다. 이 상태가 한 달 이상 지속될 경우, 환자는 영구 식물인간 상태에 들어갔다고 하며, 이렇게 되면 환자의 소생 가능성이 현저하게 줄어든다. 한편, 폐쇄증후군(locked-in syndrome)은 환자가 깨어 있으며 의식도 있고 적절한 감각 지각력도 유지하고 있으나 말을 하거나 몸을 움직이지 못하는 신경계통 이상 상태를 가리킨다. 폐쇄증후군은 일반적으로 CVA(cerebrovascular accident, 뇌혈관 질환 또는 뇌졸중)의 결과로 나타난다.

뇌사. 뇌사는 척수 제어 기능까지 포함하는 완전한 뇌 기능 상실에서 비롯된다. 뇌사 상태의 환자는 혼자 힘으로 호흡을 하지 못하며 기본적인 심폐 기능을 보완해주는 기구의 도움을 받아야 생체 기능을 유지할 수 있다. 기본적인 뇌 기능 상실은 척수 반사의 완전한 부재 상태(빛에 대한 동공 반사가 없고, 통증에도 반응이 없으며, 카테테르를 기관에 주입해도 기침 반응이 없는 경우)를 통해 알 수 있다. 세계 각국의 다양한 임상 경험을 통해서 볼 때, 뇌혈액 순환 부재는 뇌혈관촬영영법이나 감마선 진단법에 의해 시각화될 수 있으며, 뇌 기능 부재는 EEG, 즉 뇌파 검사를 통해서 판단할 수 있다. 이처럼 뇌가 활동하지 않는 경우라면, 소생

을 기대하기가 거의 불가능하다. 그렇기 때문에 지구상의 많은 나라에서 뇌사 진단은 사망 진단을 의미하며, 이 경우 인위적인 생명 연장 치료 중단을 법에서도 허락한다.

장기 기증

사망을 의미하는 뇌사는 심장이나 폐 같은 신체 기관이 여전히 온전하게 기능하고 있는 상황에서 일어난다. 뇌사 상태에 빠진 자가 평소 사후 자신의 장기를 기증하겠다는 의사를 표명해왔다면, 여전히 혈액과 산소 공급이 이루어지고 있는 이 시점에서 장기를 적출하여 다른 사람에게 이식하는 것이 가능하다. 최근 몇십 년 사이에 장기(신장, 심장, 폐, 간, 췌장, 장)나 조직(특히 각막, 피부, 심장 판막) 이식 분야에서 이루어진 괄목할 만한 발전, 그러니까 외과적인 차원뿐만 아니라 이식된 장기의 생존에 필수적인 면역반응 억제 기제 제어 차원에서의 진전 덕분에 이식받을 장기만 제때에 제공된다면 많은 환자들의 생명을 구할 수 있다. 뇌사와 관련한 여러 개념들을 잘 이해함으로써 우리는 스스로의 죽음을 넘어서 다른 사람의 목숨을 연장해주는 관용 정신을 발휘할 수 있다. 말하자면 우리는 죽어서도 인간에게 고유한 특성 중의 하나인 연민, 즉 인류를 구성하는 개개인 간의 연대성에서 비롯되는 배려의 마음을 이어나갈 수 있다.

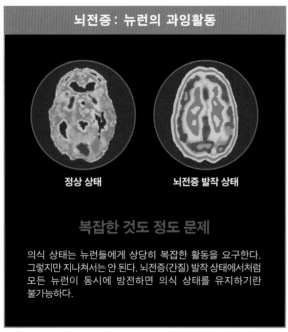

뇌전증 : 뉴런의 과잉활동

정상 상태   뇌전증 발작 상태

복잡한 것도 정도 문제

의식 상태는 뉴런들에게 상당히 복잡한 활동을 요구한다.
그렇지만 지나쳐서는 안 된다. 뇌전증(간질) 발작 상태에서처럼
모든 뉴런이 동시에 방전하면 의식 상태를 유지하기란
불가능하다.

표9

분자에 의해 좌우되는 우리의 기분

몇몇 추가적인 관찰에 따르면, 대뇌의 특정 부위에 신
경임펄스를 전달하는 기제가 인격을 관장한다.

뇌 손상. 일부 두개골 외상성 상해는 심각한 행동 변
화를 유발한다. 뇌와 행동 사이의 상관관계를 입증한
제일 유명한 사례로는 아마도 피니스 게이지의 경우를
꼽을 수 있을 것이다. 피니스 게이지는 1848년 버몬트
주의 캐번디시 근처에서 철도(러틀랜드 레일웨이) 건설
작업을 지휘하던 25세의 작업반장이었다. 그가 바위에

난 구멍을 화약으로 메우기 위해 쇠막대를 사용하던 중
에 예기치 않은 폭발이 일어나면서 무게 6킬로그램짜
리 쇠막대(길이 90센티미터, 지름 3센티미터)가 그의 왼쪽
뺨과 머리를 관통했고 이 사고로 그는 왼쪽 전두엽 부
위의 손상을 입었다. 그의 두개골을 뚫고 나간 쇠막대
는 그로부터 25미터 떨어진 곳에 떨어졌다(표 10). 도저
히 믿기지 않겠지만, 게이지는 잠시 후에 의식을 되찾
았다. 왼쪽 눈은 쓰지 못하게 되었으나, 그 외에는 특별
히 심각한 외상이 없는 것 같았다. 반면 사고 전에는 모
범적이며, 모든 동료들에게 좋은 평가를 받았던 것과는
대조적으로, 사고 후 그의 기분과 성격은 180도 달라졌
다. 그는 상스럽고 변덕스러우며 주변 사람들과 정상적
인 관계를 맺지 못하는 사람이 되어버렸다. 친구들의
표현대로, "더 이상 게이지가 아닌 그 자"는 사고가 난
지 12년 후에 뇌전증 발작으로 죽었다. 그 후 나온 외상
학, 실험 외과학 분야의 많은 연구 논문들이 신체적 외
상이 행동과 관련 있는 뇌의 특정 부위에 미치는 영향
을 입증해 보였다.

임박한 죽음의 경험. 혼수상태에 있다가 의식을 되
찾은 사람들 중에서 죽음이 임박했음을 암시하는 일
련의 경험을 했다고 증언하는 경우가 많다. 이들은 특
히 몸 밖으로 빠져나와 둥둥 떠다니는 것 같은 감각, 엄
청나게 편안한 느낌, 저만치 끝에서 빛이 환히 비치는
터널 안으로 들어가는 듯한 인상 등을 언급한다. 육체
를 벗어나는 듯한 경험 또는 임박한 죽음의 경험(EMI/
Expérience de mort imminente, 임사체험臨死體驗)에 대

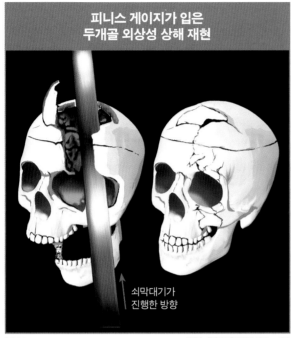

피니스 게이지가 입은
두개골 외상성 상해 재현

쇠막대기가
진행한 방향

표 10   출처:《NEJM》 2004;351 : e21

PET와 MRI

양전자방출단층촬영기법, 즉 PET는 뇌의 활동을 시각적으로 보여주는 장치이다. O–15 방사성 동위원소를 사용하는 추적자 장치를 통해서 뇌의 특정 부위에서 진행되는 대사 작용 속도를 측정할 수 있다. 이 장치는 양전자를 방출하는데, 양전자들은 광자를 생산하며, 광자는 카메라에 의해 포착된다. 이 분석 방식은 매우 신속하며, 단기간에 반복적으로 사용될 수 있으므로, 이를 통하면 뇌의 작동(또는 장애) 상황을 역동적으로 보여주는 영상을 얻을 수 있다. 한편 자기공명을 이용하는 또 다른 영상 방식인 MRI도 유용하다. MRI를 사용하면 매우 정확한 해부학적 영상을 얻을 수 있다. 이 두 가지 방식을 결합해서 사용하면 특정 활동(또는 활동 이상)과 관련 있는 뇌의 특정 부위를 정확하게 찾아낼 수 있다.

한 묘사는 이미 아득한 옛날부터 전해 내려오고 있으며, 주술처럼 사람들을 사로잡는 마력이 있다. 임박한 죽음의 경험담은 듣는 사람이 어떤 문화권에 소속되었건, 어떤 종교적 신앙을 가지고 있건 상관없이 그가 육체와 정신을 인지하는 방식에 지대한 영향을 끼친다는 말이다. 과학적인 관점에서 보자면, 육체로부터의 이탈 경험은 세 가지 중요한 특징으로 정의될 수 있다. 즉, 자신의 육체 바깥쪽에 자기가 위치한다는 느낌, 우리를 둘러싸고 있는 모든 것을 공중에서 내려다본다(체외 자기중심적 관점)는 느낌, 그리고 이 체외 자기중심적 관점에서 자신의 육체를 바라보는 (자기환시) 느낌, 이렇게 세 가지로 정리해볼 수 있다(표 11).

이 같은 경험담을 이야기하는 사람들은 당시 물론 죽지 않았으며 이들의 대뇌 피질은 여전히 작동 중이었다. 많은 신경학 연구 논문에 따르면, 이러한 육체 이탈 경험은 감각 관련 정보가 측두엽-두정엽이 연결되는 부위, 그러니까 우리 뇌에서 재현과 자의식 면에서 아주 중요한 역할을 하는 부분에서 통합이 제대로 이루어지지 못한 데에서 기인한다. 따라서 뇌전증 환자들의 측두엽 부분에 가해지는 전기 자극은 충분히 환각과 육체 이탈로 이어질 수 있다. 정보 통합 기능 상실을 초래하는 분자 기제가 어떤 식으로 기능하는지에 대해서는 아직 정확하게 알려지지 않았으나, 케타민이나 이보가인(강력한 환각 작용을 유발하는 식물 이보가에 들어 있는 활성분자) 같은 마약이 육체 이탈 때 나타나는 감각적 특성을 재현한다는 사실은 매우 흥미롭다. 정신과 육체의 분리는 케타민에 의해서도 일어나는데 이 마약이 신경전달물질인 글루타민산염에 반응하는 수용체와의 상호작용과 관련이 있는 것을 볼 때, 이 신경전달물질에 의해 활성화되는 일부 뉴런이 이와 같은 현상을 유발하는 데 참여하리라고 추측해볼 수 있다. 산소가 부족한 상황(뇌에 혈액과 산소 공급이 원활하게 이루어지지 않는 경우)이나 이산화탄소의 양이 많은 상황은 육체 이탈 경

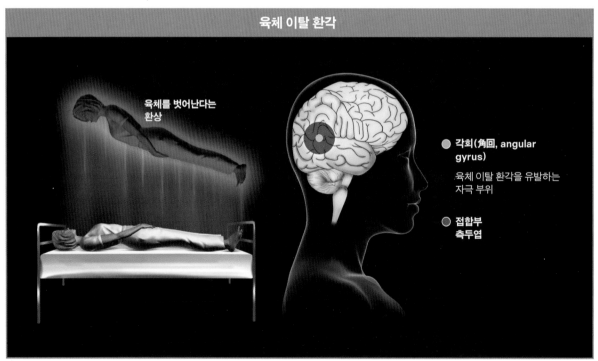

육체 이탈 환각

육체를 벗어난다는 환상

각회(角回, angular gyrus)
육체 이탈 환각을 유발하는 자극 부위

접합부 측두엽

표 11

출처 : 《라르세르슈》, 2010년 3월호

험이 발생하기에 적합하며, 이러한 상황에서는 글루타민 분비가 활발하게 이루어진다. 산소 결핍은 시각적·청각적·정서적 구조(추억, 감정)에서 나온 신경 메시지를 손상시키고, EMI 때처럼 기분 좋은 느낌, 터널 형상, 자신의 삶이 주마간산처럼 펼쳐지는 것 같은 느낌으로 이끌 수 있다. 따라서 아무리 신비하고 대단한 것처럼 보인다고 해도, 육체 이탈 경험은 무엇보다도 환각이며 뇌 기능 장애에 따른 결과라고 보아야 한다. 생존을 위협하는, 생명을 종식시킬 수도 있는 위험한 상황에 의한 외상이 초래한 결과라는 말이다.

유전자 변이. 우리의 행동은 유전자와 몇몇 환경적 변수(교육, 생활 방식, 문화) 사이에서 일어나는 복잡한 상호 작용의 결과이다. 그런데 유전자 변이가 여러 각도에서 인격에 영향력을 행사할 수 있다고 주장하는 연구들이 적지 않다. 예를 들어, 모노아민 산화효소 A(MAOA) 유전자는 흔히 '전사 유전자'로 여겨지는데, 이런 별명은 다음과 같은 관찰 결과에서 유래한다. 여러 세대에 걸쳐 강력한 범죄적 성향을 보인 경력이 있는 몇몇 집안에서 이 효소를 불활성화시키는 돌연변이가 관찰된다. MAOA가 시냅스 접합부 차원에서 도파민, 노레피네프린, 세로토닌 계통의 신경전달물질의 분해에 기여한다는 점을 고려할 때, 이러한 신경전달물질을 이용하는 뉴런 회로에 과도한 자극이 가해질 경우 행동 장애를 초래할 가능성이 있으며, 그것이 사회적 맥락에서 충동적인 공격성이 커지는 현상으로 나타날 수 있다.

세로토닌 뉴런의 신경임펄스를 전달하는 몇몇 유전자에서도 변이가 관찰되었다. 이 유전자들은 외상에 의한 우울증에서부터 신생아의 돌연사에 이르기까지 매우 다양한 장애의 위험을 높일 수 있다. 이와 같은 변이는 통증을 관장하는 기제에서도 일어날 수 있다. 가장 널리 알려진 예로는 선천적 무통각증을 꼽을 수 있다. 침해수용체에 의해 활성화된 뉴런 속에 들어 있는 핵공(나트륨통로 $Na_v1.7$)의 배열에 변이가 일어나면 신경임펄스의 전달에 장애가 생기며, 이러한 유전 질환을 앓는 환자들은 통증에 완전히 무감각해진다. 선천적 무통각증은 매우 희귀한 질환이나, '밀레니엄 삼부작'에 등장하는 리즈베트 살란데르의 위험천만한 이복형제 덕분에 추리소설 애호가들에게는 널리 알려져 있다.

> 이라크 남부에 파병된 미군 병사, 2003년

육체와 정신 : 같은 주제에 대한 무한한 변주

육체와 정신의 관계는 이미 수천 년 전부터 인류의 호기심을 자극해온 단골 주제이다. 우리의 삶에서 지능이 차지하는 엄청난 비중을 고려할 때, 이와 같은 열렬한 관심은 지극히 당연하다. 인간의 고유한 특성인 사고하고 추리하며 소통하고 감정을 표현하는 능력은 오래전부터 철학자들을 사로잡았다. 철학자들은 이처럼 '고귀한' 활동이 예를 들어 소화나 근육의 움직임처럼 '동물적인' 기능과 같은 선상에 놓일 수 있다는 사실을 도저히 용납할 수 없었다. 그렇기 때문에 인류의 주요 문화가 만들어지는 초기부터 뇌의 활동을 전제로 하는 모든 활동(사고, 감정)은 비물질적인 현상으로 간주되었다. 이성적 사고가 지니는 추상적인 본성은, 이 같은 관점에서 보자면, 구체적인 물리적 과정에 의해서는 도저히 생겨날 수 없었기 때문이다. 플라톤이나 아리스토텔레스 같은 그리스 철학자들은 물론 아우구스티누스나 토마스 아퀴나스 같은 초기 신학자들이 열렬하게 지지한 이와 같은 인식은 오늘날까지도 우리가 지구에서의 삶(과 죽음)을 이해하는 방식에 지대한 영향을 끼치고 있다. 이들에 따르면, 인간은 두 가지 본질, 그러니까 물질적인 본질, 곧 물리적이며 죽을 수밖에 없는 육체와 비물질적인 본질, 곧 불멸성을 지니기 때문에 자연 법칙의 지배를 받지 않으며 그렇기에 물질적인 육체의 사후에도 어떤 방식으로건 '살아남게 될' 정신, 의식 또는 영혼으로 이루어졌으므로, 다른 동물들과는 엄연히 다르다. 이러한 이원론에 의하면, 인격, 즉 우리 각자에게 고유한 사고, 행동, 감정 등은 우리의 일상적인 생체 기능과 평행한 선상에서 이루어지긴 하나, 딱히 설명할 수 없는 형이상학적인 현상에서 비롯된다. 유전학과 신경생물학 분야의 지속적인 연구 결과, 이러한 이원론이 지니는 모호함을 해결하고, 좀 더 과학적인 토대 위에서 인간 본질이 지니는 복합성을 설명할 수 있게 해주는 요소들이 추가로 발견되고 있다.

실제로 인간의 삶이 지니는 예외적인 성격은 개개인의 인격이 지니는 풍요로움을 통해 표현된다. 그런데 이와 같은 풍요로움은 우리가 생물학적으로 독보적인 존재라는 사실에서 비롯된다. 인간은 부모로부터 물려받은 유전자(유전학)와 그의 생활방식이 유전자에 초래한 변화의 총체(후성유전학) 사이에서 일어나는 놀라운 상호작용이 빚어낸 결과물이다. 생식세포가 형성될 때, 우리의 유전자를 함유하고 있는 23쌍의 염색체는

< 르네 데카르트

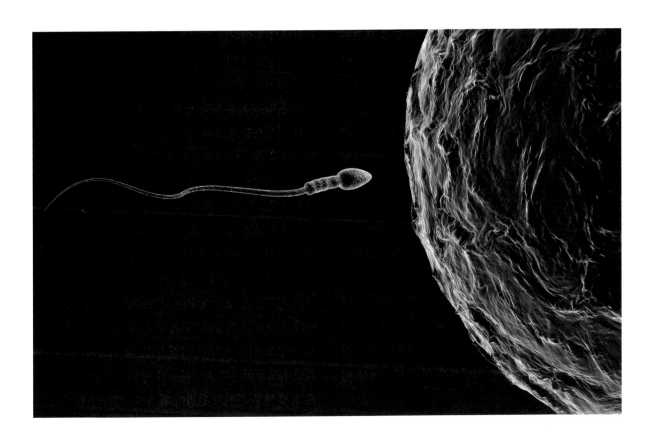

^ 정자와 난자

무차별적으로 분배된다. 각 쌍 중에서 하나의 염색체가 각각 여자의 난자 하나 혹은 남자의 정자 하나로 전달된다. 통계학적으로 볼 때, 이러한 분배 방식이라면 2^{23}(8,388,608)에 해당하는 수만큼의 각기 다른 생식세포가 생산될 수 있다. 수정이 이루어지는 순간 아버지의 8,388,608개의 정자 중 하나와 어머니의 8,388,608개의 난자 중 하나가 무작위로 결합하여 태아가 만들어지기 때문이다. 다시 말해서 남녀 한 쌍이 낳을 수 있는

아이의 경우의 수가 무려 70조 가지나 된다는 말이다. 물려받은 유전자조차도 놀라운 다양성을 보여주는데, 거기에다가 태어난 아이 각자는 남들과 구별되는 삶, 곧 그가 사는 장소, 만나는 사람들, 시간이 흐름에 따라 확립되는 취향, 경험이 쌓이면서 형성되는 행동방식 등에 의해 영향을 받는 자기만의 삶을 산다. 이와 같은 영향의 총체는 후성유전적 변화라고 부르는 현상에 의해 분자 차원에서 실현된다. 후성유전적 변화는 유전자 배

열 자체를 건드리지는 않으면서 그것의 발현을 조절하는 분자 기제에만 간여하는 변화를 가리킨다. 이처럼 인간 각자 사이에 존재하는 심오한 차이는 단순히 형태적 혹은 해부학적 차원에만 국한되지 않으며, 인간 행동 전반에 개입한다. 가령 여러 정서, 두려움, 예술적 감각, 운동 능력 등이 모두 해당된다. 이처럼 대단한 다형성으로부터 다양한 인격체가 태어나는 것이다. 지문의 유일무이성(일란성 쌍둥이들마저도 피부 무늬의 형태에서 차이를 보인다)에서도 알 수 있듯이, 인체에서 벌어지는 세포들의 활동 과정은 저마다 독창적인 유전자 결합이 빚어낸 결과에 해당한다. 우리는 과거에 존재하지 않았으며 미래에도 존재하지 않을 유전자 집합체와 이 유전자들이 우리의 삶에서 발현됨으로써 겪게 되는 변화의 집합체 사이에 벌어지는 상호작용의 결과물이다. 개개인이 지닌 인격의 유일성, 독창성은 바로 여기에서 비롯된다.

다른 모든 신체 기관과 마찬가지로 뇌도 이처럼 경이로운 생물학적 다양성에서 예외가 될 수 없다. 각 개인이 자기만의 독창적인 인격을 소유하고 있다면, 그건 대체로 유전자적·후성유전자적 다양성이 우리 각자의 내부에서 특수한 시냅스 접합을 촉발하기 때문이다. 신경임펄스 전달에 참여하는 신경전달물질과 관련된 차원에서 일어나는 개별적 변이도 마찬가지다. 이러한 신경 현상은 우리의 유전자와 생활방식이 유전자의 기능에 미치는 영향과 직접적으로 관련을 맺고 있다. 마약이나 약품 복용으로, 일부 유전자의 변이로, 혹은 심각한 외상으로 인하여 대뇌 신경임펄스의 생화학적 중개자에게 손상이 생기고 이 때문에 초래된 인격 장애는 이러한 기제가 우리가 개인으로서의 삶을 영위하는 데 얼마나 중요한 역할을 하는지를 웅변적으로 보여준다.

이렇듯 뇌는 그저 기초적인 생체 기능을 관장하는 상당히 복잡한 조절자에 그치지 않는다. 뇌는 무엇보다도 우리의 사고, 추억, 감정 등의 근거지이며, 우리의 인격과 정체성을 보장해주는 주역이다. 그러므로 '죽음'이라고 부르는 현상은 뇌 기능이 회복할 수 없을 정도로 손상을 입은 상태를 가리킨다. 뇌 기능이야말로 우리의 유일무이성을 정의해주기 때문이다. 뇌 기능 상실은 심장 박동 정지의 원인이 될 수도, 결과가 될 수도 있다. 죽음은 곧 우리 각자의 정체성의 표시인 뇌라고 하는 영혼의 죽음이다.

> 렘브란트, 〈튈프 박사의 해부학 강의〉(부분)

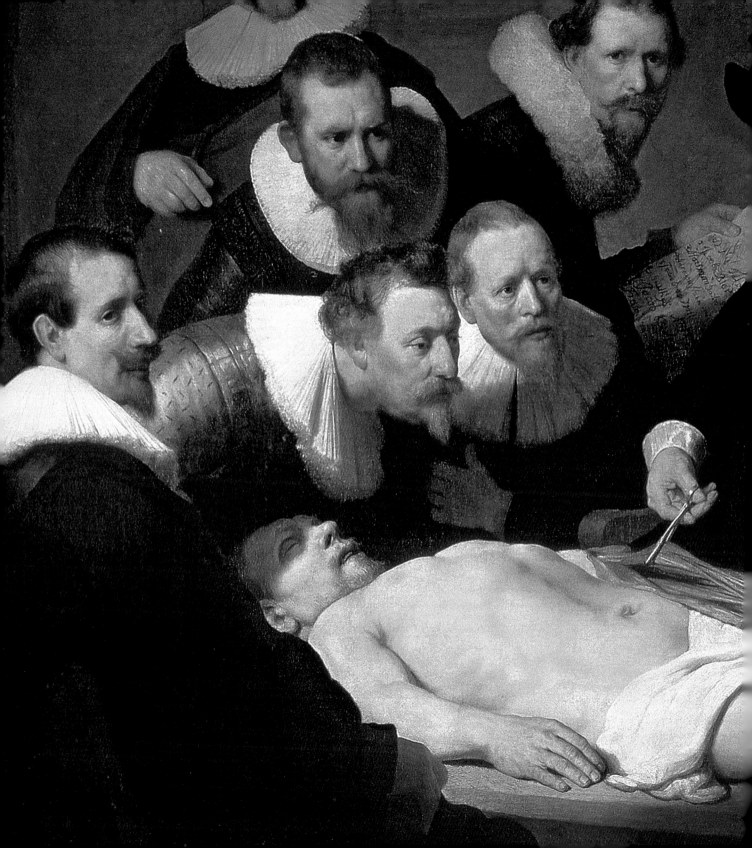

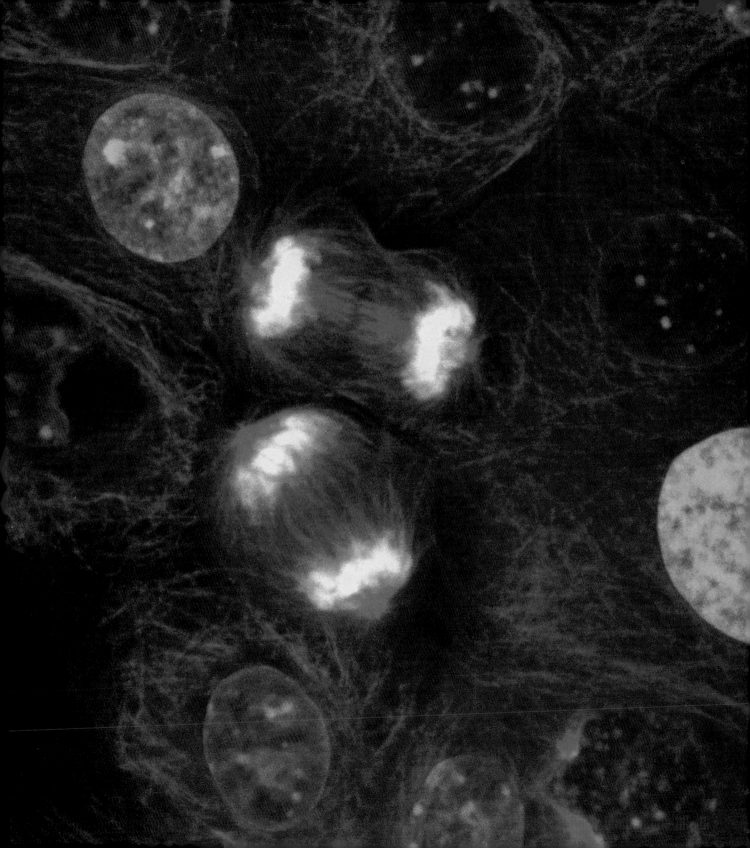

2장

죽는 것이 사는 것이다!

삶이 무엇인지 알지 못하는데,
어떻게 죽음이 무엇인지 알 수 있단 말인가?
- 공자 (기원전 551년~479년)

삶의 복잡성을 제대로 알지 못하면 죽음을 이해하거나 받아들이기가 어렵다. 인간이라는 존재는, 현재 지구상에 퍼져 있는 다른 모든 생명체들과 마찬가지로, 지금으로부터 약 40억 년 전에 출현한 하나의 작은 원시세포가 진화를 거듭한 결과임을 우리는 충분히 인식해야 한다. 생명이 발화하는 데 필요한 조건들이 한자리에 결집되기란 너무도 어렵기 때문에 지금까지 인간이 탐험을 시도해본 다른 어느 별에서도 어떤 형태로건 생명체의 흔적이라고는 발견하지 못했다. 생명의 비개연성, 생명의 경탄스러운 복합성 앞에서, 우리는 어째서 질병이 나타나는지 또는 어째서 실존이 필연적으로 죽음으로 끝나야 하는지를 묻기 전에, 일단 지구상에 생명이 출현하여, 우리 인간을 포함하여 지구상에 예전에 살았거나 지금 현재 살고 있는 그 종(種)들이 무한한 다양성을 선보이고 있음에 감탄해야 마땅하다.

삶은 아름다워라

삶은 끊임없는 놀라움의 원천이다. 믿을 수 없을 정도로 놀라운 뉴런의 활동 앞에서 어찌 경탄하지 않을 수 있단 말인가! 그 덕분에 우리는 사고할 수 있으며, 중요한 사건들을 기억에 담아둘 수 있다. 외부의 공격으로부터 우리를 보호하기 위해서 병원성 세균을 알아채고 문자 그대로 이를 삼켜버리는 면역세포의 능력은 또 얼마나 놀라운가? 망막 세포로 하여금 빛의 광자를 포획하도록 하여 우리를 둘러싼 세계를 보고 그 아름다움을 찬미할 수 있게 만들어주는 기제는 얼마나 기발한가? 하나의 난자와 하나의 정자가 만나 어떻게 그토록 복잡한 인체가 태어날 수 있단 말인가? 1백조 개의 전문 세포들이 공동으로 작업하여 우리가 '삶'이라고 부르는 신기한 경험을 창조해내다니 이 얼마나 감탄스러운가?

우리는 기술의 발전에 놀라고 끊임없이 쏟아지는 새로운 각종 기기에 빠져들면서도 정작 우리 몸을 구성하는 세포들의 완벽함에 대해서는 거의 의식조차 하지 못한다. 이 닦기, 바늘에 실 끼우기, 망치로 못 박기 같은 일은 얼핏 보기엔 지극히 평범해 보이는 일상적인 몸짓이지만, 그 동작이 이루어지기까지는 헤아릴 수 없을 정도로 많은 신경 신호들이 개입한다. 이 신호들이 시각적 표지, 팔다리의 정확한 위치, 근육의 수축 강도 등을 조율한다. 유감스럽게도 우리는 늙어가거나 병을 얻게 되면서 비로소 신체 각 기관의 기능이 원활할 때 얼마나 삶의 질이 높았었는지를 실감하게 되며, 건강하다는 것의 진정한 의미를 깨닫게 된다.

생명의 진화

자신의 계통수, 즉 족보를 알고 조상들의 이름, 그들 삶의 개략적인 윤곽을 학습하는 것은 우리에게 생명을 준 자에 대해 조금 더 잘 알 수 있는 구체적인 방법이라 할 수 있다. 하지만 15세대 이상(약 4백 년) 거슬러 올라가는 조상들을 알기란 솔직히 어려운 일이다. 그보다 더 오래된 문서들은 예측할 수 없는 역사의 무수한 우여곡절로 훼손되었거나 분실되었기 십상이기 때문이다. 지구의 생명 계통수를 그리려 할 때도 이와 똑같은 문제에 부딪치게 된다. 실제로 몇몇 최초 형태의 생명이 수백만 년 된 화석 형태로 흔적을 남겼으나 이 화석들은 너무도 특별한 조건 속에서만 형성되므로, 결과적으로 지구상에 살았던 생명의 총체 중에서 지극히 작은 일부분만을 보여주는 셈이다. 그런데 다행스럽게도 현재 살고 있는 많은 종의 유전자 물질 연구 분야에서 괄목할 만한 발전이 이루어져, 이 종들 사이에 존재하는 유사성이 밝혀지고, 이를 통해서 이들의 친척 관계와 공동의 조상을 확정지을 수 있게 되었다. 이 '분자 계통학' 덕분에 시간의 흐름을 거슬러 올라가 오늘날 지구에서 살아가고 있는 종들의 출현에 이르기까지의 점진적인 단계의 윤곽을 되짚어보는 작업이 가능해졌다. 현재까지 정리된 자료들에 따르면, 박테리아, 시생대 생물(박테리아와 비슷한 유기체로 아주 극한 환경에서 생존한다), 진핵생물, 이렇게 세 부류의 생명체는 지금으로부터 거의 40억 년 전에 지구에 출현한 보편적 공동 조상

(53쪽으로 이어짐)

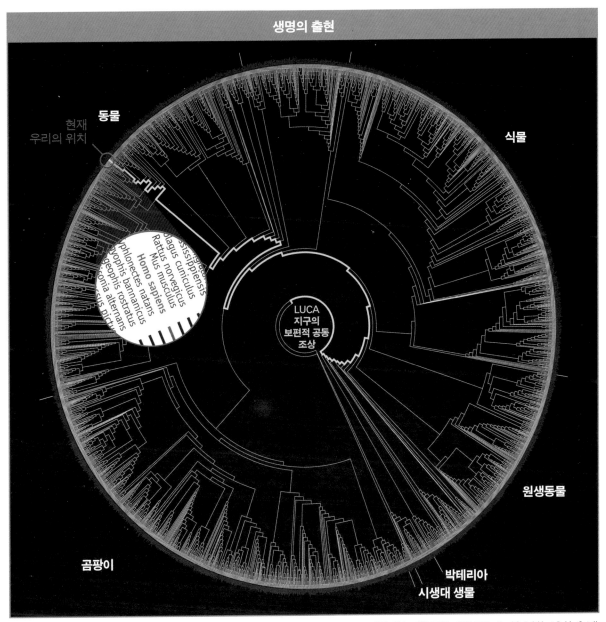

생명의 출현

동물

현재
우리의 위치

식물

Oryctolagus cuniculus
Rattus norvegicus
Mus musculus
Homo sapiens
Liophlonectes natans
Dasypeltis rostratus
Geophis bannanicus
Abronia alternans

LUCA
지구의
보편적 공동
조상

원생동물

곰팡이

박테리아

시생대 생물

출처: 텍사스 대학교의 David M. Hillis, Derrick Zwickl, rt Robin Gutell

표 1

생명의 출현

우주의 다른 별에서도 생명체가 출현했을 가능성을 완전히 배제할 수는 없겠으나, 우리가 현재 지구상에서 진행되어 왔다고 알고 있는 대로의 생명 현상은 극히 예외적인 현상임이 틀림없다. 지금으로부터 40억 년 전에 생명이 출현하게 된 정황에 대해서는 점점 더 많은 사실이 밝혀지고 있다. 1953년, 화학자 스탠리 밀러는 당시 지구를 둘러싸고 있던 극단적인 기후 조건(메탄과 수소, 암모니아 가스 등이 강력한 전기적 활동과 결합) 때문에 생명에 토대가 되는, 이를테면 아미노산 같은 일부 요소들이 저절로 생성될 수 있었을 것이라고 최초로 주장했다. 최근에 들어와서는 이러한 기후 조건들이 현재 유전자 물질(DNA, RNA)의 기초 구성 요소인 뉴클레오티드의 형성도 가능하게 했다고 밝혀졌다. 가장 단순한 박테리아에서부터 인간처럼 고도로 진화한 형태에 이르기까지 그야말로 모든 형태의 생명이 생존과 번식을 위해 똑같은 DNA와 RNA 코드를 사용하고 있다는 점을 고려하면, 이러한 분자들의 출현이야말로 지구상에 생명이 등장하게 된 역사에서 가장 획기적인 전환점이라 말할 수 있다.

하지만 진정한 의미에서 생명의 진화가 가속화되기 시작한 건, 바꿔 말하자면 오늘날 우리가 알고 있는 생명 세계의 출발점이 된 건 자기복제 수단으로서의 DNA에 포함된 정보를 사용할 수 있는 구조가 정착되면서부터이다. 이러한 생명의 다양화는 얼핏 생각하기엔 도저히 있을 법하지 않아 보인다. 현재 살고 있는 인간이 지난 수억 년 동안 일어났을 무수한 사건들의 총체를 감히 어떻게 다 상상할 수 있겠는가. 앞장에서 살펴본 뇌의 진화와 마찬가지로, 생명의 진화 과정은 매우 서서히 진행된다. 환경의 변화(자연도태)에 대처할 수 있을 정도로 효과적이며 믿을 만한 시스템을 점진적으로 만들어나가야 하기 때문이다. 특별히 유용한 시스템이 마련될 경우, 생명은 오래도록 이 시스템을 유지하기 위해 놀라운 능력을 발휘한다. 40억 년 동안이나 보편적인 생명 코드로서 DNA를 활용해왔다는 사실이 이를 입증한다. 5억 년쯤 전에 지구상에 등장한 다세포 생물의 발생 과정은 이러한 '유지 본능'의 또 다른 사례라고 할 수 있다. 애초에 원시 무척추동물을 발생시키기 위한 시스템이었던 것이 오늘날까지도 유지되고 있지 않은가. 가령, 우리를 둘러싸고 있는 모든 곤충들과 동물들이 어째서 대칭적인 형태를 하고 있는지, 다시 말해서 왜 몸의 반쪽이 다른 반쪽을 비추는 거울 역할을 하는지 의문을 가져본 독자들이 있을 것이다. 이 대칭성은 5억 년 전 혹스(Hox) 유전자의 출현에서 비롯된다. 혹스 유전자는 생명체의 한끝에서 다른 끝을 이어주는 축(전-후 축, anterior-posterior axis)을 따라가며 각 기관과 팔다리의 자리를 잡아주는 역할을 한다. 혹스 유전자의 출현이 생존에 가져다준 혜택이 매우 지대하기 때문에 생명체들은 당연히 오늘날까지도 이를 보존해왔다. 이것이 지구상에

< 동물의 생물다양성. (윗줄부터, 왼쪽에서 오른쪽으로) 성게 / 거미불가사리에게 둘러싸인 미삭류 / 사마귀 / 드래곤피시 / 흰동가리(클라운피시) / 대합 / 늑대거미 / 왕독수리 / 검은독수리 / 초록뱀 / 꿀벌 / 공작 / 해마 / 크리스마스트리 벌레 / 나무 개구리 / 아가마 도마뱀

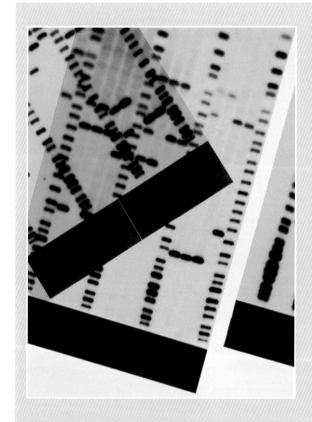

된 덕분이다. 성공적인 시련 극복 사례는 단계별로 DNA의 기억 속에 고스란히 저장되어 있다. DNA는 우리의 유전적 특성의 집약체이다. 진화를 위해서 자연은 이미 잘 기능하고 있는 것까지 새것으로 대체하지는 않는다. 기존의 시스템을 좀 더 낫게 가다듬고 가장 효율적인 방식으로 이를 활용함으로써 이 유전적 이점을 보유한 종의 확산을 극대화시키는 전략을 구사한다.

진화 과정에서는 우연 또한 결정적인 역할을 한다는 사실을 새삼 언급할 필요가 있을까? 어쨌거나 태초의 원시세포가 40억 년 후 인간이라는 종의 출현을 야기하기로 예정되어 있었다는 증거는 어디에서도 찾을 수 없다! 생명의 역사를 점철하는 종들 가운데 99퍼센트는 급격한 기후 변화를 비롯하여 지구에 일어난 수많은 사건 사고들로 인하여 자취를 감추었다. 2첩기(疊紀)(2억 5천만 년), 백악기(6천 5백만 년)의 대대적인 멸종에서 살아남은 것은 가장 진화한 종이 아니라 당시 발생한 어마어마한 천재지변과 관련한 각종 변화에 가장 잘 적응한 종들이었다. 그러니 만일 이들 종들 가운데 어느 하나가 살아남았다면 오늘날 지구의 모습은 완전히 달랐을지도 모른다. 가령 공룡들이 백악기의 멸종을 피해서 살아남았다면, 오늘날 지구는 영장류나 인간이라고는 자취를 찾아볼 수 없는 '쥐라기 공원' 같은 모습을 하고 있을지 누가 알겠는가.

존재하는 모든 곤충들과 동물들이 대칭적인 외양을 지닌 이유다.

생명의 역사는 그러므로 본질적으로 환경에 의해서 가해지는 시련에 적응할 만한 역량을 갖춘 시스템을 찾아내는 역사라고 할 수 있다. 현재 우리가 이런 모습으로 살 수 있는 건 생명체의 진화를 가능하게 하는 생물학적 복합체를 만들어내려는 시도가 수백만 년 동안 이어져오면서 최적화

(LUCA, Last Universal Common Ancestor)으로부터 가지를 친, 뚜렷하게 구분되는 과(科)에 속한다(표 1).

생명의 다양화 과정은 하루아침에 이루어지지 않았다. 약 30억 년 동안, 다시 말해서 지구 나이의 6분의 5에 해당되는 시간 동안 이들 단세포 생물들만이 지구상에서 유일한 생명의 형태로 존재해왔다. 40억 년의 지구 역사를 1월 1일에 시작하는 1년 365일짜리 달력으로 환산해본다면, 단세포 생물은 11월 6일 최초의 무척추 동물이 모습을 나타낼 때까지 지구상의 유일한 주민들이었다. 최초의 식물 형태가 등장한 것은 11월 20일이고, 어류의 출현은 11월 24일, 곤충은 11월 29일, 최초의 포유류는 12월 25일에 각각 모습을 드러냈다. 최초의 인류는 12월 31일, 한 해가 끝나기 불과 30분 전에야 출현했다!

다윈의 뛰어난 직관력과 관찰 덕분에 우리는 진화와 생명의 다양화가 우연의 산물이 아니라 자연의 무자비한 법칙, 곧 자연도태의 결과임을 알게 되었다. 환경 변화에 따른 제약에 가장 잘 적응한 생명체가 생존할 가능성이 가장 높으며 따라서 후손을 많이 남길 확률이 높다. 반대로 이러한 제약에 대처하기 위해 반드시 필요한 유연성을 갖추지 못한 생명체는 숫자가 줄어들고 궁극적으로는 사라지게 된다. 이 강자의 법칙은 가혹하기 그지없다. 지구가 형성된 이후부터 줄곧 몰아닥친 무수히 많은 변화(운석, 화산 폭발, 대륙 이동, 빙하기 등) 때문에 지구에 출현

했던 모든 종의 99퍼센트는 현재 종적을 감추었다. 생명의 역사는 그러므로 동시에 죽음의 역사이기도 하다.

생명의 원천인 죽음

이와 같은 시련을 극복했으며, 현재의 생물 다양성을 성취하는 데 일조한 '승리자' 종들에게도 죽음은 삶과 떼려야 뗄 수 없이 밀접하게 연결되어 있는 사건이라 할 수 있다. 하나의 세포로 이루어진 자기 몸을 둘로 쪼개서 번식하여 두 개의 자손을 탄생시키는 박테리아나 효모 같은 단순한 생명체에 대해서조차 우리는 불멸의 존재라고 말할 수 없다. 둘로 갈라지는 과정에서 구조가 더 많이 손상당한 반쪽을 갖게 된 자손은 후손의 생존을 위협받게 된다. 살아 있는 것은 모두 언젠가 죽는다. 죽음이 찾아오기 전에 확실하게 종을 번식시키는 것만이 생명이라는 모험을 계속해나갈 수 있는 유일한 방법이다.

이렇듯 삶과 죽음 사이에 밀접한 관계가 형성되는 것

> 오늘날에는 멸종된 타스마니아 호랑이

균형의 문제

물리학적 관점에서 보자면, 생명은 이른바 개방적 열역학 시스템, 곧 외부 생태계와 끊임없이 에너지를 교환하는 시스템이라 할 수 있다. 이러한 시스템을 유지하기 위해 드는 비용을 어림으로나마 짐작하려면, 날씨가 몹시 추운 날 몇몇 창문을 열어놓고 집을 난방할 때를 상상해보면 된다. 이런 상황에서 일정한 온도를 유지하기 위해서는 열린 창문을 통해 들어오는 추운 기류를 보상할 수 있는 난방 시스템을 항상 가동해야 한다. 몹시 낭비가 심한 난방 시스템이건 천하에 가장 효율적인 난방 시스템이건, 이런 상황에서라면 영원토록 효율적으로 가동하기란 어려울 것이다. 언젠가는 고장이 나서 열의 원천이 차단될 것이며, 두 부분의 온도가 결국 같아질 것이다. 다시 말해 내부와 외부는 균형 상태를 이룰 것이다. 같은 방식으로, 세포 기능을 유지하기 위해서는 에너지가 끊임없이 제공되어야 한다. 그래야만 세포들이 외부 생태계의 혼란에 대처할 수 있도록 효율적인 조직을 만들어나갈 수 있다. 하지만 지속적으로 이 같은 노력을 하다보면, 세포는 결국 죽음에 이른다. 생명은 외부 생태계와의 불균형 상태, 곧 물질의 균형을 추구하는 자연에 역행하려는 경향이다. 열역학 법칙에 따르면, 죽음은 균형으로의 회귀를 의미하며, 따라서 불가피하다.

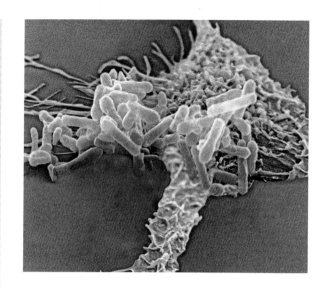

은 생명 유지에 엄청난 양의 에너지 소모가 따르기 때문이다. 생명은 복잡하고 질서정연한 구조를 유지하며 세포를 통해 자가복제하기 위해 환경 중에 산재해 있는 에너지를 사용하는 생화학 반응의 연속이다. 생명체 내부의 질서를 유지하기 위해서는 엄청난 비용이 든다. 끊임없이 에너지를 공급해야만 물질의 본질적인 특성이라 할 수 있는 해체되려는 성향을 막을 수 있기 때문이다. 그런데 시간이 경과함에 따라 에너지 대량 소비는 세포 차원에 심각한 손상을 초래하며 이렇게 되면 질서를 유지할 수 없다(박스 내용 참조).

따라서 물리학적·생물학적 관점에서건 진화론적 관점에서건, 불멸이란 결코 득이 되는 선택이 아니다! 그런 까닭에 애초부터 생명의 발현에 필요한 자극은 오

∧ 대식세포(보라색)에게 공격당하는 슈도모나스 균(붉은색)
＞ 인간의 다양성

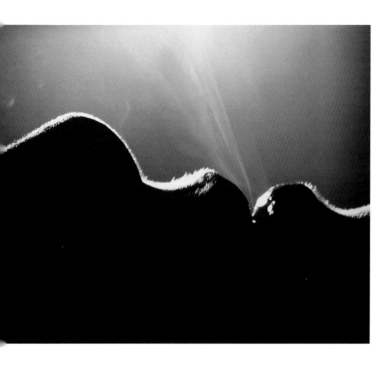

순전히 죽음 덕분이다.

산소 길들이기

생명을 유지하기 위해 지속적으로 상당한 양의 에너지가 투입되어야 하는 것이 사실이라면, 이 소중한 에너지를 대량으로 공급할 수 있는 대사 기제가 확립된 뒤에야 비로소 한층 진화된 형태의 생명체, 곧 다세포 생물의 출현이 가능했다는 건 지극히 자연스럽다. 진화 과정 초기에 이미 아데노신삼인산(ATP라는 약자로 훨씬 잘 알려져 있다)은 생명체의 보편적인 연료로 자리 잡았다. 대기 중에 산소라고는 거의 없던 시기에 출현한 최초의 박테리아들은 발효를 통해 ATP를 생산해야 했다. 이는 세포 기능을 유지하는 데에 적합한 방식이긴 했으나, 수십억 개의 세포로 이루어진 복잡한 생명체의 생존을 보장하기엔 충분하지 못했다.

지구상에 생명체가 폭발적으로 늘어나는 데 기폭제 역할을 한 것은 단연 산소였다. 진화된 형태의 생명체 출현은 지구의 대기 중에 산소가 눈에 띄게 늘어난 시기와 일치한다. 산소는 25억 년 전, 바닷말류(또는 청조류)의 신진대사, 다시 말해서 광합성을 통해 생존에 필요한 분자를 만들어내고 '찌꺼기'는 버리는 과정의 결과로 처음 나타난 것으로 관찰된다. 이들의 광합성 활동은 지구 표면을 온통 점령한 식물들의 광합성 작용과 어우러져, 그 이후 수백만 년 동안 대기 중 산소량의 점

랜 기간 생존할 수 있는 세포가 아니라 신속하게 번식할 수 있는, 다시 말해서 손상이 죽음을 초래하기 전에 번식에 성공할 수 있는 세포로부터 나온다. 젊고 외부 환경 변화에 유연하게 적응할 수 있는 새 세대 생성을 가능하게 해주는 번식이야말로 진정한 진화의 동력이라 할 수 있다. 그러므로 최초의 세포가 자신의 에너지를 번식 잠재력을 발전시키는 대신 불멸의 존재가 되기 위해 사용했다면, 다시 말해서 시간이 야기하는 손상을 막는 데 치중했다면, 우리는 절대 이 땅에 태어날 수 없었을 것이다. 그러니 역설적으로 들릴지 몰라도, 생명이 존재하고 오늘날까지도 실제로 만개할 수 있는 것은

진적이지만 굉장한 증가를 가져왔다(표 2).

산소의 증가는 진정한 의미에서 지구 생명체의 폭발적 증가를 동반했다. 여러 종류의 무척추동물이 등장했으며, 특히 에디아카라 생물군(같은 이름을 가진 오스트레일리아 구릉지대에서 발견된 5억 6천 5백만 년 전 화석으로 최초의 복합체, 즉 다세포 생물을 보여준다)이 주목할 만하다. 이러한 비약은 산소를 이용한 에너지 생산 기제가 급속도로 향상되었다는 사실과 직접적인 연관을 맺

고 있다. 예컨대 글루코스, 즉 포도당 분자가 발효될 때에 단세포 생물에서 고작 2개의 ATP 분자가 만들어지는 데 반해, 똑같은 포도당 분자가 산소가 있는 환경에 놓일 경우에는 무려 36개의 ATP 분자가 만들어진다. 생산성이 18배나 증가하는 것이다!

이 같은 효율 증대는 지구 생물 역사상 가장 행복한 결합이라 부를 만한 사건의 직접적인 결과다. 20억 년 전, 산소를 ATP로 바꿀 수 있는 박테리아와 독자적으로

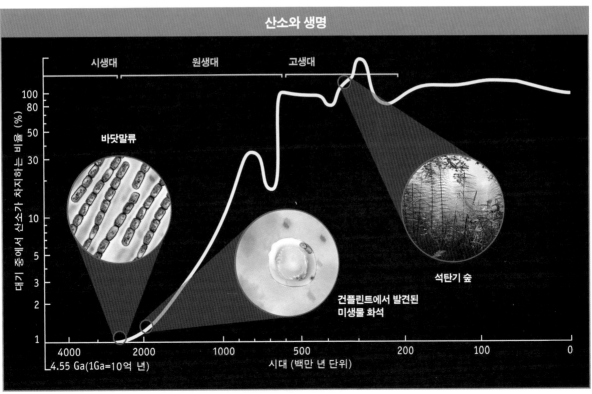

산소와 생명

시생대 원생대 고생대

대기 중에서 산소가 차지하는 비율 (%)

바닷말류

컨플린트에서 발견된
미생물 화석

석탄기 숲

4000 2000 1000 500 200 100 0
4.55 Ga(1Ga=10억 년) 시대 (백만 년 단위)

표 2

는 대기 중에 섞여 있던 이 가스를 사용할 줄 몰랐던 원시세포 사이의 혼인으로 탄생한 '오래된 커플'이 이처럼 놀라운 자손을 낳았다. 오늘날 우리가 이해하는 대로의 생명은 이 원시적인 두 존재의 결합이 아니었다면 존재할 수 없었을 것이다. 효과적으로 산소를 이용해 ATP를 생성할 수 있는 능력을 세포들에게 제공함으로써 이 박테리아들은 생존하고 번식하는 데 훨씬 많은 양의 에너지가 필요한 보다 복잡한 형태로 생명이 진화할 수 있도록 토대를 마련해주었다.

진핵세포라 불리는 '현대적인' 세포 내부에서 예전의 박테리아들은 동식물에 공통적으로 존재하는 미토콘드리아 또는 식물에만 존재하는 엽록체의 형태를 취한다.

미토콘드리아는 오늘날까지도 고유한 DNA를 보유하고 있다. 이들의 DNA는 일부 단백질과 RNA의 유전자 정보를 지닐 수 있다(인간의 경우, 적어도 미토콘드리아로부터 유래한 유전자 37개가 세포 기능에 참여한다). 양쪽 부모로부터 물려받는 핵 DNA와 달리 미토콘드리아 DNA는 오직 모계에 의해서만 전달되며, 이 특성을 이용하면 인간이라는 종의 기원을 거슬러 올라가는 것도 가능하다. 현재까지 발표된 자료에 따르면, 인간의 모든 미토콘드리아는 공통적인 기원을 지니고 있다. 이 기원을 흔히 '이브의 미토콘드리아'라고 하는데, 이 이브는 15만 년 전 에티오피아나 케냐 혹은 탄자니아에 살았을 것으로 추측된다.

미토콘드리아의 주요 역할은 진정한 에너지 발전소,

즉 ATP를 생산해내는 공장 역할과 다르지 않다. 태양의 전자기파 에너지는 식물의 엽록체 내부에서 화학 에너지로 바뀐다. 한 형태의 에너지를 다른 형태의 에너지로 전환시키는 기술이야말로 지구에서 생명 현상이 가능할 수 있는 근원이 된다(표 3). 한편 단백질, 당분, 지방의 화학적 에너지는 미토콘드리아에서 연료, 즉 ATP로 변한다. 이런 식으로 에너지를 생산하는 과정에 개입하는 기제가 너무도 복잡하기 때문에, 여러 세대에 걸쳐서 가장 뛰어나다고 하는 생화학자들조차 이 과정을 제대로 파악하는 데 고전을 면치 못했다. 그중 몇몇 사람만이 마침내 대략의 틀을 찾아냈으며(표 4), 특히 영국 출신 피터 미첼은 그 노고를 인정받아 1978년에 노벨상을 수상했다.

피터 미첼은 '화학 삼투설'이라 불리는 모델을 제시하며, 음식(당분, 지방, 단백질)을 통해 전달된 에너지 또는 식물의 색소를 통해 포획된 태양 에너지를 품은 분자들 내 생화학 에너지는 미토콘드리아 막에 전자의 흐름을 만들어내며, 이 흐름을 통해서 미토콘드리아 막의 내외부에 양자의 전기화학적 구배가 생겨난다고 설명했다. 이 구배는 $F_0 F_1$ ATPase라고 하는 효소에 의해 ATP를 합성하는 데 사용된다.

이러한 과정의 총체를 가리켜 '세포 호흡'이라 하며, 세포 호흡을 통해 이산화탄소가 배출되고 산소가 소비된다. $C_6H_{12}O_6 + 6O_2 \rightarrow 6CO_2 +$ 에너지(ATP와 열기).

산소가 동물의 삶에 필수적인 것은, 다름 아니라, 세포들이 똘똘 뭉쳐 자기들이 활동하는 데 필요한 에너

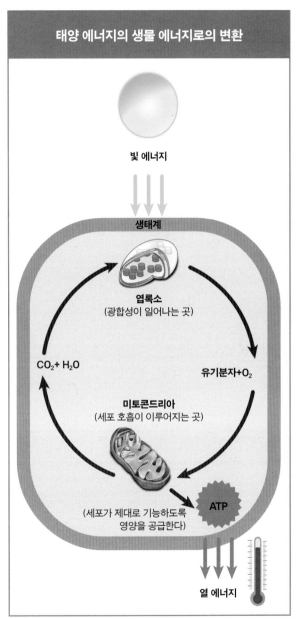

태양 에너지의 생물 에너지로의 변환

빛 에너지

생태계

엽록소
(광합성이 일어나는 곳)

$CO_2 + H_2O$

유기분자$+O_2$

미토콘드리아
(세포 호흡이 이루어지는 곳)

ATP

(세포가 제대로 기능하도록
영양을 공급한다)

열 에너지

표 3

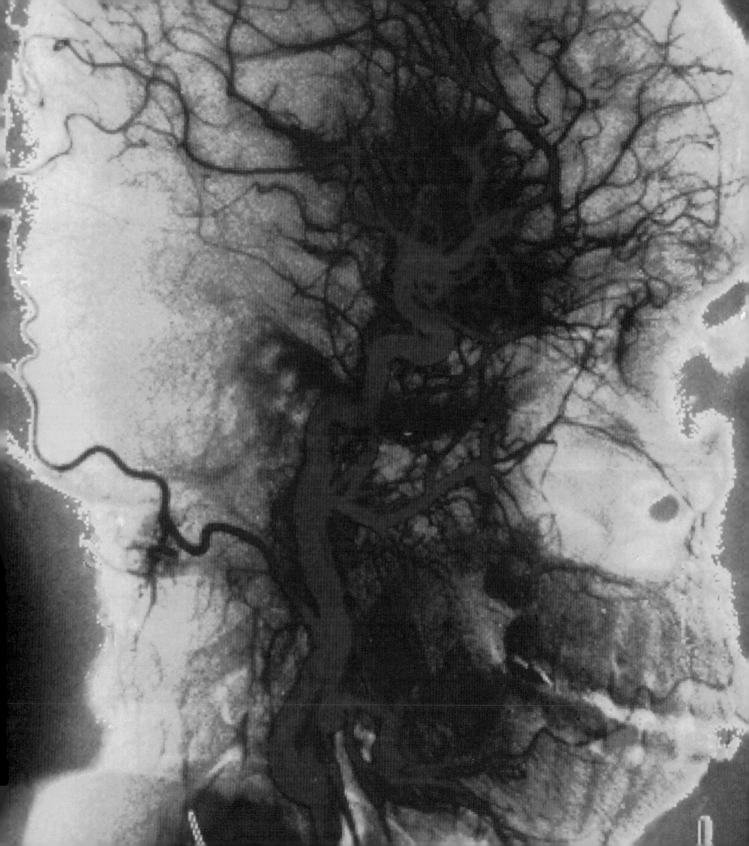

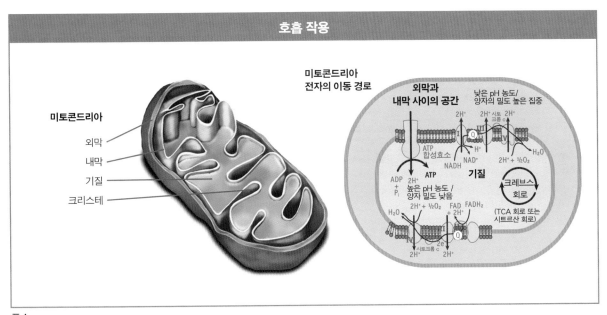

호흡 작용

미토콘드리아
전자의 이동 경로

미토콘드리아

외막

내막

기질

크리스테

외막과
내막 사이의 공간

낮은 pH 농도/
양자의 밀도 높은 집중

ATP
합성효소

NADH NAD⁺

ADP
+
Pᵢ

ATP

높은 pH 농도 /
양자 밀도 낮음

기질

크레브스
회로

(TCA 회로 또는
시트르산 회로)

시토크롬 c

표 4

지를 얻기 위해 이와 같은 에너지 생산 방식을 택했다 는 단지 그 이유 때문이다. 인간의 신체를 구성하는 모 든 세포에서 실행되고 있는 세포 호흡이 가능하기 위해 서는 산소 운반 체계의 확립이 필요했다. 신체 조직 깊 숙한 곳에 파묻혀서 대기 중 산소에 직접 노출되는 일 이 없는 세포들, 예컨대 적혈구를 운반하는 혈액 시스 템에도 이러한 운반 체계의 혜택이 돌아가야 했다. 적 혈구에는 매우 친화력 있게 산소를 포획하는 것을 주요 임무로 삼는 헤모글로빈이 있다. 헤모글로빈이 포획한 귀중한 산소는 혈액에 의해서 수천 킬로미터에 이르는 모세관을 통해 신체의 모든 세포들에게로 운반된다. 일

반적으로 호흡은 물리적이고 거시적인 현상으로 인식 된다. 이 현상이 진행되는 동안 횡격막이 움직임으로써 폐가 20퍼센트 정도의 산소를 함유하고 있는 공기를 들 이마시게 된다. 그런데 이 거시현상은 사실 미토콘드리 아가 근원이 되는 진정한 의미에서의 신진대사성 호흡 이 진화해온 결과에 불과하다.

흔히들 하나의 체계란 그 체계를 구성하는 가장 취약 한 요소만큼만 힘을 지닌다고 말한다. 세포들의 경우를 보자면, 산소에 대한 높은 의존도로 말미암아 산소 공 급을 저해하거나 ATP 합성을 위한 결합을 방해하는 모 든 사건은 재앙이며 순식간에 세포의 죽음을 초래한다.

우리가 비록 그 사실을 늘 의식하지는 못할지라도, 모든 동물은, 심지어 곤충이나 어류, 파충류처럼 흔히 '저급한' 것으로 치는 동물들까지도, 진정 진화의 놀라운 산물이라 할 수 있다. 수백만 개의 세포들이 기능적으로 배열되어 이 동물들로 하여금 양분을 섭취하고, 몸을 움직이며, 정확하게 주변 환경을 인식하도록 한다니 어찌 놀랍지 않은가. 이 같은 복잡성은 모든 세포들이 동일하다면 당연히 불가능할 것이다. 동물들이 저마다 고유한 형태와 고유한 생존 방식을 획득하게 된 것은 세포들의 전문화, 즉 기관 전체의 이익을 위해서 세포 각각이 특수한 하나의 임무를 성취할 수 있는 특성을 습득한 후의 일이다.

'세포 분화'라 부르는 이와 같은 전문화 현상은 태아의 발달 초기에 이미 시작된다. 다세포 동물의 대다수(해면이나 산호 같은 몇몇 종을 제외한 나머지)는 3배체성, 곧 난자와 정자의 수정이 이루어지고 나면 태아가 세 개의 서로 다른 층위(외배엽, 중배엽, 내배엽)로 분리된 다음 각각이 특화된 세포로 발전해갈 기틀을 잡는다. 가령, 외배엽은 신경 체계의 뉴런과 피부 세포, 중배엽은 근육 생성, 신장, 생식 기관, 내배엽은 소화 기관을 비롯한 몇몇 다른 유형의 세포들(폐, 갑상선, 췌장)로 분화되는 것이다(표 5).

단 하나의 수정란이 이처럼 뚜렷하게 구별되며, 신경 임펄스 전달, 광선 지각, 음식물 소화처럼 전문화된 기능을 수행하는 다양한 세포들을 탄생시킨다니, 이는 의심할 여지없이 자연이 낳은 걸작품임에 틀림없다.

뒤에서 보겠지만, 죽음은 감염에 의한 것이건 독이나 질병, 또는 그 외 모든 불행한 사고에 의한 것이건, 항상 산소 결핍으로 인한 ATP 합성 중단의 결과라고 보면 된다.

삶을 조각하기

보다 진화된 형태의 생명체의 기능을 지원하는 산소의 역량에도 불구하고 생명은, 죽음의 적극적인 개입이 없었다면, 오늘날 우리가 알고 있는 높은 수준의 복잡성에 도달하지 못했을 것이다.

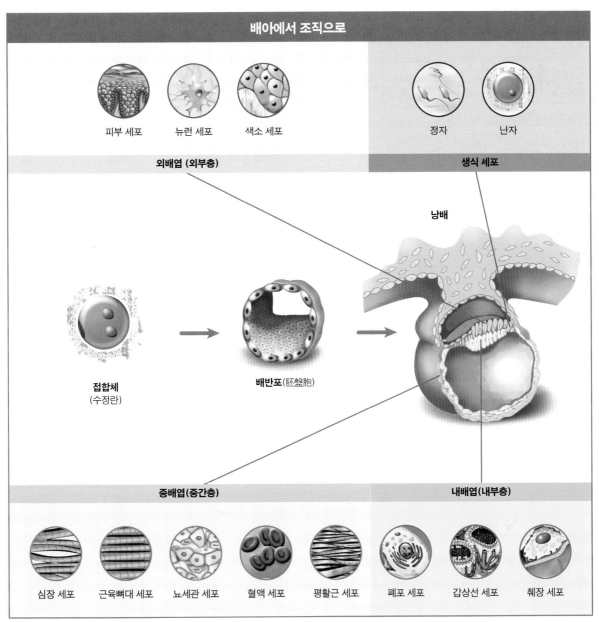

배아에서 조직으로

피부 세포 · 뉴런 세포 · 색소 세포
외배엽 (외부층)

정자 · 난자
생식 세포

낭배

접합체
(수정란)

배반포(胚盤胞)

심장 세포 · 근육뼈대 세포 · 뇨세관 세포 · 혈액 세포 · 평활근 세포
중배엽(중간층)

폐포 세포 · 갑상선 세포 · 췌장 세포
내배엽(내부층)

표 5

이와 같은 조직 방식은 5억 7천 5백만 년 전쯤 첫선을 보였으며, 그 후 자연도태 법칙에 의해 마치 화가의 캔버스처럼 모든 작품의 바탕으로 사용되었다. 다시 말해서 다세포 생물들은 이 바탕 위에서 변화하는 환경에 적응하여 진화해나갔다. 진화는 눈길을 끄는 화려한 외면과는 달리, 완전히 새로운 구조를 창조한다기보다 인내심을 가지고 기존의 요소들을 재조직함으로써 최적

의 상태로 환경에 의해 강요되는 도전에 대처해나간다. 예를 들어 인간의 팔뚝과 박쥐의 날개, 물개의 가슴지느러미, 말의 다리 등은 겉모습은 완전히 다르게 생겼지만, 구조 면에서는 동일하다. 단지 공동의 조상에게서 물려받은 뼈가 다른 방식으로 자리를 잡은 탓에 신체적인 기능이 달라졌을 뿐이다(표 6).

이러한 복잡성이 발현되도록 하는 과정을 설명하자

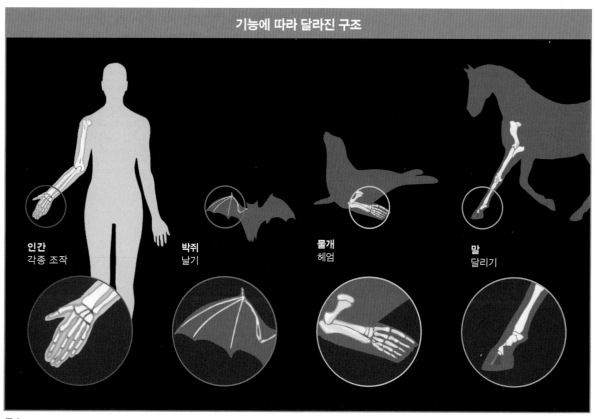

표 6

면, 이 책의 본래 취지를 크게 넘어서게 된다. 어쨌거나 생물학 또는 과학 전반에 관해서 문외한인 독자라 하더라도 인간처럼 진화한 동물이 그들보다 '저급한' 다른 동물들과 어느 정도의 유산을 공유하고 있다는 사실을 직관적으로 깨닫기란 어려운 일이 아니다. 가령, 형성 초기 단계에 있는 각기 다른 여러 종의 태아들의 형태만 얼핏 살펴보아도 그것들이 얼마나 닮았는지 금방 알 수 있다(표 7). 쥐와 인간처럼 완전히 다른 종을 놓고 보더라도, 초기 발생 단계에서는 쥐와 인간의 태아를 구별하기가 거의 불가능할 정도다!

세포의 희생

진화된 생명체를 구성하는 세포의 다양화와 전문화는 어떤 의미에서 현대 사회의 양상과 비유해볼 수도 있다. 말하자면 사회 조직이 복잡해짐에 따라 노동력의 전문화가 이루어지는 것과 같은 이치인 것이다. 현대문명이 지닌 많은 강점에도 불구하고, 기존의 질서 잡힌 구조를 유지하려면 갈등을 피할 수 없으며, 갈등 속에서 질서를 유지해나가려면 일반적으로 몇몇 규칙을 엄격하게 강제해야 할 필요가 생긴다.

생명의 발생 과정과 관련하여, 전문화된 구조가 형성

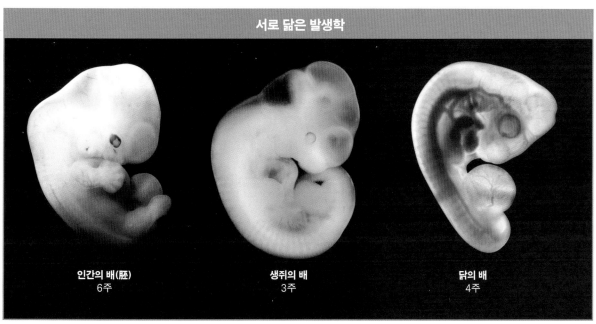

서로 닮은 발생학

인간의 배(胚)
6주

생쥐의 배
3주

닭의 배
4주

표 7

되려면 불필요한 세포들을 제거하는 작업이 필요하다. 불필요한 세포들의 존재는 전문화된 기관의 효율적인 기능과 양립할 수 없기 때문이다. 이 같은 '가지치기'는 각 세포 내부에서 매우 정교하게 가다듬어진 자기파괴 기제가 작동하기 때문에 가능하다. 이 기제는 필요성이 대두될 때마다 즉각적으로 진정한 의미에서의 '희생제의'를 거행한다. 아포토시스(apotosis), 즉 '세포자살'이라는 학문 용어로 알려진 이 세포의 '희생제의'는 죽음의 효소, 즉 세포의 구성요소들을 집요하게 도려내는 수술용 메스라고 할 수 있는 카스파제(caspase)에 의해 세포가 완전히 분해되는 현상을 가리킨다. 주변 세포에 의해, 또는 세포의 적절한 기능 수행을 저해할 정도의 손상이 발견됨에 따라 발효되는 죽음 지시가 내려지면, 문제의 세포를 제거하기 위한 일련의 행동들이 일사불란하게 진행된다(표 8). 가령 세포의 원활한 기능에 장애가 있음을 발견하면, 미토콘드리아는 평상시 ATP 합성에 관계하는 단백질(시토크롬 c)을 세포 내부로 보낸다. 이처럼 시토크롬 c가 예외적인 위치에 놓이게 되면 이는 즉각적으로 세포의 '희생제의' 개시 신호로 받아들여진다. 이 신호를 기점으로 일련의 카스파제 효소들이 활성화되며, 문제의 세포가 죽음에 이르는 것은 시간 문제다. 세포의 죽음은 표면에 나타나는 출아로 쉽게 판별할 수 있다. 이렇듯, 생명의 원천인 미토콘드리아는 세포의 죽음에도 중심 역할을 한다.

세포자살은 발생 과정 내내 신체 각 기관의 조성에서 중요한 역할을 한다. 예를 들어 태아의 뇌 구조가 형성되는 시기에 신경임펄스를 전달하기 위해 다른 뉴런들과 접촉하는 데 실패한 뉴런들은 제거된다. 같은 방식으로 인간에게 손가락과 발가락이 따로따로 개별화된 것은 그 부위에서 집중적으로 손가락, 발가락 사이에 포진하고 있던 세포들을 제거하는 아포토시스 과정이 일어난 덕분이다.

점진적인 죽음

아포토시스 과정은 모든 생명체에 대단히 중요하다. 매일 완전한 익명성 속에서 쓸모없어진 1백억 개의 세포가 아포토시스 과정이라는 제단에 바쳐진다. 다행스럽게도 이 세포들 각각은 죽음과 동시에 일 잘하는 새로운 세포들로 교체된다. 사망률, 재탄생률은 세포에 따라 편차가 심하다. 창자벽을 덮고 있는 세포의 수명은 닷새를 넘기지 못하는 반면, 신경세포의 수는 우리의 일생 동안 거의 변하지 않는다(표 9). 끊임없이 새로운 탄생이 이어지는 현상 덕분에 우리 몸을 구성하는 대다수 세포의 나이는 열 살이 넘지 않으며, 따라서 우리 나이보다 훨씬 젊다. 그러니 우리 각자가 자신의 실제 나이보다 젊다고 느끼는 건 어찌 보면 지극히 당연하다!

하지만 높은 효율성에도 불구하고 이 회춘 잠재력은 제한적이며, 시간이 지남에 따라 줄어든다. 때문에 우리의 신체 기능은 점차 약화된다. 우리의 존재 기간 내내 진행된 일련의 '작은 죽음들'은 결국 돌아오지 못할

(70쪽으로 이어짐)

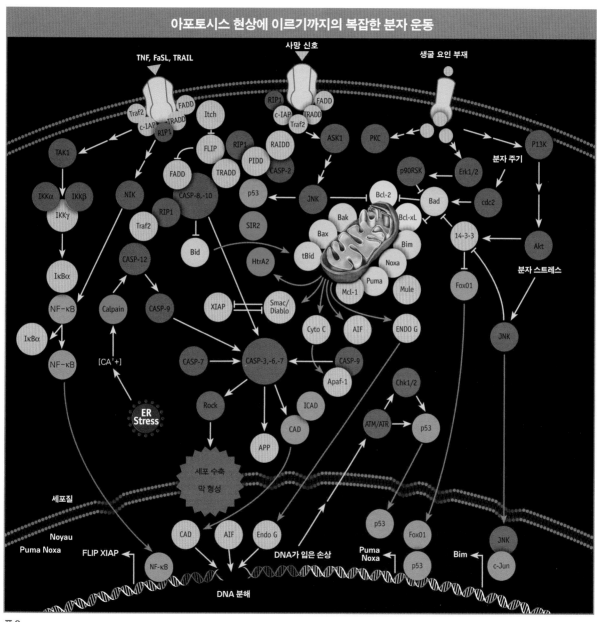

아포토시스 현상에 이르기까지의 복잡한 분자 운동

표 8

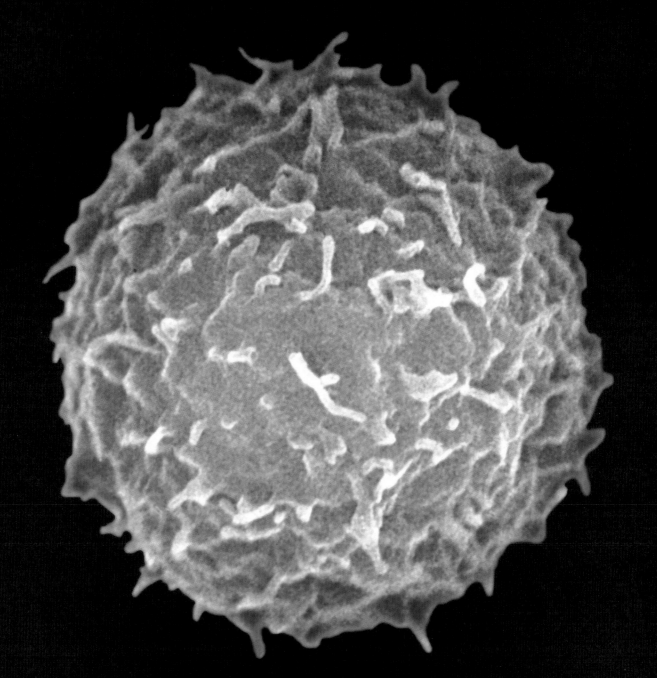

정상적인 백혈구

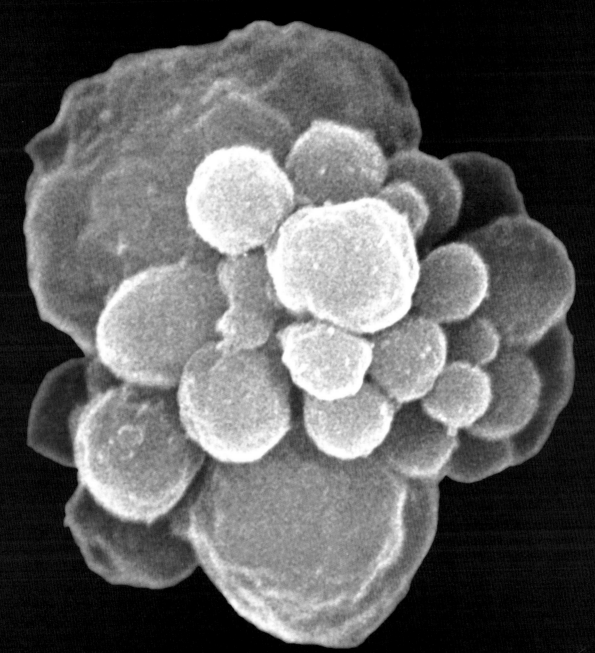

아포토시스 과정의 백혈구

강을 건너게 되며, 이는 피할 수 없는 생체 기능 상실이라는 결과를 낳고, 궁극적으로는 신체 전체의 죽음에 이른다. 다시 말해서, 우리가 언젠가 죽는 건 매일 조금씩 죽기 때문이다.

죽음은 물론 인간이라는 종에게만 제한적으로 나타나는 현상이 아니다. 모든 생명체는, 식물, 곤충, 어류, 조류 등의 상대적으로 단순한 부류이건 혹은 복잡한 포유류이건 구별할 것 없이, 태어나서 자기들 나름대로 고유한 리듬에 따라 성장하고 죽는다. 생물학적 관점에서 보자면, 인간의 죽음을 야기하는 세포, 분자 차원의 현상들은 다른 모든 생명체의 존재를 종결짓는 현상들과 전혀 다를 바가 없다. 우리 인간의 죽음은 인간에게만 부당하게 강요된 변칙이나 운명이 아니라 모든 생명체가 필연적으로 맞게 되는 논리적인 결말이다. 그렇기는 하지만 우리 인간은 시간의 경과를 지각하고 그렇게 할 수 있는 뇌의 역량을 삶과 죽음의 의미를 묻는 데 사용할 수 있다. 이 능력 덕분에 인간은 지구를 지배하는 종으로 군림하게 되었다. 그러나 이 능력은 동시에 인간의 취약점으로 작용하기도 한다. 요컨대, 아는 것이 병이라, 불안 때문에 살아 있는 동안의 시간을 망친다. 인간의 사고 작용이 죽음에 대한 두려움을 만들어내기 때문이다.

단명한 세포	
세포 유형	평균수명
상피세포 (내장벽)	5일
망막	10일
피부	21~28일
적혈구	120일
폐	400~500일
뉴런	60년

표 9

> 루이 에두아르 푸르니에, 〈셸리의 장례식〉(부분)

3장

죽음을 의식하며 살기 :
희망과 공포 사이에서 줄타기

나는 작품 덕분에 불멸에 도달하고 싶은 마음이라고는 없어요.
난 그저 죽지 않음으로써 불멸에 도달하고 싶은 따름이라고요.
— 우디 앨런(1935~ .)

생명체라면 모두 죽음을 피하고 싶어 한다. 단순한 박테리아도 독성 물질 안에 들어가게 되면 위험을 피하기 위해 복잡한 기제를 이용해서 이동 경로를 수정한다. 기생충의 공격을 받은 식물은 독성물질 합성 기제를 발동하여 위협적 요소를 무력화시킨다. 연못가에 있는 영양은 물을 마시고 싶은 욕망과 죽음에 대한 두려움 사이에서 갈피를 잡지 못하고, 혹시라도 포식자가 키 큰 풀숲에서 자신을 노리고 있는지 살피기 위해 쉴 새 없이 망을 본다. 생명을 가진 존재들은 항상 죽음에 대해 불안해하며, 이러한 본능은 지구상의 생명의 출현과 불가분의 관계에 있다.

동물들은 감각기관을 통해 위험(연기 냄새를 맡거나 포식자를 보거나, 혹은 총성을 듣는 따위)을 감지하면 경보 시스템을 발동하여 뇌에 최대한의 경고 신호를 보낸다. 그러면 뇌는 '투쟁-도피 반응'이라고 하는 대단히 복잡한 일련의 과정을 개시한다. 뇌는 부신의 활동을 촉진시킴으로써 혈액 안에 아드레날린 같은 행동 호르몬을 침투시키며, 이로써 호흡과 심장 박동이 빨라지고 조직 안에 산소 공급이 가속화되며 각성 상태와 뇌의 주의력이 강화된다. 이러한 변화 덕분에 우리는 위험에 맞서서 투쟁하거나 위험을 피할 수 있다. 이것이 바로 개인의 생존에 반드시 필요하며, 개인의 생존을 통해 종의 생존을 가능하게 하는 생물학적 스트레스이다. 잠재적으로 죽음으로 이끌 수도 있는 위험에 직면하면서 느끼게 되는 불안은, 의식적이라고는 할 수 없으나, 번식 기능에는 긍정적으로 작용한다. 다시 말해서 적어도 자신의 유전자를 후손에게 전달하고 아직 허약한 후손들을 보호해주어야 하는 동안만큼은 살아야겠다는 의욕을 불어넣는다.

죽음에 대한 진정한 의식은 어디에서 오는가? 1970

위험천만의 식인풍습

오늘날에도 여전히 파푸아뉴기니의 고원지대에서 살고 있는 포레족(族)은 얼마 전까지만 해도 인육을 먹는 장례의식을 고수했다. 남자들은 고인의 근육, 즉 힘의 상징을 먹고, 여자들과 아이들은 내장과 뇌를 쪄서 먹었다. 불행하게도 내장과 뇌를 먹은 사람들 중의 상당수가 쿠루(이들의 언어로 '쿠루kuru'는 '두려움에 떨다'를 뜻한다)라고 하는 병에 걸렸다. 쿠루는 몸을 떨고, 일시적인 행복감에 도취하는가 싶다가 곧 몇몇 신경운동계통의 기능(요실금, 삼킴이나 균형 잡기)이 급격하게 떨어지는 질병이다. 1950년대에 들어와, 해부 결과 이들 쿠루병 환자들의 뇌에서 심각한 손상이 발견되었다는 사실이 알려졌다. 이들의 뇌는 해면처럼 구멍이 뚫려 있었던 것이다(이 때문에 '스폰지 형태의 뇌질환'을 뜻하는 'spongiform encephalopathy'이라는 용어가 만들어졌다). 학자들은 이러한 현상을 야기하는 감염 인자를 찾아내지 못한 채 쿠루병이 그저 식인풍습과 관련이 있을 거라는 막연한 의심만을 제기했다. 그런데 실제로 인육을 먹는 장례풍습을 금지하자 환자들의 수가 눈에 띄게 줄어들었다. 오늘날 우리는 이 질병이 양들이 걸리는 양진(羊疹) 또는 광우병과 매우 흡사한 양상을 보인다는 사실을 알고 있다. 양진과 광우병은 프리온이라고 하는 감염 인자가 전달됨으로써 야기되는 질병이다. 광우병의 경우, 소들이 먹는 사료에 육분을 사용하던 목축업계의 관행이 원인으로 지목되었다.

다행히도 오늘날 식인풍습은 아주 드물어졌으나 완전히 사라진 것은 아니라서 이따금씩 그 같은 의식이 치러졌다는 소식이 들리곤 한다. 그러면 당연한 말이지만 경악과 심한 거부감이 뒤섞인 묘한 기분에 사로잡히게 된다. '일본 출신 식인종' 이세이 사가와의 경우가 아마도 가장 유명한 사례가 아닐까 싶다. 체포 당시 그는 "그녀의 에너지를 흡수하기 위해" 젊은 네덜란드 처녀의 살을 7킬로그램씩이나 베어 먹었다고 한다. 남자 친구를 살해한 안나 치머만은 시신에서 팔다리를 떼어내 그 조각들을 냉동해두었다가 어린 자식들과 같이 먹었다. '로텐부르크의 식인종' 아르민 마이베스는 신문에 "인육용의 허우대

< 테오도르 제리코, 〈메두사의 뗏목〉(부분)
> 테오도르 드 브리의
  〈아메리카 테르시아 파르스
  Americae Tertia Pars〉에서
  발췌한 "적을 토막쳐서 불에 익히기"

가 좋은 청년을 구함. 식인풍습과 도살에 관심 있는 자들의 지원 요망"이라는 광고를 내서 "먹잇감"을 구했다. 그는 지원자들 가운데 "운 좋게 선택받은 자"(베른트 위르겐 브란데스)의 성기를 잘라서 먹은(당사자의 동의 하에) 다음, 그를 죽여 30킬로그램의 인육을 잘라 냉동해두고서 정기적으로 이를 먹었다. "한 입 먹을 때마다 그에 대한 추억이 한층 강렬해졌다"라고 이 식인종은 말했다. 법정에서 그는 희생자를 먹은 이후로 훨씬 안정감을 느끼며, 영어도 훨씬 잘하게 되었다고 진술했다. 브란데스가 영어를 하는 사람이었기 때문이라는 설명도 덧붙였다. 2006년 마이베스는 종신 징역형을 선고받았다. 그가 2007년 말에 채식주의자로 개종했다니 어쨌거나 그의 감옥 동료들은 염려를 놓아도 될 듯싶다.

들과 선원들은 죽은 동료들의 시신을 먹으며 버틴 끝에 구조되었다.

이렇듯 원시적이었던 죽음에 관한 의식은 얼마 안 있어(다행스럽게도!) 매우 복잡해진다. 인류 역사를 놓고 볼 때, 매우 이른 시기부터 대부분의 문화에서는 죽은 자들을 산 자들의 공동체와 구별하기 위해 나름대로 복잡하고 엄숙한 상징체계를 구축한다. 이제 와서 초기 제례 의식의 본질을 정확하게 규정하기란 불가능하겠지만, 죽은 자들을 의도적으로 깊은 곳에 파묻었다는 사실은 삶에서 죽음으로 넘어가는 과정을 강조하는

방식이었다고 생각해볼 수 있다. 고고학 발굴 작업 결과는 그 같은 장묘 형태가 이미 초기 인류 때부터 존재해왔음을 보여준다. 죽은 자들에게 보이는 경외심은 시간과 더불어 한층 강화되었으며, 그 결과 점점 더 장엄한 장례 관련 기념물들(고인돌, 봉분, 적석총)이 세워졌다. 덕분에 우리는 이 기념물들을 세계 각지에서 감상할 수 있다. 자연 속에서 대지는 보편적으로 탄생과 생명을 상징한다. 대지는 또한 죽음의 강력한 상징이기도 하다. 흙속으로 돌아가는 육신은 하나의 주기가 마무리됨을 의미하는 동시에 새로운 생명의 탄생을 약속하기 때문이다.

선사시대 일부 무덤들이 보여주는 가장 매혹적인 부분은 흙으로 돌아가는 죽은 자의 육신이 새로운 생명의 출현으로 연결된다는 점이다. 무기나 음식, 가축의 뼈처럼 일상적인 물건들이 매장된 무덤 임자들의 곁에서 자주 발견되곤 하는데, 이는 사후 세계에서 또 다른 삶이 이어진다는, 아니 그러기를 바라는 우리 조상들

> 라스코 동굴 벽에 그려진 말 그림
< 고인돌

의 믿음을 반영한다고 해석할 수 있다. 사후 세계의 성격은 시대에 따라, 문화권에 따라 현저하게 차이가 나지만, 죽음에 대한 인식에 상당한 변화가 있었다는 점만큼은 공통적이다. 죽음은 존재의 종말이 아닌 새로운 삶의 출발점으로 인식되기 시작한 것이다.

이처럼 죽음을 받아들이기 어려워하고, 죽음이라는 부조리를 설명하면서도 삶의 타당성을 정당화하려는 상징을 통해 이 운명적인 파국을 뛰어넘으려 했던 인간의 노력은 길가메시 서사시에서도 잘 드러나 있다. 길가메시 신화는 메소포타미아 지역에서 전해 내려오는 인류 역사상 가장 오래된 문서 중 하나로 알려져 있다. 지금으로부터 6천 년쯤 전에 점토판에 설형문자로 새긴 이 이야기는 절친한 친구의 죽음으로 비탄에 빠진 우루크의 왕 길가메시가 존재의 유한성을 받아들이지 못한 나머지 '끝나지 않는 삶'의 비밀을 찾아 길을 떠나게 된 경위를 전해준다. 인류 최초의 구전 설화에 해

당하는 이야기가 죽음을 쉽게 받아들이지 못하고 불멸을 추구하는 인간의 모습을 그리고 있다는 사실은 죽음으로 인한 불안감이 인간의 가장 기본적인 특성, 곧 예전에도 그랬고 지금도 우리 인간 사고의 변화에 막강한 영향을 끼치는 화두임을 시사한다.

종교적 인간

인류 역사에서 종교만큼 삶과 죽음의 의미를 이해하기 위한 인간의 지칠 줄 모르는 노력을 웅변적으로 보여주는 현상도 없다. 호모 사피엔스(Homo sapiens)는 따지고 보면 호모 릴리저스(Homo religious)라고 해야 마땅하다. 아무리 인류 역사를 최대한 멀리 거슬러 올라가본들, 우리 인류는 죽음을 비롯하여 자신들을 둘러싼 주변 세계에서 일어난 사건들에 뭔가 의미를 부여하기 위해 자신들보다 월등한 힘을 가진 존재에 도움을 청하지 않은 시기가 없었다. 이처럼 인류에게서 나타나는 종교적인 속성은 어쩌면 문명 발생보다도 더 시기적으로 앞서서 발현되었을 가능성도 없지 않다. 가장 오래된 사원(터키 소재 괴베클리 테페)이 최초의 도읍들이 생겨나기 몇천 년 전인 1만 2천 년 전에 세워졌다고 하는 사

∧　길가메시 설화가 새겨진 점토판 조각
＜　우루크 유적 발굴지
＞　중국 최초의 황제인 진시황의 무덤에 세워진 병사 조각

실만 보더라도 그렇다. 최초로 종교적 신앙심이 출현하게 된 근본적인 원인에 대해서는 아직 막연한 의견만 분분하다. 하지만 그와 같은 종교적 숭배 장소를 짓기 위해 요구되는 엄청난 작업량(하나의 무게가 몇 톤씩이나 되는 돌덩어리를 수백 미터 이상 옮기기 위해서는 적어도 2백~3백 년 정도의 시간이 필요했으리라고 추측한다)으로 보아, 분명한 것은 종교적 체험이 아주 오래전부터 인류 문화에서 가장 기본이 되는 위치를 점유해왔으리라고 확신할 수 있다는 점이다.

문화라는 포괄적인 개념이 적용되는 인간 삶의 다른 모든 면(예술, 도구 제작, 언어, 요리)에서도 그렇듯이, 종교적인 관습은 시대와 지역에 따라 엄청난 차이를 보인다. 초기의 경우, 종교는 본질적으로 설명할 수 없는 사건들에 대해 합리적인 설명을 제시하는 방편이었다. 특히 고통과 절망을 안겨주는 사건들이 일어날 경우, 인간은 종교에 의지하는 경향을 보였다. 요컨대 신성한 기운이 천둥이나 지진, 가뭄 또는 때 이른 죽음의 원인이 된다고 믿음으로써 그러한 시련들에 의미를 부여했다. 물론 그렇다고 해서 주술이나 기도, 제사 등을 통해 직접적으로 그러한 불행이 일어나지 않게 해달라고 기원하지 않았던 건 아니다. 정교한 종교적 관습이 정착하기까지는 신과의 소통 방식을 개선해야 할 필요가 있었다. 애니미즘처럼 매우 오랜 역사를 가진 종교에서, 속세와 '영혼'의 세계 사이의 매개자로 기능하며, 산 자들의 생활 조건(성공적인 사냥, 병의 치료)을 개선하기 위해 죽은 자들에게 개입하는 무당의 역량은 이런 부류의 신앙에서 매우 중요한 자리를 차지한다.

문명의 발달은, 메소포타미아에서도 아시아에서도, 새로운 형태의 종교가 출현하는 데 결정적인 역할을 담당했다. 이들 종교는 처음엔 다양한 여러 특징을 지닌(번개, 활, 칼) 인간의 얼굴을 한 다수의 신을 섬기는 다신교에서 출발했다. 이 신들은 가장 우월한 하나의 신의 지배를 받는데, 이는 당시 도시국가들이 출현하면서 정립되어간 신분 사회의 이미지와 중첩된다. 예배 장소가 마련되고 사제들이 출현하면서 이 종교들이 최초의 조직적인 종교적 체험(신탁과 그리스 신전)을 제공하긴 했으나, 현재 존재하는 형태로서의 종교는 기원전 7세기 무렵이 되어서야 비로소 모습을 드러냈다고 할 수 있다. 지중해 지역의 유대교, 인도의 베다교에 이어, 그로부터 몇 세기 후에는 기독교와 불교, 이슬람교 등이 차례로 출현했다. 각각의 종교가 진행하는 예식, 그들

< 『이집트 사자의 서』에 따른 저승으로 가는 망자의 여행
> 그리스 미케네의 원형묘지에서 나온 데드마스크

서양에서, 특히 아브라함에서 파생되어 나왔다고 하는 단일신교(유대교, 이슬람교, 기독교)의 경우, 영혼은 육신의 죽음에 승리를 거두고 영생에 도달한다.

죽음은 언젠가 영원토록 추방될 것이며 영원이 모두의 얼굴에 흐르는 눈물을 닦아주고, 죽은 자들은 부활할 것이다.

— 이사야 26장 18절

그리고 그 후, 너희들은 죽음을 맞이할 것이다. 그리고 부활의 날이 오면 너희들은 다시 살아날 것이다.

— 쿠란 23장, 신자(Al-Muminune), 15~16절

반면 동양에서는 신의 존재가 서양에서처럼 지배적이지 않다. 동양에서 신은 인간의 마음에 깃든 정신으로, 인간은 자신의 삶을 순수하고 완벽하게 정화시켜나가야 한다. 그래야만 지복 또는 열반(nirvana), 깨달음(satori)에 도달할 수 있다. 이는 모두 욕망과 긴장, 불안이 존재하지 않으며, 인간이 마침내 모든 우연성으로부터 해방된 상태를 가리킨다. 이러한 궁극적인 정화에 도달하기 위해서는 여러 주기, 통과 의례 또는 윤회를 거쳐야 하며, 그래야만 인간의 정신이 물질적인 세계를 벗어나 열반 상태에 들 수 있다.

이 섬기는 신의 정체성에 따른 차이에도 불구하고, 이들 종교는 공통적으로 저승에서의 구원에 도달하는 것이야말로 우리가 지상에서 사는 목적이라고 가르친다. 이런 의미에서 본다면, 구원을 추구하는 이들 종교의 출현은 죽음에 대한 인간의 인식에서 결정적인 단계에 위치한다고 말할 수 있다. 인간의 삶이 먼지와 무에서 끝나지 않고 속세보다 더 나은 세계에서 언제까지고 지속된다는 약속이야말로 존재의 종말이 야기하는 두려움을 덜어주는 메시지이기 때문이다.

사후 세계가 존재한다는 전망은 신도들로 하여금 종교들이 저마다 부과하는 도덕적 규율을 준수하게 하는 데에도 커다란 역할을 했다. 벌을 받는 데 대한 공포, 영원불멸의 삶을 허락받지 못할 수도 있다는 두려움은 현

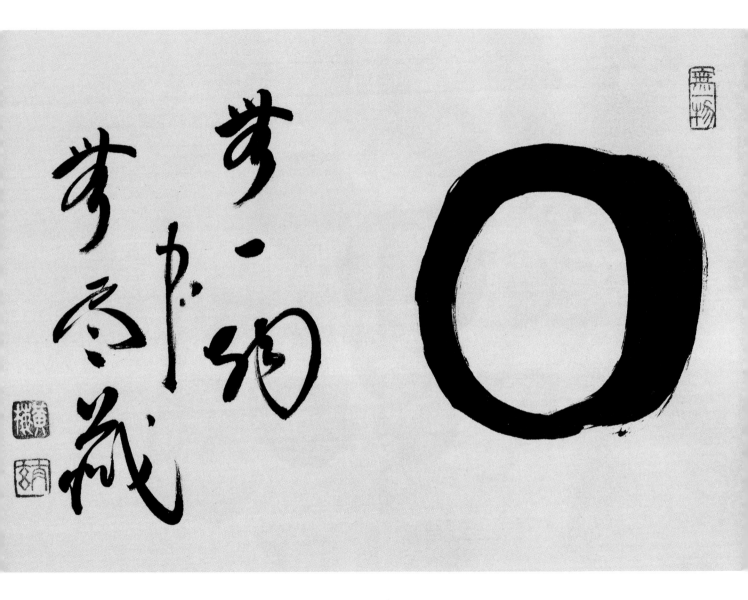

∧ 원은 선불교에서 매우 중요한 상징으로 여겨진다. 원은 힘과 깨달음, 우주와 무를 동시에 상징한다. 원은 또한 먹을 묻힌 붓으로 흡수력이 강한 한지에 제대로 그리기가 매우 어렵다는 점에서 현재의 순간에 정신을 집중해야 함을 상징하기도 한다. 이렇듯 '순간의 표현'인 원은 선과 정신 집중의 중요성을 강조하는 전형적인 형태이다. 원은 삶과 죽음이라는 이원성, 죽음에 대한 의식을 내포하는 존재의 충만함을 표현하는 여러 상징 중에서 가장 대표적이다.

실 세계에서 강제된 규칙을 지키도록 하는 데 강력한 힘을 발휘한다. 그러므로 지옥이라는 개념이 종교에서 그처럼 큰 비중을 차지한다는 사실은 그다지 놀랍지 않다. 단테가 『신곡』에서 묘사한 지옥의 아홉 개 층, 이슬람교에서 말하는 협곡, 불교에서 이야기하는 18개의 지옥 등, 지옥이라는 세계는 모두 지상에서 사는 동안 범죄를 비롯한 심각한 죄를 저지른 사람들에게 무서운 고통을 겪게(불을 통한 고통이 대세) 하는 곳이라는 공통점이 있다. "지옥 불에 던져진다"는 끔찍한 상상은 사회 입장에서 보면 궤도 이탈을 할 가능성이 있는 일부 사람들의 일탈적 행동을 미리 예방함으로써 사회 질서 유지에 크게 기여했다. 종교의 역사적 의미는, 죽음에 대한 두려움과 죽음과 관련된 생리적 현상에 대한 무지가 종교의 출현과 죽음에 대한 우리의 일반적인 인식에 결정적인 역할을 했다는 점에서 찾아야 할 것이다.

죽음의 공포

보이지는 않지만 죽음 이후의 삶이 존재한다는 사실은 산 사람들에게 죽은 후에 전개될 사건들을 상상할 수 있는 보다 큰 자유를 선사한다. 일부 문화권에서는 죽은 자들이 자율적인 삶을 산다고 믿는다. 마치 숨이 끊어지는 순간 그 사람의 분신이 떨어져 나와 망자들만이 사는 세계에서 독자적인 삶을 살아간다는 식이다. 그런가 하면, 다른 문화권에서는 유령이나 귀신 형태로 사후의 삶을 이어간다고 믿는다. 귀신이나 유령들이 산

∧   히에로니무스 보스, 〈짚을 실은 수레〉(부분)

사람들과 공존하면서 언제라도 이들의 삶에 개입한다는 것이다. 이러한 상상은 사실 그다지 마음에 평화를 주지 못하므로, 매우 다양한 스펙트럼의 신화나 전설, 동화 등을 낳는 현상으로 이어졌다. 그중에는 특히 억울하게 죽은 자들의 유령들이 산 사람들의 삶을 엉망으로 만들어버리는 이야기가 많다.

죽은 다음에도 삶이 이어지며, 죽은 자들의 삶이 산 사람들의 삶과 평행선을 달린다는 생각은 죽음에 대한 일반적인 두려움에 더해 죽은 자들에 대한 두려움까지 키우는 결과를 낳았다. 이러한 두려움은 역사 초기부터 벌써 관찰된다. 가령, 아메리카의 일부 원주민 종족들과 유럽의 몇몇 지역(특히 알자스) 주민들 사이에서는 죽은 사람의 발을 묶는 관습이 전해진다. 그래야 산 사람들 속으로 돌아오지 못한다고 믿기 때문이다. 마찬가지로, 청동기 시대 내내 무덤엔 돌을 산처럼 쌓아올리고(적석총) 그 주변으로는 구덩이를 팠다. 이는 아마도 죽은 사람이 산 사람들의 세계로 돌아오는 것을 막기 위한 방편이었으리라고 짐작된다. 고인이 돌아오지 못하도록 막는 조치들은 숨을 거둔 직후부터 차근차근 실행에 옮겨진다. 발이 앞쪽을 향하도록 시신을 집 밖으로 옮기는데, 이는 고인이 집 안쪽을 바라보는 것을 막기 위함이며, 창문 또한 모두 닫아서 돌아오는 길을 차단한다. 요즘 사람들이야 이런 소리를 들으면 그저 웃어넘기겠지만, 그럼에도 이러한 믿음은 우리들이 오늘날에도 여전히 겪고 있는, 더구나 무의식적으로 느끼는 불편함을 그대로 반영한다. 죽은 사람들의 흉을 보지 않고 오로지 그들의 긍정적인 면만을 부각시키려고 노력하는 마음 역시 십중팔구 죽음이 우리에게 불어넣는 무의식적인 불안감에서 비롯되었을 것이다.

무시무시한 부활

흡혈귀, 늑대인간, 좀비, 그 외 죽었다가 살아난 다양한 형태의 피조물들은 죽음이 우리에게 불러일으키는 불안과 불편함을 확인시켜주는 확실한 증거물이라 할 수 있다. 삶과 죽음의 경계선상에 위치하는 신비스러운 피조물을 만들어냄으로써 죽음으로 인한 두려움을 극복하려는 노력을 반영하기 때문이다. 이러한 존재들과 관련한 신화의 영향력이 과거에 비해 크게 감소한 데다 책이나 '공포' 영화 등을 통해서나 근근이 명맥을 이어가는 정도에 그치는 것이 사실이나, 그럼에도 이들이 탄생하게 된 배경 설화는 여전히 매력을 잃지 않고 있다. 죽음이라고 하는 자연스러운 현상 앞에서 느끼는 몰이해, 당혹감을 뛰어넘기 위해서 인간들이 얼마나 초자연적인 존재를 필요로 하는지를 여실히 드러내 보여주기 때문이다.

> 젊은 여인을 잡아먹는 늑대인간

피에 대한 갈증

생명의 상징으로 여겨지는 피는 먼 옛날부터 여러 종교 의식에서 중요한 자리를 차지해왔다. 스스로를 정화하기 위해 페르시아인들은 미트라 신을 숭배하는 제사 의식에 바쳐진 짐승들의 피를 몸에 뿌렸다. 같은 시대에 그리스인들은 디오니소스 신을 기리는 제례 의식에서 동물의 피를 포도주와 섞어 마셨다. 피의 힘에 강한 집착을 보였던 아즈텍인들은 태양조차도 하늘에서 이리저리 옮겨 다니는 데 소용되는 에너지를 만들어내기 위해서는 이 소중한 액체를 필요로 한다고 믿었다. 사실 콜럼버스 발견 이전의 멕시코에서는 피가 철철 흘렀다

고 해도 과언이 아니다. 신들(거기에다가 황제들까지 덧붙여서)의 왕성한 '식욕'을 충족시키기 위해서 수천 명의 목을 베었다. 그렇게 해야만 살아 있는 자들이 그 대가로 다산과 불멸을 쟁취할 수 있다고 믿었다. 오늘날엔 이러한 희생을 상상조차 할 수 없지만, 생명의 매개체로서의 피가 지니는 상징성만큼은 여전히 전통 속에 깊이 뿌리내리고 있다. 기독교의 성찬식에서 빵과 포도주가 그리스도의 살과 피를 상징한다고 여겨 중요시하는 것이 그 좋은 예라 하겠다.

이러한 상징적인 의미 작용 외에, 흡혈귀, 즉 다른 사람의 피를 통해 생명력을 이어가는 불멸의 존재에 관한 신화는 생화학적인 관점에서 생각해볼 만하다. 유전자가 원인이 되는 일부 생리적 장애는 흔히 흡혈귀에게 부여되는 속성과 같은 특징을 보인다. 햇빛에 지나치게 민감해진다는 점이 특히 닮았다. '포르피린증'이라고 불리는 이 장애는 헴, 즉 헤모글로빈이 철을 고착시키는 과정에 관여하는 색소를 만드는 데 필요한 일부 효소의 결핍에 의해 생겨난다. 이 효소들이 없을 경우, '포르피린'이라고 하는 색소들이 신체 각 기관, 특히 간과 골수, 피부에 비정상적으로 많이 축적된다. 포르피린은 보라-빨강 색소로 태양의 자외선을 흡수하여 세포 조직에 막대한 손상을 입힐 수 있는 유리기를 방출하며, 흡혈귀의 몇몇 속성이 발현되도록 한다. 후천적 피부 포르피린증의 경우, 효소(유로포르피리노젠 탈탄산 효소)의 결핍이 유로포르피린, 다시 말해서 태양광에 노출되고 나면 피부를 파괴하고 치아, 손톱 등을 빨갛게 물들이는 형광체적인 속성을 지닌 분자의 축적을 야기

∧   아즈텍 문명에서 성행하던, 인간을 제물로 바치는 의식(*Codex Magliabechiano*)

한다. 선천성 에리트로포이에틴 포르피린증, 즉 유로포르피리노겐 신테타즈 효소의 결핍으로 인한 심각한 질병은 이보다 더 놀라운 양상을 보인다. 포르피린 과잉으로 말미암아 피부뿐만 아니라 잇몸 같은 조직에도 균열이 생기며, 이 때문에 치아가 겉으로 드러나 동물의 송곳니처럼 보이게 된다. 이런 부류의 포르피린 증세는 헤모글로빈 비정상 상태로 인해 혈액 속의 적혈구가 아예 자취를 감추게 되고 따라서 심각한 빈혈이 발생하는 것이다. 달리 표현하자면, 포르피린증에 걸린 일부 환자들은 피부가 매우 창백하며 치아는 피처럼 붉은 빛을 띠게 된다. 이런 사람들은 절대적으로 햇빛을 피해야 한다. 어떤가, 이 정도면 상상 속의 흡혈귀와 너무도 닮지 않았는가! 포르피린 증세는 이외에도 온몸에 비정상적으로 털이 많아지는 다모증을 유발한다. 아마도 늑대인간 전설이 나오게 된 데에는 이 같은 다모증이 한몫하지 않았을까?

사실 자연 현상이 흡혈귀와 늑대인간 신화 탄생에 공헌하게 된 경위는 여전히 오리무중이다. 하지만 확실한 건, 이들 되살아난 죽은 자들의 이야기가 유럽, 아프리카, 중동, 아시아 등의 수많은 문화권에서 공통적으로 전해 내려오고 있다는 점이다. 이를테면 고대 중국의 강시, 일본의 규우게츠키, 말레이시아의 페난갈, 인도의 칼리 외에도 많은 동유럽 흡혈귀들, 이 모든 피조물들이 때때로 산 자들에게로 돌아와 인간의 피를 빨아먹고 소생했다고 전해진다.

좀비

부두교에서 좀비는 무덤에서 빠져나와 마술사의 주술에 걸린 노예에 머물러 있는 죽은 자를 가리킨다. 전설에 따르면, '보코'라고 불리는 마술사가 희생자로 지목한 자는 우선 가루 세례를 받아 얼이 빠지게 된다. 이때의 가루란 생리 기능을 최대한 약화시키기 위해 특별히 조제한 약물로, 이 약물 세례를 받은 자는 생체 기능이 너무 떨어져 마치 죽은 사람처럼 보인다. 산 채로 매장된 육체를 다시 꺼내온 보코는 그에게 두 번째 약물을 주입하여 그를 살아는 있으나 죽은 자의 상태로 유지시킨다. 다시 말해서 그는 고유한 영혼이란 없고 완전히 마술사에게 예속된 상태에 머물게 되는 것이다. 민족식물학자들은 가루 세례가 야기한 깊은 가사 상태는 복어류에서 유래한 강력한 독성분인 테트로도톡신과 황소두꺼비에서 만들어지는 부포톡신의 혼합체 때문이라는 주장을 펼쳐왔다. 이 두 독성분이 만나면 통상적으로 위험한 정도를 훨씬 넘어선다. 테트로도톡신은 뉴런에 의한 신경임펄스의 전달을 가로막으며, 이로써 근육 기능이 정지되고 혈압이나 체온 조절 같은 기초 대

(92쪽으로 이어짐)

> 아이티의 부두교 의식에서 좀비로 분장한 남자들

물고기의 독

복어는 위험에 직면하거나 생명의 위협을 받으면 자신의 위를 물로 채워 이를 공처럼 부풀어 오르게 하는 특성이 있다. 이러한 방어 무기 외에 테트로도톡신이라는 유독성분도 가지고 있다. 이는 강력한 독성 분자로 나트륨이 뉴런에 투입되는 것을 방해하며, 신경임펄스의 전달을 돌이킬 수 없이 차단함으로써 완전한 근육마비를 초래한다. 테트로도톡신은 복어가 만들어내는 것이 아니라 일부 박테리아들이 복어가 먹이로 삼는 식물들과 결합하여 생산해낸다. 나트륨통로 구조에 일어나는 돌연변이 덕분에 복어 자신은 이 독성분에 대해 완전히 면역력을 지니는 가운데 독성은 간과 생식기에 축적된다. 다시 말해서 복어 자신은 이 독으로 인해 아무런 피해도 입지 않는다. 이는 복어에게 더할 나위 없이 득이 되는, 완벽한 공생 관계이다. 강한 독성 덕분에 포식자들이 복어를 절대 먹어서는 안 될 먹잇감으로 취급하기 때문이다!

지구상의 여러 바다에 골고루 분포되어 있는 복어는 특히 일본 사람들에게 인기가 많다. 일본 식도락 전통에서는 그중에서도 '하돈(河豚)'이라는 이름으로 더 잘 알려진 흰점복 종류가 특별히 높이 평가받는다. 제일 인기가 많으면서 동시에 제일 위험한 종류는 도라복이다. 한 마리당 성인 30명의 목숨을 앗아갈 정도의 독을 지니고 있다. 복어의 섭취는 매우 엄격하게 규제되며, 복어를 다루는 데 필요한 전문 교육을 받은 요리사들만이 복어 요리를 대접할 수 있다. 주로 회로 먹는데, 생선 조각을 어찌나 얇게 써는지 접시 무늬가 그대로 비칠 정도이다. 복어 요리에 조예가 깊은 몇몇 요리사들은 생선에서 독성을 완전히 제거하지 않고 요리를 하여 먹는 이들에게 따끔따끔한 느낌과 더불어 혀와 입술을 살짝 마비시키는 아슬아슬한 스릴감을 선사하기도 한다.

시안화물보다 수천 배 더 강한 이 복어 독은 뇌로는 침투하지 않는다. 때문에 이 독을 먹게 되면 질식에 의한 참혹한 죽음을 맞이한다. 이 독에 중독된 사람은 의식이 말짱한 가운데 몸이 점차적으로 마비되는 것을 고스란히 느낀다. 복어 독 때문에 사망한 것으로 여겨지던 사람들 중에는 며칠 후 화장을 앞둔 직전에 깨어나는 경우도 있다! 이 같은 때 이른 장례식을 막기 위해 일본의 일부 지역에서는 시신을 관 옆에 사흘 동안 놓아두었다가 비로소 장례 절차를 시작하기도 한다.

사 기능이 멈춘다(91쪽 박스 내용 참조). 한편, 부포테닌 같은 몇몇 부포톡신은 프실로신(마법의 독버섯 속에 들어 있는 활성분자)과 유사한 구조를 지니고 있어서 환각 작용을 일으킨다. 살아는 있으나 죽은 상태로 유지하기 위해 주입하는 두 번째 약물에 관해서, 전문가들은 그것이 흰독말풀로 만들어졌으리라고 추측한다. 흰독말풀은 독성이 매우 강한 가지과 식물로 악몽에 버금가는 환각 작용, 기억과 의식 상실 등을 유발하는 것으로 유명한 알칼로이드 성분(스코폴라민)을 포함하고 있다. 좀비 신화의 출현과 그것이 여러 세기에 걸쳐서 부두교 문화권, 특히 아이티에 끼친 영향력을 단지 이러한 독성분만으로 설명할 수는 없겠으나, 흰독말풀이 이 나라에서는 '좀비 오이'라고 불리며, 아이티 형법에서 이러한 부류의 독을 '좀비화'에 사용하는 것을 노골적으로 금하고 있다는 사실은 흥미를 자아내기에 충분하다.

246조. 비교적 신속하게 죽음을 초래할 수 있는 물질을 사용해 인명에 위해를 가하는 행위는, 어떤 방식으로 그 물질을 사용하거나 주입했느냐, 그리고 그 같은 행동의 결과가 어떠했는가에 상관없이 독살로 간주된다. 형법 240, 247, 262, 263, 334, 372조.

자연인을 대상으로 죽음을 초래하지는 않더라도 어느 정도 오래 지속되는 무기력 상태를 야기하는 물질을 사용하는 행위 역시, 어떤 방식으로 그 물질을 사용했는가, 그리고 그 같은 행동의 결과가 어떠했는가에 상관없이 독살을 통한 인명 위해 행위로 간주된다.

이러한 무기력 상태로 인하여 그가 매장되었다면, 이는 살인으로 간주된다. 형법 241조 이하. 1864년 10월 27일자 법령.

삶이 끊임없이 죽음에 이어지는 자연의 변화 과정인 것과 마찬가지로 인간의 죽음도 다른 세계로 가는 통과 의례, 새로운 삶의 시작으로 해석된다. 죽음을 대하는 우리의 태도는 그러므로 모호하다고 할 수 있다. 거기에는 두려움과 희망, 매혹이 한데 뒤섞여 있다. 죽음에 대한 두려움은, 앞에서도 여러 번 강조했듯이, 무엇보다도 생물학적이며, 아무리 지우려고 해도 지울 수 없을 정도로 우리 유전자에 깊이 새겨져 있다. 이 두려움은 우리에게 도주 또는 투쟁할 것을 지시하는데, 이 두 가지 모두 우리의 생존을 위해 필요하다. 죽음이 주는 희망과 매혹으로 말하자면, 인간에게서 전형적으로 나타나는 태도로서 이는 개인으로서의 우리를 존재하게 만들어주는 모든 것이 지닌 필연적으로 사라져야 하는 속성, 즉 유한성을 받아들이기 어려워하는 우리 뇌의 딜레마를 반영한다고 볼 수 있다.

> 일본의 악마 탈

4장
—
노화

아무리 강철 같은 건강을 가졌다 해도 소용없다,
우리는 언젠가는 녹슬게 마련이다.
- 자크 프레베르(1900~1977)

20세기에 들어와 위생과 섭생 조건, 감염성 질병 치료에서 획기적인 발전이 이루어지면서 지구 주민들의 기대 수명에도 놀라운 변화가 일어났다. 1900년에만 하더라도 지구상에서 65세 이상 되는 사람은 고작 전체 인구의 1퍼센트가 될까 말까 했는데, 그로부터 1백년이 지난 2000년에는 그 비율이 10퍼센트로 껑충 뛰어올랐으며, 2050년에는 20퍼센트가 될 것이라고 전망한다. 머지않아 20억 명이 넘는 노인들이 지구상에 넘쳐날 것이라는 말이다. 현재, 지구 인구의 평균 나이는 30세가 조금 안 된다. 그가 죽을 때쯤이면 지구인의 평균 나이는 50세쯤 될 것이다. 이는 곧 인류 역사상 처음으로 대다수 개인을 상징하는 평균적 인간이 젊은 성인이 아닌 머리가 희끗희끗하고 얼굴에 잔주름이 보이는 중년이 될 것이라는 말이다.

이 같은 주민의 노화는 사회적 차원에서 무수한 변화를 몰고 오며, 그중에서 가장 중요한 변화는 틀림없이 과거에는 절대 도달할 수 없었던 나이까지 살게 된 많은 사람들에게서 나타날 현저한 삶의 질 저하라고 단언할 수 있다. 오래 산다는 것이 반드시 건강한 상태로 장수하는 것을 의미하지는 않기 때문이다. 유감스럽게도 장수의 보편화는 만성 질병의 보편화를 동반할 가능성이 매우 높다. 이렇게 된다면, 길어진 수명이 제공하는 이점을 제대로 향유하는 데 방해가 되는 건 두말할 필요도 없다. 상황이 이러하다면, 다시 말해서 불안한 건강 상태 때문에 자율성을 상실하고 신체적으로나 정신적으로 여러 가지 고통에 시달린다면, 고령에 도달한다고 해도 그 자체만으로는 아무런 실질적인 득이 없다. 이 경우 노화는 하나의 시련, 곧 죽음이라는 해방을 기다리면서 겪을 수밖에 없는 시련, 종말로 가는 잔인한 통과 의례로 받아들여진다. 이런 식으로 죽기를 바라는 사람은 아무도 없다. 사실 대다수 사람들을 괴롭히는 죽음에 대한 두려움은 실존이 끝난다는 사실에서 비롯된다기보다 오히려 죽기 전에 그와 같은 삶의 질 저하를 겪게 되리라는 강박관념에서 온다.

하지만 노화와 질병을 혼동해서는 안 된다. 비록 우리를 공격하는 만성질환의 대부분이 나이와 더불어 뚜렷하게 증가하는 경향을 보이기는 하지만, 그럼에도 건강한 상태로 나이 들어가면서 자연스러운 죽음을 맞이하기란, 다시 말해서 만성질환에 시달리면서 인생의 아름다운 여러 해를 허비하거나 오래도록 불안감을 안고 지내는 일 없이 평온하게 마지막 순간을 맞이하기란 얼마든지 가능하다. 최근 몇십 년간 이루어진 많은 연구들은 산업사회의 전형적인 생활 방식, 특히 섭생, 비만, 운동부족이 만성질환 유발과 삶의 질 저하에 중요한 역할을 한다고 지적한다. 실천 면에서 보자면, 대표적인 만성질환에 걸릴 위험을 크게 줄여 주는 생활의 대원칙 몇 가지만 잘 지켜도 건강하게 나이 들어가기란 얼마든지 가능하다(표 1).

불치의 병에 걸렸으니 어쩔 수 없다는 식의 처신은 생활 방식을 바꾸려들지 않았던 자들의 변명인 경우가 적지 않다. 그러한 변화가 의미하는 도전 정신에 대해서, 그렇게까지 할 필요가 있겠느냐는 식의 체념 섞인 빈정거림도 자주 듣는다. "어쨌거나 무슨 이유로건 죽게 마련" 아니냐는 것이다. 그러나 실상은 이와 다르다. 만성질환은 피할 수 없는 질병이 아니며, 신체적·지적·정서적 관점에서 아주 오래도록 활력을 유지하는 건 얼마든지 가능하다(표 2). 이 시기에 이르면, 노화가 생체 기능에 가하는 압력 때문에 신체 각 기관의 균형이 빠르게 와해되며 그 결과 신속하게 죽음에 이르게 된다. 내부적인 마모 또는 미생물의 공격(폐렴은 나이 든 사람들에게서 흔히 나타나는 사인死因이다)을 막아낼 투지력 결핍 등으로 죽음은 가속화된다. 역설적으로 들리겠지만, 심신을 쇠약하게 만드는 만성질환 중 어느 하나의 공격이라도 받을 위험을 줄이기 위해 건전한 습관을 익히는 것은 기대 수명과 삶의 질을 끌어올릴 뿐 아니라 최대한 인간으로서의 존엄성을 지켜가면서 죽을 수 있는 가장 좋은 방편이다.

만성 질병을 예방하기 위한
다섯 가지 수칙

1 담배를 피우지 말자.

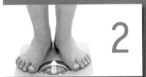

2 정상체중을 유지하자.
(비만지수 19에서 24 사이)

3 과일과 채소,
통곡물 같은 식물성 식품을
풍부하게 먹자.

4 하루에 적어도 30분 이상은
적극적인 신체 활동을 하자.

5 당분과 지방, 소금이 많이 들어간 식품, 특히 패스트푸드 산업이
생산하는 식품의 소비를 줄이자.

생활 방식의 다섯 가지 변화를 통해서 예방할 수 있는 만성 질병 비율

제2형 당뇨병	**90%**
심장 질환	**82%**
암	**70%**
뇌졸중	**70%**

표1

현대의 메투셀라(구약에서 가장 오래 산 인물. 969세까지 살았다―옮긴이)

지난 한 세기 동안 출생 때의 기대 수명이 47세에서 80세(여자는 85세)로 늘어나면서 괄목할 만한 발전을 보였다고는 하지만, 이 증가분의 대부분은 유아사망률과 감염성 질환의 현저한 감소에 힘입은 것이 사실이다. 실제로 초고령(90세 이상)인 사람들의 수는 아주 천천히 증가하는 데 그치고 있고, 따라서 이들은 오늘날에도

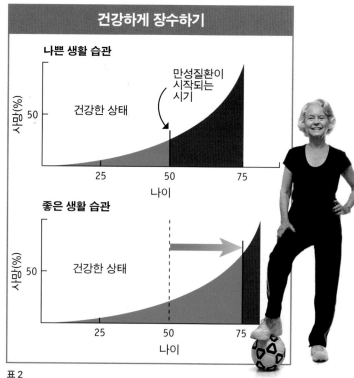

건강하게 장수하기

나쁜 생활 습관

사망(%)

50

건강한 상태

만성질환이
시작되는
시기

25 50 75

나이

좋은 생활 습관

사망(%)

50

건강한 상태

25 50 75

나이

표 2

여전히 희귀한 현상으로 여겨진다. 1만 명 중 한 명, 즉 전체 인구의 0.01퍼센트만이 100세에 도달하며, 이들 100세 이상의 노인들 가운데 1천 명 중 한 명꼴로 110세까지 산다. 지금까지 (알려진) 기록으로는 122년하고도 164일을 살고 사망한 프랑스의 잔 칼망 여사가 가장 장수한 사람이다. 110세까지는 매우 활동적이었던(100세에도 자전거를 타고 다녔다!) 잔 칼망 여사는 사망 한 달 전까지도 건강한 상태를 유지했다. 그녀는 뼈의 약화, 점진적인 청력과 시력 상실로 생애 마지막 한 달 동안 행동이 자유롭지 못한 장애인으로 지냈다. 잔 칼망 같은 장수 사례는 물론 대단히 예외적인 경우에 해당한

다. 하지만 만성질환을 피하거나 증세의 발현을 최대한 늦추기만 한다면 우리 인간의 몸이 아주 오래도록 생체 기능을 유지할 수 있음을 보여주는 생생한 사례임은 분명하다. 더구나 흥미로운 사실은 일정 수준의 고령을 넘어서면(95세 이상), 그때부터는 사망률이 예상보다 훨씬 낮아진다는 점이다(표 3). 이러한 감소는 이 나이에는 몇몇 질환(특히 각종 암)의 위험이 줄어드는 데에서 기인한다.

초고령 사망자들(110세 이상)의 부검을 통해서 이들의 사인은 전형적인 노인성 질환(암, 심혈관 질환 MCV, 알츠하이머)이 아니라 몇몇 단백질 침전물의 축적으로

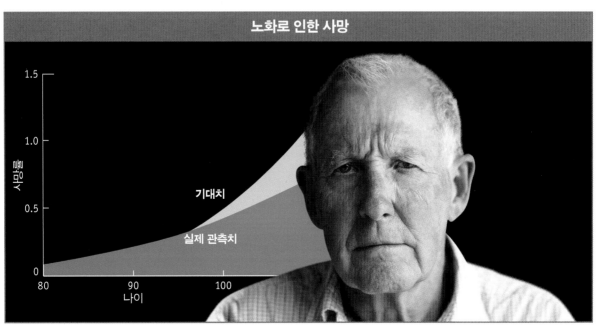

노화로 인한 사망

기대치

실제 관측치

사망률

나이

80   90   100

1.5

1.0

0.5

0

표 3

인한 심장 기능 쇠퇴임이 밝혀졌다. 단백질 침전물이 쌓이게 되면 결국 신체 각 기관에 혈액을 공급하는 혈관의 폐색이 일어난다. 오래된 집의 수도관이 너무 낡으면 결국 사고가 나는 것과 같은 이치다! 건강한 상태로 나이 들어간다는 건 그러므로 발병 시기를 최대한 늦추는 것이다. 그래야만 질병으로 인해 삶의 질 저하를 통감하며 살아야 하는 기간이 최고로 짧아질 수 있기 때문이다. 바꿔 말하면, 아름다운 죽음이란 건강한 상태에서 삶을 마감하는 것을 가리키며, 100세가 넘게 장수하는 사람들은 바로 이 아름다운 죽음을 가장 효과적으로 보여주는 살아 있는 예라고 할 수 있다.

불가피한 과정

생물학적 관점에서 보자면, 노화는 번식을 위해 충분한 기간만큼 살아야 할 필요성과 끊임없이 가해지는 공격으로부터 스스로를 지키기 위해 요구되는 엄청난 에너지 소모 감수 사이에서 하나를 선택해야 하는 생명체들이 타협을 통해 얻어낸 결과물이다. 공격을 저지하기 위한 방어 기제를 선호한다면 너무도 많은 에너지를 소모해야 하므로 효율적인 번식을 장담하기 어렵다. 반대로 박테리아 같은 단순한 생명체들이 하듯이, 번식을 위한 생존으로 만족한다면, 유전자와 세포의 구

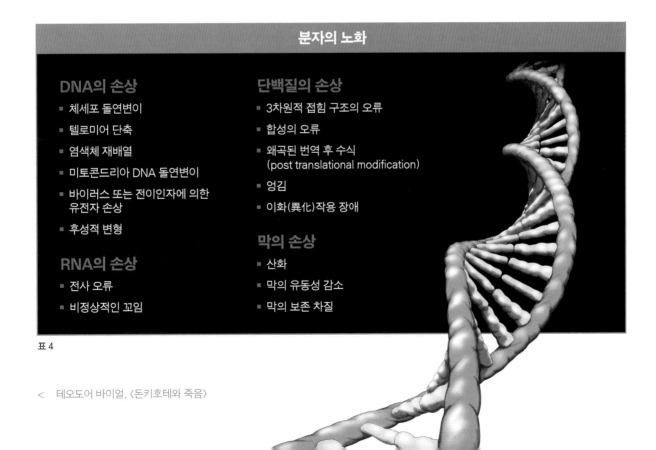

분자의 노화

DNA의 손상
- 체세포 돌연변이
- 텔로미어 단축
- 염색체 재배열
- 미토콘드리아 DNA 돌연변이
- 바이러스 또는 전이인자에 의한 유전자 손상
- 후성적 변형

RNA의 손상
- 전사 오류
- 비정상적인 꼬임

단백질의 손상
- 3차원적 접힘 구조의 오류
- 합성의 오류
- 왜곡된 번역 후 수식 (post translational modification)
- 엉김
- 이화(異化)작용 장애

막의 손상
- 산화
- 막의 유동성 감소
- 막의 보존 차질

표 4

조는 가장 단순한 형태에 머물러 있어야 할 것이며, 따라서 복잡한 구조의 생명체로의 발전은 기대하기 어려울 것이다.

노화는 세포 차원이나 분자 차원에서 일생 동안 겪은 온갖 종류의 손상이 서서히 축적된 결과물(표 4)이다. 이런저런 이유로 입게 된 손상이 쌓이면 생물학적 체계가 약화되고, 체계의 기능이 순조롭게 이루어지지 못하면 결국 죽음에 이른다.

이러한 손상들은 물론 우연에 의해 발생하며, 인간의 삶이라는 차원에서 보자면 불가피한 것들이다. 그런데 그중에서도 특히 세포 기능 저하 속도에 결정적인 영향을 끼치는 요인들이 있다. 첫 번째 요인은 세포를 구성하는 요소로서 존재하는 몇몇 방어 기제의 지원을 받아 유전자 또는 세포 구성 요소에 가해진 손상을 회복시켜주는 내재적인 역량과 관련된 요인이다. 유전에 의해 대물림되는 이 같은 보호 기제는 장수와 관련된 요인

∧ 남극의 한 정상에 오르고 있는 88세의 노먼 보건. 오늘날 그 정상엔 그의 이름이 붙었다.

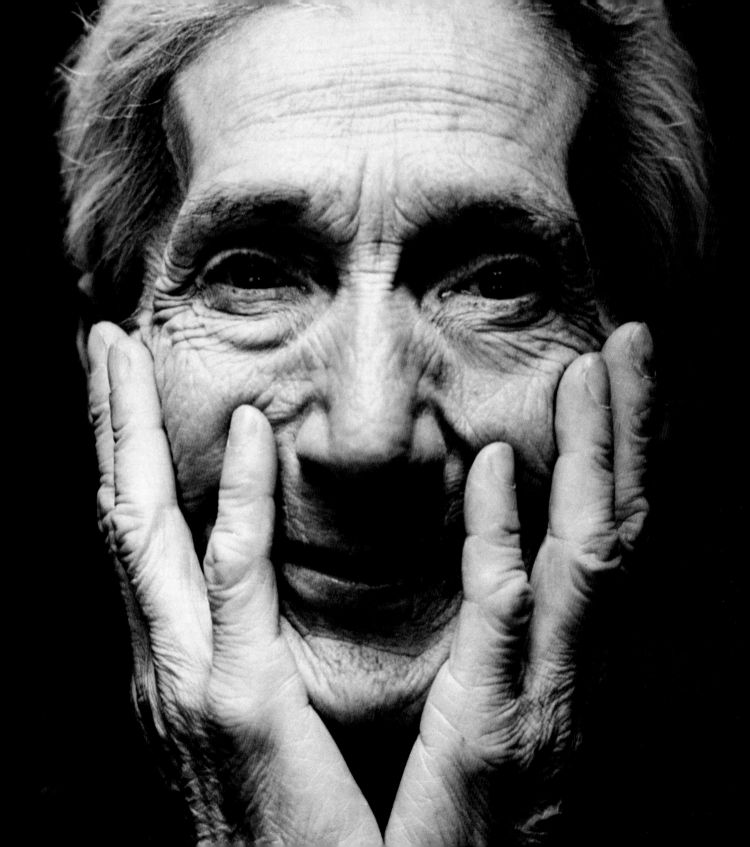

가운데 가장 중요한 역할을 한다. 장수를 누리는 사람 가운데 3분의 1 정도는 말하자면 인간이라는 종이 보유하고 있는 유전자 풀에서 꽤 '제비뽑기'를 잘한 행운아들이다. 예를 들어, 몇몇 집안의 구성원들은 전체 인구 평균에 비해 훨씬 오래 산다. 백 살 넘게 산 형을 둔 동생은 그도 역시 백 살 넘게 살 확률이 그렇지 않은 사람에 비해 무려 열일곱 배나 높다. 장수하는 집안의 구성원 대다수가 손상된 DNA를 복구하는 데 매우 적극적으로 관여하는 효소들을 보유하고 있다는 연구들도 꾸준히 발표되고 있다. 그런가 하면 다른 장수자 그룹에서는 HDL 콜레스테롤의 운반과 대사에 관여하는 유전자가 요인으로 지목되기도 한다. 반대로 DNA 복구에 참여하는 일부 효소에 결함이 있는 상태로 태어나는 운 나쁜 사람들도 있다. 가령, 워너 증후군의 경우, DNA를 온전하게 유지하는 데 중요한 역할을 하는 유전자에 약간의 변화가 일어나면서 노화가 가속화되며, 그 결과 당사자는 성인이 되면서부터 벌써 일반적으로 노인들에게나 나타나는 증세(탈모, 백내장 등)를 보인다. 이들은 대체로 50대가 되기 전에 사망하는데, 사인은 주로 암이나 심장혈관 계통의 질병이다.

보호 체계의 중요성이 대두되는 것은 우리의 신체 기관이 정상적으로 기능하는 동안 세포 구성 요소들이 산소 파생물로부터 끊임없이 공격을 당하기 때문이다. 산소는 생명에 없어서는 안 될 요소임에 틀림없지만, 활성화될 경우 몇몇 분자들과 결합하여 반응하는 매우 변덕스러운 물질이기도 하다. 대부분의 경우, 이러한 반응이 빚어내는 결과는 명백하다. 한 예로 세포가 당분과 지방을 흡수하는 경우, 이들 분자 속에 함유되어 있는 에너지를 ATP로 바꾸기 위해서는 산소가 필요하다(2장 참조). 그런데 이 변화 과정에 동원되는 기세는 완벽하지 못하므로, ATP와 동시에 유리기라고 부르는 일정량의 '찌꺼기'도 발생한다(표 5). 이 파생물은 강력한 산화력을 지니고 있으므로, 이를테면 금속에 녹이 스는 것과 유사한 방식으로 주변에 있는 구조물들을 공격할 수 있다. 대부분의 유리기들은 우리 몸의 보호 체계 덕분에 전혀 공격적이지 않은 SOD, 즉 슈퍼옥사이드 디스뮤타제라는 항산화효소 같은 분자로 변환되지만, 일부는 이 방어 기제에서 벗어나 특히 유전형질에 손상을 초래한다. 이를 그저 주변적인 현상으로만 치부할 수는 없는 것이, 우리의 DNA는 평균적으로 1만 번가량 유리기의 공격을 받는다. 달리 말하자면, 우리는 세포 내부로부터 녹이 슬어간다!

노화, 그리고 여러 가지 노인성 질환(암, 심혈관 질환, 알츠하이머)이 부분적으로는 유리기의 공격에 의한 것이며, 따라서 이 유독한 효과를 줄이는 것이 건강하게 장수하는 데 관건이 된다는 내용의 연구 결과가 속속 발표되었다. 식물성 식품들이 다량의 산화 방지제, 즉 유리기 효과를 억제하는 특성을 지닌 분자들을 함유하고 있다는 발견은 이와 같은 식품들이 보여주는 만성질환 감소 효과가 부분적으로 산화 방지 속성에서 비롯되고 있음을 암시한다.

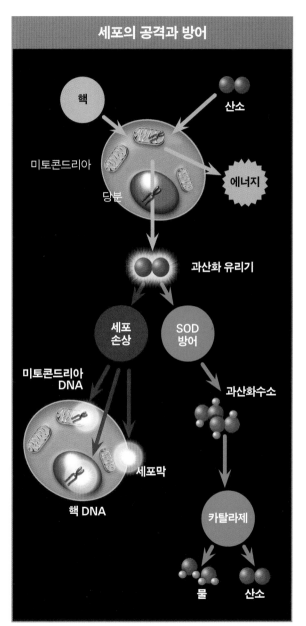

표 5

섭취 열량 제한

열량을 덜 섭취하는(그럼에도 필수적인 영양소 섭취가 이루어질 경우) 동물들이 많은 양의 음식을 먹는 동물들보다 더 오래 산다는 것은 이미 1세기 전부터 잘 알려진 사실이다. 쥐를 예로 들어보자면, 섭취 열량을 30퍼센트 줄였을 때 수명이 40퍼센트 연장되는데, 이는 대체로 심혈관 질환, 암, 신경 퇴행성 질환이 현저하게 줄어들기 때문이다. 이와 유사한 효과가 지렁이, 파리, 어류와 같은 다른 많은 동물들에서도 관찰되었다. 최근에는 영장류에서도 같은 효과가 있음이 밝혀졌다. 인간과 가장 비슷한 진화 단계를 보여주는 동물인 영장류의 사례는 특별히 흥미로울 수밖에 없다. 섭취 열량을 제한한 원숭이들은 훨씬 활기찬 모습을 보여주었으며, 피부 탄력이나 혈액에 함유된 지방과 당분 비율에 있어서도 많은 열량을 섭취한 원숭이들에 비해서 월등하게 긍정적인 결과를 나타냈다. 많이 먹은 원숭이들은 탈모, 주름살, 혈액에 포함된 지방과 당 함량 증가 등 노화의 전형적인 증상을 보였다.

열량 제한은 필연적으로 체중 감소로 이어지는데, 긍정적 효과는 단순히 건강한 체중 유지에만 머물지 않는다. 섭취 열량을 줄임으로써 삶의 질과 기대 수명이 눈에 띄게 향상되는 현상은 분명 유리기 생성 억제와 관련이 있을 것으로 보인다. 실제로 음식 섭취량을 줄이면, 미토콘드리아가 사용하는 산소의 양이 줄어들고, 보다 효율적으로 에너지를 ATP로 바꿀 수 있다. 산소

사용 감소, 효율적인 ATP 생성, 이 두 경우 모두 유리기의 발생은 감소한다.

하지만 실제로 열량 제한이 장수에 미치는 영향은 이보다 훨씬 복잡한 양상으로 전개된다. 열량 제한으로 스트레스 반응에 관여하는 일부 방어 기제, 그중에서도 특히 '시르투인(sirtuin)'이라고 불리는 단백질 종류를 포함하는 기제가 활성화되기 때문이다. 이 효소들의 활성화는 일련의 긍정적인 효과를 낳는다. 곧, 효소들이 결집하여 세포의 노화를 억제하는 것이다(표 6).

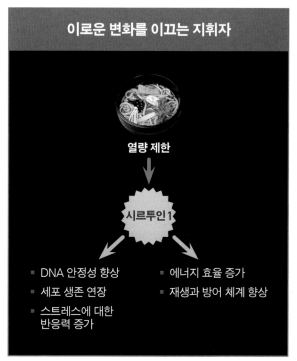

표 6

이 효소들은 특히 DNA가 취약한 부위에서 좀 더 밀도 있는 조직을 채택함으로써 외부 공격에 대한 민감도를 낮춘다.

노화에 관한 연구 중에서 가장 흥분되는 대목은 바로 생존 기제를 활성화하고 그럼으로써 열량 억제 효과를 흉내 내는 일부 분자들을 관찰하는 연구이다. 가령, 적포도주에 풍부하게 함유된 폴리페놀의 일종인 레스베라트롤에 의해 몇몇 종류의 시르투인이 활성화되면 효모나 지렁이 또는 일부 어류처럼 단순 생명체들의 장수 비율이 눈에 띄게 증가한다. 레스베라트롤과 유사한 분자들, 즉 기대 수명을 연장시킬 수 있는 분자들의 생성에 관한 연구는 현 시점에서 매우 활발하게 진행되고 있다. 이 연구들이 성공적인 결과를 생산해낸다면, 일종의 '젊음의 샘'이라 할 수 있는 그러한 분자들이 인류의 장수에 기적 같은 반향을 일으킬지도 모를 일이다.

값비싼 손실

우리가 한평생 사는 동안 우리 몸을 구성하는 세포들은 신체 기관들의 원활한 기능을 위해 끊임없이 새로 태어난다(2장 참조). 이는 엄청나게 복잡한 과정으로, 이 과정을 거치는 동안 우리의 유전자 형질(DNA)을 구성하며 23쌍의 염색체 속에 조직화되어 있는 30억 개의 요소들(뉴클레오티드)은 충실하게 복제되어 자녀 세포에게 전달되어야 한다. 이 기제는 전체적으로 볼 때 대단히 효율적으로 진행되나, 그럼에도 내재적인 '운영의 폐습'을 지니고 있다. '텔로미어(telomere)', 즉 말단소립이라고 부르는 염색체 각각의 제일 끝부분 DNA를 온전하게 복제하지 못하는 것이다(표 7). 결과적으로, 하나의 세포가 분열을 위해 자신의 유전자 형질을 복제할 때마다 어쩔 수 없이 염색체의 끝부분이 잘려나간다(표 8). 불행하게도 시간이 지남에 따라 이 텔로미어들은 점점 짧아져서 마침내 한계치에 도달하게 되고, 그러면 세포는 더 이상 새롭게 태어나지 못하고 죽게 된다. 점

텔로미어

현미경으로 들여다본 염색체 사진.
특수 형광 장치로 텔로미어를 표시했다.

표 7

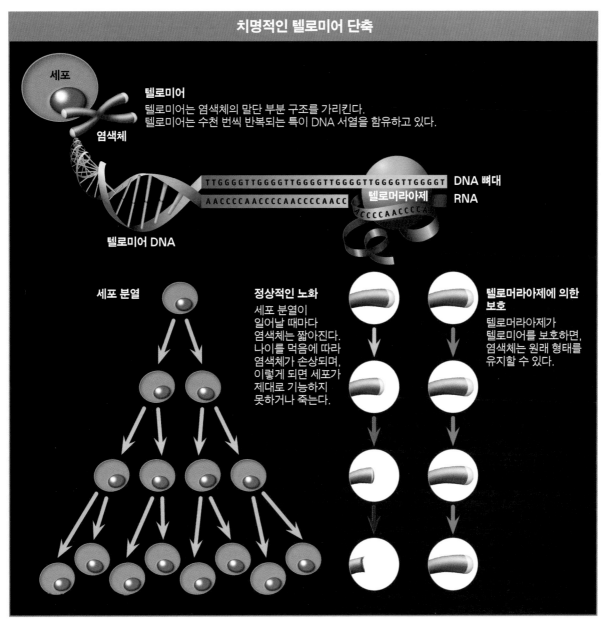

치명적인 텔로미어 단축

세포

텔로미어
텔로미어는 염색체의 말단 부분 구조를 가리킨다.
텔로미어는 수천 번씩 반복되는 특이 DNA 서열을 함유하고 있다.

염색체

TTGGGGTTGGGGTTGGGGTTGGGGTTGGGGTTGGGGT **DNA 뼈대**

AACCCCAACCCCAACCCCAACC **RNA**

텔로머라아제

CCCCAACCCCA

텔로미어 DNA

세포 분열

정상적인 노화
세포 분열이
일어날 때마다
염색체는 짧아진다.
나이를 먹음에 따라
염색체가 손상되며,
이렇게 되면 세포가
제대로 기능하지
못하거나 죽는다.

**텔로머라아제에 의한
보호**
텔로머라아제가
텔로미어를 보호하면,
염색체는 원래 형태를
유지할 수 있다.

표 8

진적인 텔로미어 상실은 우리 신체의 노화와 기대 수명을 결정하는 열쇠 역할을 한다.

텔로미어의 중요성은 암세포의 증식 과정에서도 다시 한 번 확인된다. 정상적인 세포들은 제한된 시간 동안만 사는 데 비해, 암세포는 죽지 않고 사는 불멸성을 과시한다. 이것이 암세포의 가장 큰 특징 중 하나이다. 다시 말해서 암세포들은 끝없이 복제가 가능하다. 이와 같은 불멸성을 획득하기 위해 암세포들은 텔로미어 상실 방지 시스템 구축이라는 수단을 선호한다. 대부분의 암에서는 종양 세포들이 텔로머라아제라는 효소를 합성한다. 텔로머라아제는 정상적인 세포 복제 기제로는 복제할 수 없었던 텔로미어를 재생하는 효소이다. 이 효소 덕분에 암세포들은 아무리 미친 속도로 분열을 계속한다 하더라도 염색체를 원본 그대로 유지할 수 있다 (표 8).

정상적인 세포들에게는 텔로미어 소실이 어쩔 수 없는 기정사실이긴 하나, 이 현상은 생활 방식에 따라 얼마든지 조절 가능하다. 예를 들어, 최근에 이루어진 연구들은 활동적인 생활 방식에 식물성 식품 위주의 식습관을 유지한다면 텔로미어 소실 속도를 현저하게 완화시킬 수 있다는 사실을 증명해 보이고 있다.

노화가 피할 수 없는 과정이라지만, 자연이 우리에게 선사해준 건강 자산을 최대화함으로써 우리는 얼마든지 그 속도를 늦추고 심신을 쇠약하게 만드는 만성질환을 피할 수 있다. 노화로 죽는 것, 다시 말해 시간에 따른 마모가 서서히 진행되고, 생체 기능 유지에 필요한 에너지의 경이로운 흐름이 서서히 고갈되어 우리가 삶이라고 부르는 근사한 교향곡을 더는 지휘할 수 없는 단계에 도달하는 것은 실제로 가능한 일이다. 죽음을 반길 사람은 없겠지만, 충만한 삶을 살고 웬만한 나이가 되어 인생을 마감하게 된다면 그래도 순순히 수락할 만하지 않겠는가. 다만 너무 일찍 죽는다거나 너무 오랜 기간 고통 속에서 괴로워하다 죽게 되리라는 생각은 받아들이기 어렵고 끔찍하다. 이러한 두려움은 대개 만성질환과 연결되어 있다.

> 노리츠 앤더슨 링, 〈호밀밭 사이로 걸어가는 노인〉(부분)

5장

만성질환으로 서서히 죽어가기

나는 죽는 건 두렵지 않다.
그런데 죽음이 점차 가까워진다는 사실은 나를 공포로 몰아넣는다.
– 오스카 와일드, 『도리언 그레이의 초상』(1890년)

건강하기 위해서는 신체의 모든 기관에서 이루어지는 행위가 조화를 이루어야 하며, 각 기관이 다른 기관들이 필요로 하는 것이 무엇인지에 귀를 기울임으로써 생체 기능을 적절하게 지원할 수 있는 최적의 균형 상태를 유지해야 한다. 건강을 유지하는 데 필요한 기제는 절대 완벽하지 않다. 우리 신체의 이런저런 기관들을 공략하여 생명을 위태롭게 하는 각종 심각한 질환을 한번 떠올려보자. 세계보건기구(WHO) 집계에 따르면 인체의 생리 시스템 전체에 영향을 줄 수 있는 질병이 1만 3천 가지에 이른다고 알려져 있으며, 유전에 의해서건 외부 요인(사고 등)에 의해 야기되건, 이러한 질병들이 보여주는 엄청나게 다양한 스펙트럼은 주민들의 건강 향상이라는 도전적 과제를 위해 현대 의학이 걸어가야 할 길이 얼마나 먼지를 일러준다(표 1).

다른 대부분의 선진국들도 사정이 다르지 않겠지만,

캐나다에서는 만성질환이 가장 중요한 사망 원인으로 손꼽힌다. 해마다 암, 심혈관 질환, 폐 질환, 당뇨 외에 신경 퇴행성 질환이나 알츠하이머 등으로 죽는 사람이 전체 사망자의 3분의 2 이상을 차지한다(표 2).

유감스럽게도 이러한 질병은 너무 일찍 찾아오기 때문에, 일단 걸리게 되면 건강하게 지낼 수도 있을 몇 년간의 삶을 꼼짝없이 저당 잡히게 된다. 앞에서도 언급했듯이, 흡연을 하지 않고 섭생에 세심한 주의를 기울이며 과체중을 막기 위해 규칙적인 신체 활동을 하는 등 좋은 생활 습관을 들임으로써 이러한 질환의 발병 시기를 늦추는 건 얼마든지 가능하다. 하지만 이 같은 예방책들이 만성질환에 걸릴 위험성을 완전히 없애주는 건 아니다. 특히 나이가 들어갈수록 그렇다. 그럼에도 이러한 예방적 접근 방식은 확실히 발병 시기를 늦추어 삶의 질을 눈에 띄게 향상시키며, 죽기 전까지 병마와 씨름하며 고통을 느껴야 하는 시간을 줄여주는 이점이 있다.

만성질환에는 매우 까다롭고 비용이 많이 드는 치료가 동반되며, 이러한 치료는 병원이라는 환경 속에서만 제대로 이루어질 수 있다. 때문에 국가 건강 체계에 안겨주는 재정적 부담은 차치하고라도, 이러한 질병으로 인한 사망의 증가는 죽음의 과정 자체에도 무시할 수 없는 영향을 끼친다. 죽음이란 과거엔 개인적인 시련으로서 가까운 주변 사람들만이 참석한 가운데 사적으로 진행되었던 데 반해서, 오늘날엔 80퍼센트 이상의 죽음이 병원에서 이루어진다. 이처럼 죽음이 의료 시스템에 의지하면서, 지상에서 보내는 마지막 순간을 둘러싼 사회적 맥락에 대해서도 새롭게 생각해야 하는 시대가 되었다. 만성질환으로 인한 사망률은 말하자면 죽음의 '현대적인' 버전으로 이해할 수 있다. 우리의 실존에 종지부를 찍는 요인들을 효율적으로 길들이기 위해서는

질병의 국제 분류

- 감염과 기생충에 의한 일부 질병
- 종양
- 혈액과 조혈 기관 관련 질병과 일부 면역 체계 이상
- 내분비 · 영양 · 신진대사 관련 질병
- 정신 · 행동 이상
- 신경 계통 질병
- 눈과 그 부속 기관 질병
- 귀와 유양 돌기 질병
- 순환기 질병
- 호흡기 질병
- 소화기 질병
- 피부와 피하세포조직 질병

- 골관절 계통 · 근육 · 결합 조직 질병
- 생식비뇨기 질병
- 임신 · 출산 · 산욕 관련 질병
- 출산 전후 시기와 관련된 일부 질병
- 선천적 기형과 염색체 이상
- 이상 증세나 신호, 임상이나 실험실 검사에서 비정상적인 결과가 나왔으나 미분류 상태로 남아 있는 질병
- 외상성 손상, 중독 또는 외부적 요인으로 인한 몇몇 질병
- 외부적 요인으로 인한 발병과 사망
- 건강 상태에 영향을 미치는 요인, 보건 당국에 도움을 요청해야 하는 원인으로 인한 질병

표 1

출처: fr.wikipedia.org/wiki/Classification_internationale_des_maladies

이 현대적 죽음의 기제를 제대로 파악하는 일이 중요하다.

혈액 순환 문제

심장마비 또는 뇌혈관 질환(또는 뇌졸중/CVA)으로 인한 죽음은 흔히 '아름다운 죽음'의 전형으로 일컬어진다.

아름다운 죽음이라면, 갑자기 몰아닥쳐 신속하게, 그러니까 끝없이 이어지는 고통 따위는 느낄 사이도 없이 사망에 이르는 경우를 의미한다. 이러한 인식엔 어느 정도 진리가 담겨 있는 것도 사실이다. 심장마비와 뇌혈관 사고는 아닌 게 아니라 거의 한순간에 산소 의존도가 가장 높은 두 기관, 즉 심장과 뇌로 가는 산소 공급을 차단할 수 있는 매우 효율적인 살인 병기임이 확실하기 때문이다.

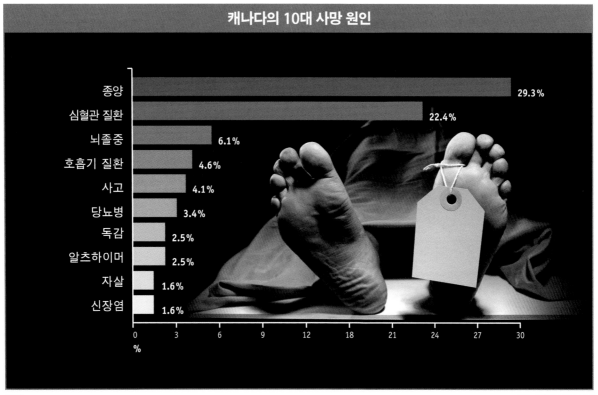

캐나다의 10대 사망 원인

사망 원인	비율
종양	29.3%
심혈관 질환	22.4%
뇌졸중	6.1%
호흡기 질환	4.6%
사고	4.1%
당뇨병	3.4%
독감	2.5%
알츠하이머	2.5%
자살	1.6%
신장염	1.6%

표 2

출처 : 캐나다 통계 2005

∧ 한국인의 10대 사망 원인은 암(28.2%), 뇌혈관 질환(10.4%), 심장 질환(9.2%), 자살(6.1%), 당뇨병(4.1%), 폐렴(2.9%), 호흡기 질환(2.8%), 간 질환(2.7%), 교통사고(2.7%), 고혈압성 질환(1.9%) 순이다. 출처 : 대한민국 통계청(2010)

벼락처럼 갑작스럽게 찾아오는 것 같지만, 이 두 가지로 인한 사망은 일반적으로 오랜 기간 지속되어온 혈관 손상이 누적된 결과에 불과하다. 콜레스테롤을 비롯하여 다양한 구성 성분들이 차차 혈관에 쌓이게 되면 아테롬 판 또는 아테롬 플라크라고 불리는 지방 침전물이 혈관의 내벽에 형성되고, 이는 차츰 혈액이 목적지까지 이동하는 것을 방해한다(표 3).

이러한 플라크가 떨어져 나가면서 혈관 벽에 상처가 나게 되면 우리의 방어 기제는 이를 치료해야 할 상처로 해석한다. 때문에 혈전이 형성되고, 이것이 혈관을 막게 되면서 산소는 최종 목적지에 도달하기 어렵게 된다. 허혈성 질환(프랑스어로 maladies ischémiques라고 하는데, ischémique라는 말은 '억류하다'를 의미하는 ischein과 '혈액'을 의미하는 haima의 그리스어 합성어에서 유래했다)이라고 부르는 심장마비 또는 CVA는 산소 결핍을 일으키는 혈관 협착의 결과이다.

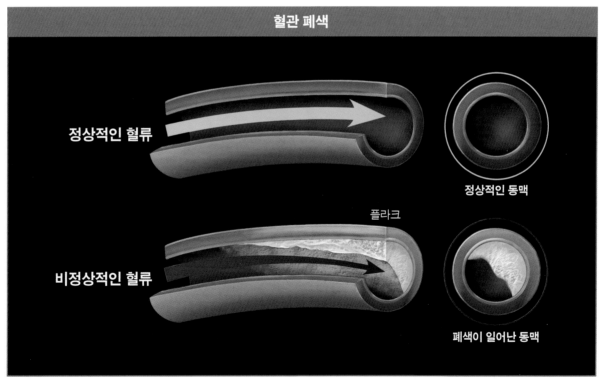

혈관 폐색

정상적인 혈류

정상적인 동맥

비정상적인 혈류

플라크

폐색이 일어난 동맥

표 3

출처 : www.pdrhealth.com

심근경색

예방과 치료 방법의 개선 덕분에 최근 몇십 년 사이 사망 사례가 크게 감소했다고는 하지만, 심장 발작 또는 심근경색은 여전히 가장 흔하고 또 가장 치명적인 심혈관 질환으로 손꼽힌다. 전체 환자 중에서 3분의 1 정도는 대개 발작을 일으킨 후 몇 시간 안에 경색을 맞게 된다. 이렇듯 치명적인 상황에 이르게 되는 건 아테롬 플라크의 파열로 막히게 된 혈관이 하필이면 관상동맥, 즉 산소와 영양소를 심장 근육으로 운반해주는 임무를 맡은 혈관이기 때문이다. 산소 공급을 받지 못하면 심장 근육은 심장 기능에 반드시 필요한 수축 작용을 할 수 없어 죽게 된다. 저산소증으로 인한 피해의 정도에 따라, 죽음은 혈액 순환이 멈춘 후 신속하게 찾아올 수 있다(표 4).

갑작스러운 죽음은 대체로 그동안 전혀 알려지지 않았던 심장 문제가 처음으로 외부로 발현된 경우에 해당한다. 이런 상황에 처한 사람들 대부분이 그때까지 그 같은 돌연사를 맞게 되리라는 어떠한 조짐도 보이지 않았다. 젊고(35세 미만) 신체적으로 건강한 사람들이 심장발작으로 갑자기 사망하는 경우라면, 심근비대증 같은 선천적인 심근 이상 증세, 즉 심장 근육 조직 구조의 이상으로 생겨나는 각종 질병이 주요인으로 작용한다. 반면 어느 정도 나이가 들어 갑작스러운 죽음을 맞았다면, 이들 중 압도적인 다수가 이를 미리 예방할 수 있었던 경우라 하겠다. 이들의 경우는 관상동맥 관련 질환이 주요인으로, 이러한 질환은 생활 습관, 특히 흡연이나 섭생, 운동부족 등과 직접적으로 연관을 맺고 있기 때문이다.

갑작스러운 죽음은 말 그대로 어느 순간에도 찾아올 수 있는데, 심장 질환 소질을 가지고 있는 사람들에게는 아마도 강렬한 감정 상태가 심장 이상을 일으키는 원인 중 가장 눈길을 끄는 요인이라 할 것이다. 분노, 공포, 이외에 긍정적 또는 부정적인 다양한 감정이 아드레날린 관련 신경 시스템을 활성화시키면, 심장 박동이 비정상적으로 빨라지거나(심실 고동 이상급속) 심장

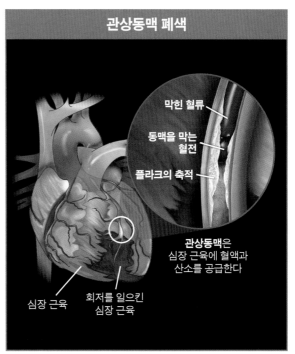

관상동맥 폐색

막힌 혈류

동맥을 막는 혈전

플라크의 축적

관상동맥은 심장 근육에 혈액과 산소를 공급한다

심장 근육

회저를 일으킨 심장 근육

표4 출처: www.pdrhealth.com

수축이 불규칙해질 수 있으며, 이 모든 요인 때문에 갑작스러운 죽음의 위험이 급격히 커진다. 감정으로 인한 스트레스가 일으키는 반향은 천재지변 같은 드라마틱한 사건이 벌어졌을 때 갑자기 사망자 수가 늘어나는 현상으로도 입증된다. 가령, 1994년 1월 캘리포니아 남부를 강타한 강력한 지진 기간 동안 발생한 사망자들을 분석한 결과 지진 발생 후 몇 시간 동안의 사망자 수가 나머지 기간 동안 발생한 사망자 수의 다섯 배나 되었다.

강도 높은 감정으로 인한 스트레스는 심장 관련 질환과 밀접하게 연결되어 있다. 나이 많은 여성들에게 자주 일어나는 좌심실 기능 장애의 경우, 외상성 경험이나 감정적으로 스트레스를 주는 경험이 카테콜아민 증가를 가져오며, 이는 가슴에 갑작스러운 통증을 유발하면서 호흡 곤란으로 이어진다. 강력한 스트레스로 인한 심근 허혈의 경우, 일부 환자들은 임상 테스트에서는 음성 반응이 나왔음에도 실제로는 허혈 증세를 경험하기도 한다. 마찬가지로, 강력한 감정은 임상 환자 20퍼센트 정도에서 심실 부정맥을 일으킨다.

뇌혈관 질환(CVA)

선진국에서 세 번째로 흔한 사망 원인인 뇌혈관 질환은 뇌세포에 혈액을 공급하는 혈관이 막히거나 끊어져 뇌의 혈액 순환이 중단됨으로써 발생한다. 심장과 마찬가지로, 이러한 상황 역시 치명적이다. 뉴런이 제대로 기능하려면 반드시 혈액을 통해 산소와 영양소를 공급받아야 하기 때문이다. 혈액 순환이 멈추고 몇 분만 지나도 뇌세포들은 벌써 회복할 수 없을 정도로 손상을 입으며, 순식간에 신경 신호를 전달할 수 없는 상태에 놓

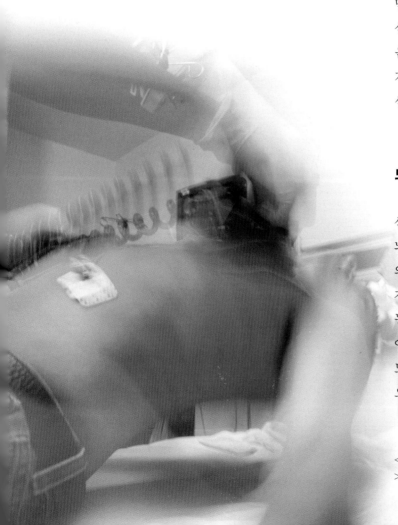

< 심근수축 치료기를 사용하여 환자를 치료하는 장면
> 전자현미경으로 본 적혈구(빨간 부위). 섬유소(회색 부위)와 엉겨 혈전을 형성

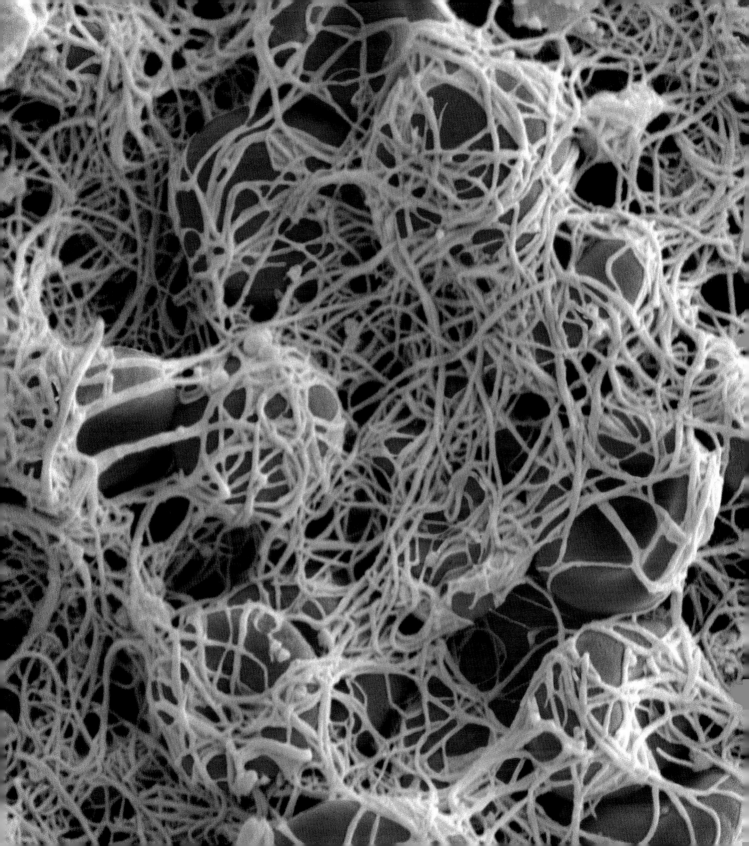

이게 된다. 뇌는 사고와 지능의 중심일 뿐 아니라 의지적인(언어…) 또는 무의지적인(호흡…) 운동 기제의 사령탑이기도 하다. 그렇기 때문에 CVA에서는 마비나 감각 상실, 신체 일부 기능 상실 같은 증세가 제일 먼저 나타난다. 이러한 증세는 신경임펄스 전달이 중지되었을 때 나타나는 증세이다. 손상을 입은 뇌의 부위가 예컨대 호흡 조절 같은 기초적인 생리 기능과 밀접하게 연결되어 있는 경우라면 그 결과는 치명적이다. 이때 환자는 삽시간에 죽음에 이른다. 생명과 직접적으로 관련이 덜한 부위에 이상이 생겼다면, 환자는 죽지는 않겠

지만 일부 기본 생체 기능(언어, 운동)을 상실한 채 평생 불구로 살게 될 것이다. 일반적으로 CVA 환자 가운데 4분의 1 정도는 발병한 지 1년 안에 숨을 거두고(표 5), 나머지 사람들은 대부분 심각한 장애를 안고 산다.

이미 2천 4백 년 전 히포크라테스는 CVA를 상세하게 묘사하였는데, 그는 이 병에 걸린 사람들이 갑작스럽게 죽거나 마비 증상을 보인다는 점에 착안하여 '뇌졸중(apoplexy, '강하게 치다'를 뜻하는 그리스어에서 유래)'이라는 용어를 사용했다. 의사들은 오랫동안 뇌졸중의 정확한 기원이나 특성을 찾아내지 못했다. 그러다가 17

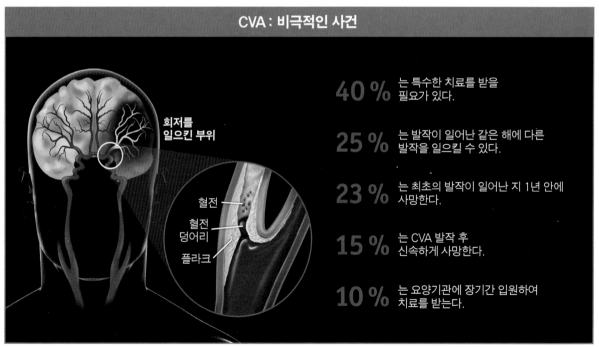

CVA : 비극적인 사건

회저를 일으킨 부위

혈전
혈전 덩어리
플라크

40 % 는 특수한 치료를 받을 필요가 있다.

25 % 는 발작이 일어난 같은 해에 다른 발작을 일으킬 수 있다.

23 % 는 최초의 발작이 일어난 지 1년 안에 사망한다.

15 % 는 CVA 발작 후 신속하게 사망한다.

10 % 는 요양기관에 장기간 입원하여 치료를 받는다.

표 5   출처 : www.pdrhealth.com

세기에 들어와 스위스 출신 야콥 뱁퍼(Jacob Wepfer)가 그의 논문 「뇌졸중의 역사Historiae apoplecticorum」 (1658)에서 처음으로 뇌 내부의 출혈, 뇌에 산소와 영양을 공급하는 혈관 폐색 때문이라는 설명을 제시했다.

뇌 혈액 순환 중지는 뚜렷하게 구별되는 두 가지 현상에 의해 촉발된다. 허혈 현상('뇌경색'이라고도 한다)과 출혈 현상이 그것이다. 훨씬 더 빈번하게 관찰되는 허혈 현상이 80퍼센트를 차지하지만, 강도 면에서는 출혈 현상이 훨씬 치명적이다.

뇌 허혈은 뇌혈관 또는 경추 혈관 폐색으로 혈액이 뇌의 특정 부위에 도달하지 못해서 생겨난다. 심근경색과 마찬가지로 이 폐색 현상은 일반적으로 혈관 벽에서 플라크가 파열되면서 형성된 덩어리(혈전)가 혈액 순환을 완전히 막음으로써 일어난다. 혈전은 또한 신체의 다른 부위에 위치한 동맥에서 전달된 찌꺼기들로 형성되어 혈액 순환 과정을 통해 뇌까지 전달되어 결국 혈관을 막을 수도 있다. 이 경우를 뇌 혈전이라고 한다. 뇌혈전은 흔히 부정맥의 일종인 심방 연축 때문에 일어난다. 심방 연축이 진행되면 심방이 매우 빠르고 불규칙하게 수축한다. 이런 상황에서라면 혈액은 덩어리로 뭉칠 수 있으며 그 상태로 뇌혈관까지 도달할 수 있다.

한편, 뇌출혈은 외상으로 뇌동맥이 파열되거나 만성적인 고혈압 또는 흡연 같은 특정 생활 방식에 부수적으로 나타나는 폐해로 인하여 혈관 벽이 손상됨으로써 발생할 수 있다. 이러한 파열은 뇌 기능 수행에 필수적인 혈액의 공급을 차단할 뿐 아니라 뇌 조직에 혈액을

마구 뿌리거나 쌓아놓기 때문에 비극적인 결과를 초래한다. 출혈이 뇌의 내부에서 일어나게 되면(뇌 내출혈), 이 혈액으로 인하여 갑자기 압력이 상승하게 되므로 주변 세포들이 손상을 입는다. 예를 들어 뇌간처럼 기초 생체 기능을 관장하는 부위에서 이러한 출혈이 발생할 경우, 단시간 내에 사망에 이른다. 뇌출혈은 가령 동맥류 파열로 인하여 뇌와 두개골 사이에서 혈관이 손상됨으로써(거미막하출혈) 일어날 수도 있다. 이 부위에 비정상적으로 혈액이 모이면 두개골 내압이 올라가 극심한 두통을 유발한다. 이 유형에 해당하는 CVA 환자들의 절반가량은 혈관 파열 2주 내에 사망하며, 살아남은 자들의 3분의 1은 죽을 때까지 치료를 받아야 한다.

암 : 세포들의 반란

지그문트 프로이트는 1929년에 발표한 염세주의적 저서 『문명 속의 불만』에서 상반되는 두 가지 유형의 충동, 즉 에로스(욕망과 사랑의 충동)와 타나토스(파괴와 죽음의 충동)가 문명을 지배한다고 주장했다. 특히 타나토스는 끊임없이 사회의 자기파멸을 획책한다고도 덧붙였다. 인간 사회를 지배하는 역동성에 관한 이러한 해석의 타당성에 대해서는 장시간 토론이 필요하겠으나, 우리 인간의 신체를 구성하는 '세포 차원의 문명'에서 보자면, 이는 뛰어난 정신분석임에 틀림없다! 인체의 응집력과 원활한 기능을 위해서는 '세포의 에로스'가

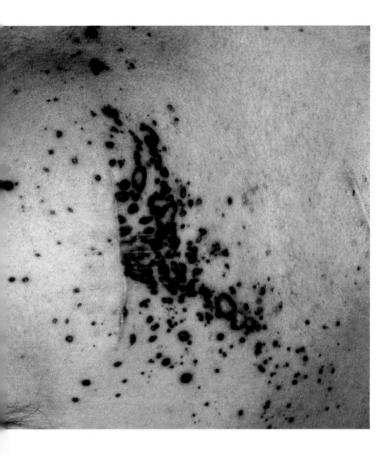

이 2백여 종의 질병은 예외 없이 모두 세포가 통제 불가능할 정도로 성장한다는 공통점이 있다. 지난 몇십 년 사이에 지구 곳곳에서 인류 사망 원인 1위로 급부상한 암은 엄청난 잠재적 파괴력과 그로 인한 무시무시한 통증으로 누구에게나 공포를 안겨주는 질병이다. 우리의 죽음을 야기하는 질병들 가운데 딱 하나만 골라서 내치라고 한다면 모두들 암을 제일 먼저 지목할 것이다.

암으로 인한 사망은 주어진 기관의 세포들이 유전자 형질의 변화를 겪고(돌연변이), 그로 인해서 신체의 다른 세포들과의 관계가 급진적으로 바뀌게 되는 기나긴 과정의 귀결이다. 일반적으로 세포들은 전문화되며, 각자가 소속된 기관 내부에서 특수한 기능(예를 들어 피부 세포는 뉴런 세포나 췌장 세포와는 완전히 다르다)을 수행하는데, 돌연변이가 축적되면 이러한 세포 정체성이 파괴되며 결국 세포는 전문화되기 이전 상태로 돌아가 오로지 번식에만 집착하게 된다. 다양한 여러 암들은 사실 동일한 세포계에 속한다. 이 말은 각기 다른 암들이 실상은 많은 돌연변이가 쌓여 공격적이며 빠르게 번식하는 속성을 지니게 된 하나의 세포에서 파생되었음을 뜻한다. 이러한 변화는 비유하자면 생명체를 향한 진정한 의미에서의 폭동이라 할 만하다. 인간의 몸처럼 수조 개의 세포로 이루어진 복잡한 생명체가 제대로 작동하려면 모든 세포들이 균형 유지를 위해 절대적으로 헌신해야 한다. 각각의 세포가 원래 프로그래밍된 대로의 자신의 역할에 충실해야 한다는 말이다. 세포의 탈분화 또는 전문성 상실은 말하자면 암의 궁극적인 자기표현

필수적인 데 반해, 대열을 이탈해 자유를 되찾고 싶어 하는 자연스러운 충동에 이끌리는 세포들이 있기에 반드시 필요한 이 같은 균형은 항상 위협받는다. 다시 말해서 타나토스야말로 암의 출현으로 귀착되는 각종 기능 이상의 원흉이다.

우리가 '암'이라고 지칭하는 것은 실상 각기 다른 2백여 종의 질병을 뭉뚱그려 부르는 총칭적인 용어이다.

이다. 이렇게 되면 세포들은 다른 세포들과의 사회 계약을 파기하고 신-태아 상태, 즉 전문화 이전 상태로 돌아간다. 기능적인 관점에서 비정형적인 세포들은 형태와 세포학적인 관점에서도 역시 비정형적이며, 이 비정형성이야말로 병리학자들이 암 진단을 내리는 중요한 기준이 된다.

암이 잠재적으로 치명적인 질병임은 누구나 다 알지만, 암이 환자들에게 죽음을 야기하는 방식에 대해서는 정확하게 아는 사람이 드물다. 흔히 암에 관해서는 '싸워서 무찔러야 하는' 질병이며, 이 투쟁의 결과는 투병하는 사람의 에너지와 의지에 달려 있다고들 말한다. 물론 이 같은 심리적인 측면도 무시되어서는 안 될 것이다. 그 덕에 환자들이 힘든 치료 과정이나 다가오는 죽음의 불가피성을 좀 더 잘 받아들일 수 있기 때문이다. 하지만 암으로 죽는다고 해서 그것이 환자의 의지가 박약하다는 표시가 될 수는 없다. 암이라는 질병이 지닌 잠재적 피괴력은 그야말로 엄청나기 때문이다. 환자를 살리는 것은 살고자 하는 의지나 욕망의 힘만이 아니라 환자 개개인의 개별적이며 임상적인 요인들의 총체이다. 암 진단을 받기 전 환자의 건강 상태, 전반적인 대사 능력, 항암 치료에 사용되는 약물에 대한 반응 정도에 차이를 가져오는 유전자적 다양성, 상황에 따른 감염을 비롯하여 다른 우연적 요소들에 대처하는 면역 시스템의 역량 등이 총체적으로 영향을 미친다는 말이다.

암의 공격을 받을 수 있는 기관이 다양하고, 암으로

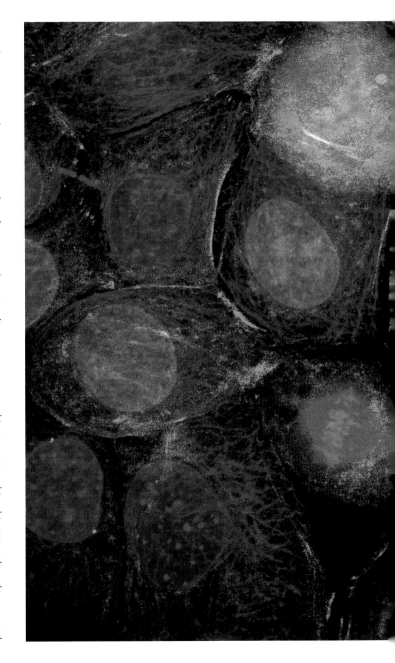

∧ 현미경으로 본 유방 안에 형성된 암세포

癩疥病
蝦一灸或二灸凡茶用

羊羮取二合溫服乳癰久不愈者外以膏著絲
又用快力割癰孔左右癡物敲破敲膏投之葛根加不附湯兼以七
五七厘實枳大黃八牡丹皮加薏苡故仁湯

인해 발생할 수 있는 기능 장애 또한 무수히 다양함에도 불구하고, 암이 지닌 잠재적 파괴력의 원천으로 크게 두 가지 기제를 지적할 수 있다.

직접적인 효과, 즉 공격받은 기관의 기능 상실을 초래하는 기제. 세포의 전문화가 주어진 기관의 고유 임무를 수행하기 위한 전제라면, 암세포들의 탈분화로 인한 전문화 이전 상태로의 회귀는 결과적으로 문제 기관의 정상적인 기능 수행을 가로막는 재앙이 될 수밖에 없다. 예컨대 폐에서 이 같은 기능상실이 발생되었다고 하면, 공기 중에서 산소를 제대로 포획할 수 있는 세포의 수가 감소됨으로써 혈액에 포함된 산소의 양이 급격하게 줄어들어 마침내 정상적인 생체 기능을 유지할 수 없을 정도의 수준까지 내려간다. 어떤 경우엔 암으로 인한 위험이 순전히 기계적인 차원에 국한될 수도 있다. 가령, 결장이나 난소에 형성된 암덩어리가 소화 체계의 폐색을 초래하면 음식에서 영양분을 취하는 것이 불가능해진다. 또 일부 백혈병에서는 혈액 속에 포함된 백혈구의 수가 천문학적으로 증가한 나머지 혈액의 점도가 높아져 혈류 순환이 불가능해진다. 뇌에 생긴 암세포가 점점 커지면서 기초적인 생체 기능을 관장하는 주변 부위를 압박하다가 결국 사망에 이르는 경우도 있다.

우리 인체는 놀라운 잠재적 적응력을 지닌 까닭에 암세포의 존재에도 불구하고 생체 기능이 정상적으로 유지되는 경우가 적지 않다. 하긴 암이 아무도 눈치 채지 못하는 가운데 여러 해 동안 특별한 증세 없이 음지에서 자라나는 것도 이런 이유 때문이다. 한 예로, 뇌나 신장의 종양은 믿기 어려울 정도의 크기로 자라날 때까지 전혀, 어떠한 기능 장애도 초래하지 않는다. 그러나 일정 단계에 도달하면 숨어 있기엔 암덩어리가 너무 커져버린다. 그러면 비로소 신체적인 신호(손으로 덩어리가 만져진다거나 출혈이 있다)나 신진 대사 이상 징후(식욕 부진, 체중 감소)가 나타난다. 뇌암이나 신장암, 간암, 난소암, 췌장암처럼 치명적인 일부 암은, 질병이 상당히 진전된 상태가 되어서야 최초의 임상 신호가 포착되는데 그때는 환자가 희망을 갖기 너무 늦어버린 경우가 많다.

간접적인 효과, 즉 혈류 순환계 질병을 가져오는 기제로서의 암. 암 덩어리는 지극히 위험한 존재임에 틀림없으나, 처음 종양이 발견된 일정한 한 기관 내부에서 계속 자라나는 종양이 그 자체로서 사인이 되지 않는 경우도 있다. 그렇지 않고, 암세포 덩어리가 몸 군데군데 산재해 있게 되면 생체 기능 전체를 장악하여 죽음에 이르게 만들 정도의 위력을 행사할 수 있다.

이렇게 암세포가 전이 형태로 신체에 퍼지게 되는 것이 암에 의한 사망의 90퍼센트가량을 차지한다. 이러한 상황은 말하자면 암이 인체에 대해 지니고 있는 '제국주의적' 비전에서 비롯된다. 바꿔 말하면, '창립자' 격인 종양은 대부분의 경우 영양 자원 부족을 해소하기 위한 방편으로 신체의 다른 기관을 '식민지화'하려고 애쓴다. 이 같은 제국주의적 발상을 성공적으로 실행에 옮기려면 전문화된 무기가 필요한 법이다. 영국이 해군

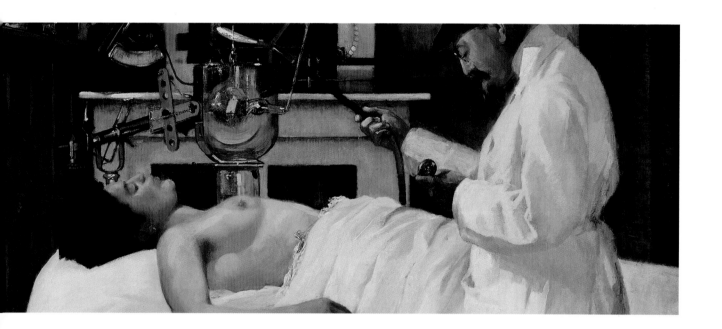

덕분에 본국에서 멀리 떨어진 곳까지 진출하여 새로운 영토를 개척했듯이, 암도 몇몇 무기를 정비하여 원래의 영토에서 벗어나 인체 내의 다른 지역으로 진출한다. 이러한 영토 확장에서 결정적인 역할을 하는 무기가 바로 단백질 분해 효소인 프로테아제이다. 프로테아제는 종양을 둘러싼 조직을 해체시킴으로써 암세포로 하여금 신천지를 찾아 탐험에 나서도록, 그래서 새로운 식민지를 마음껏 건설하도록 도와주는 진정한 의미에서의 '가위' 같은 분자이다.

전이 대상으로 선호하는 기관은 원래 종양이 뿌리를 내린 위치에 따라 달라질 수 있지만, 가장 자주 선택되는 기관은 폐, 간, 뇌 그리고 뼈이다. 예를 들어, 결장암은 간으로 전이될 확률이 매우 높으며(환자 네 명 중한 명은 진단을 받는 순간 이미 암세포가 간에 전이된 상태이다), 암세포들은 서서히 간으로 침투해서 기능 장애를 가져온다. 그리하여 환자들은 간 기능 상실로 사망에 이른다. 처음 종양이 생겨난 조직이 생명 유지에 결정적인 역할을 하는 기관이 아니라면, 전이로 인한 살인적 효과는 그만큼 커진다고 할 수 있다. 유방암이 여기에 해당하는 가장 대표적인 예이다. 유방암은 여성의 생물학적인 생존에 결정적으로 역할을 하지 않는 유방 조직에서 종양이 제어할 수 없을 정도로 커짐으로써 생명에 위협을 가하는 것이 아니라 유방암 세포가 몸 구석구석에 퍼지면서 사망까지 초래하는 것이다.

전이되는 특성 외에, 암세포는 인체 내에서 혈류 순환계통과 관련된 여러 효과를 유발하는데, 이 효과들이 한데 합쳐지면 신체 기능을 심각하게 저해하며 결과적으로 환자의 생명을 위협할 수 있다. 예컨대, 암에 걸린 환자들의 상당수는 급성 신장 기능 부전, 즉 신장에 의해 걸러지는 혈액양의 갑작스러운 저하로 사망한다. 급성 신장 기능 부전은 신진대사로 인한 노폐물(산, 요소)과 몇몇 전해질(칼륨, 칼슘, 인산염) 차원에서 이상 증세를 일으킨다. 일부 암(특히 혈액암)에 대한 항암치료 결과로 신부전증이 나타날 수도 있다. 어떤 경우에서도 신장 기능 상실은 재앙이며, 신속하게 치료하지 않으면 환자는 필히 죽게 된다.

혈액 응고 문제도 암 덩어리라는 존재가 야기하는 중대한 부차적인 손상에 해당된다. 프랑스 출신 의사 아르망 트루소(1801~1867)는 위암에 걸린 환자들(그 자신을 포함하여)에게 혈전 정맥염이 자주 나타난다는 사실을 처음으로 발견했다. 혈전 정맥염은 암세포 표면에 혈액을 응고시키는 속성을 지닌 단백질이 비정상적으로 많이 몰리는 현상에서 비롯된다. 이 경우, 환자들의 정맥에서 응어리가 자주 발견된다. 이 응어리들이 심장과 폐로 가게 되면 색전증 위험이 현저하게 높아진다. 이렇듯, 혈액 응고 문제는 단순히 호기심을 가지고 관찰해야 할 대상에 그치는 것이 아니라 실제 중요한 사망 원인으로 작용한다. 환자 일곱 명 중 한 명은 폐혈전

으로 인한 합병증으로 사망한다.

끊임없이 커져가는 암 덩어리의 존재는 인체의 에너지 비축분 관리에도 막대한 영향력을 행사한다. 일정 수준 이상으로 커진 종양은 세포 성장에 필수적인 영양분 섭취를 놓고 신체 기관들과 직접적인 경쟁 체제에 돌입한다. 암세포들은 특히 지방조직이나 근육 같은 조직의 파괴를 가속화하는 분자들을 분비함으로써 자신들이 깃들어 있는 기관의 에너지 비축분을 끌어모을 수 있다. 이는 흔히 식욕 감퇴, 급격한 체중 감소, 근육 감퇴 등으로 나타난다. 수척해진 상태에 '전신 쇠약'이라 부르는 기력 쇠퇴가 겹치면, 급작스럽게 삶의 질이 저하되어 환자는 물론 환자 주변 사람들에게도 비극이 찾아든다. 환자는 질병의 무게에 짓눌려 점점 더 쇠약해

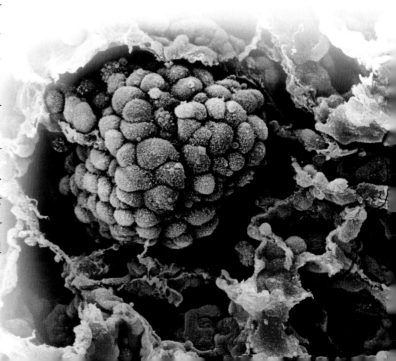

> 암세포 덩어리(폐)

진다. 이 단계에 이르면, 암은 혈류 순환계 질환이 되어 신체 전체를 무차별적으로 공격한다. 이를테면 괴물 같은 기생충이 우리 몸 전체를 장악해서 생명을 유지해주던 기능들을 제멋대로 유용하는 일이 벌어지는 것이다. 이렇게 되면 죽음은 시간 문제다. 근육이 너무도 약해진 나머지 호흡조차 제대로 이루어지지 못하고, 기초 요소들의 신진대사도 완전히 어긋나서 세포의 기능을 지원할 수 없게 된다. 미생물들의 공격에 저항하는 방어도 점점 어려워진다. 이처럼 극도로 쇠약해진 상태에서 기회주의성 감염이 일어나면, 사람마다 생리적 저항력이 달라 차이가 있을 수는 있으나, 대체로 단시일 내에 죽음에 이른다.

알츠하이머

알츠하이머병 같은 신경 이상 질환으로 인한 사망률이 심혈관 질환이나 암으로 인한 사망률에 비해 훨씬 낮지만, 알츠하이머는 우리에게 가장 내밀한 부분인 인격을 공격한다는 점에서 매우 무서운 질병임이 틀림없다. 모든 자연사 중에서 알츠하이머로 인한 사망만큼 우리 인간들에게만 나타나는 특수하고 충격적인 죽음은 찾아보기 힘들다. 말하자면 생체 기능 정지라는 육체의 죽음을 목격하면서 우리는 그보다 앞서 몇 년 전에 겪어야 했던 우리가 알고 있는 한 인격의 죽음을 재확인하게 되니까 말이다.

1906년 독일 출신 정신과 의사 로이스 알츠하이머에 의해 최초로 묘사된 이후 그의 이름을 따서 부르게 된 이 병은 처음엔 대수롭지 않게 시작한다. 이 병에 걸린 환자들은 일반적으로 잠깐씩 기억을 상실하며, 늘상 해오던 간단한 작업을 수행하는 데 어려움을 보인다. 하지만 병세가 위중해짐에 따라 뇌에서 언어, 감정, 추상적 추리력 등을 관장하는 부분이 손상되며, 결과적으로 환자의 인격 자체에도 커다란 변화를 초래한다. 환자는 외부 사건으로부터 점점 더 거리를 두고 멀어지게 된다.

이러한 일상과의 결별은 신경전달물질 차원에서 일어나는 이상 증세로 인한 단순한 치매와는 다르다. 알츠하이머병은 진정한 의미에서의 퇴행성 질환으로, 이 병에 걸리면 신경섬유의 퇴화와 아밀로이드 플라크(amyloid plaque, 노인성 반senile plaque이라고도 한다)의 축적에 따라 뉴런이 완전히 파괴된다. 이러한 축적 현상은 일부 단백질이 신경세포 내부 또는 외부에서 엉겨 붙으면서 차츰차츰 진행된다. 결과적으로 뇌는 온전한 형태를 유지할 수 없게 된다(표 6). 아밀로이드 플라크가 쌓이게 되면 신경세포에는 치명적인데, 이는 직접적으로 신경세포의 파괴가 이루어질 뿐 아니라 산화와 감염 스트레스에 대한 취약성이 증가하기 때문이기도 하다. 알츠하이머병의 초기 단계에서는 이 덩어리들이 주로 기억과 감정을 관장하는 뇌 부위(해마와 편도선)에서 발견되는데, 이 때문에 기억력 감퇴가 이 병을 진단하는 가장 대표적인 증세로 꼽힌다. 병이 진전됨에 따

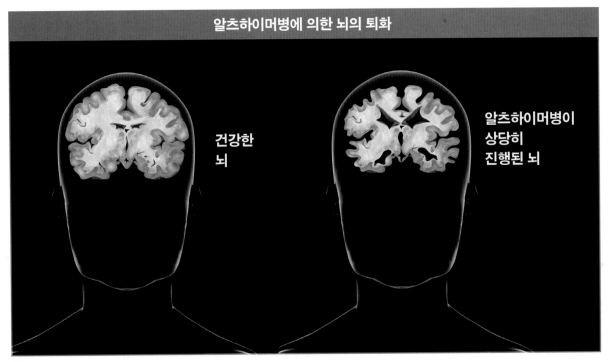

알츠하이머병에 의한 뇌의 퇴화

건강한
뇌

알츠하이머병이
상당히
진행된 뇌

표6

라 주변 부위까지 점차 손상되며, 이로써 모든 지적 능력(이성적 사유, 시각적 판단력, 사회 활동)이 서서히 파괴된다.

뉴런 파괴가 가차 없이 진행됨에 따라, 알츠하이머병에 걸린 환자들은 인지 기능을 상실하게 될 뿐 아니라 뇌가 관장하는 몇몇 기본적인 생체 기능마저 제어할 수 없게 된다. 예를 들어 알츠하이머병이 상당히 진전된 단계에 이르면, 숨을 쉬거나 음식을 삼키는 행위 조절이 어렵게 되며, 따라서 음식물이나 액체가 폐로 들어가기도 한다. 호흡기에 들어간 이물질은 박테리아들의 성장과 감염 부위 확산을 촉진하는 절호의 환경을 제공하며, 결국 박테리아는 폐까지 공격해 들어간다. 이물질 흡입으로 인한 폐렴은 알츠하이머가 상당히 진전된 단계에서 발생하는 가장 흔한 사망 원인이다. 그런데 우리가 알츠하이머병을 그토록 두려워하는 까닭은 그 병이 신체의 퇴화를 가져오기 때문이 아니라 인격의 죽음을 의미하기 때문이다. 사랑받고 사랑하던 사람, 그의 과거와 인생 경험, 인격, 이 모든 것의 죽음을 의미

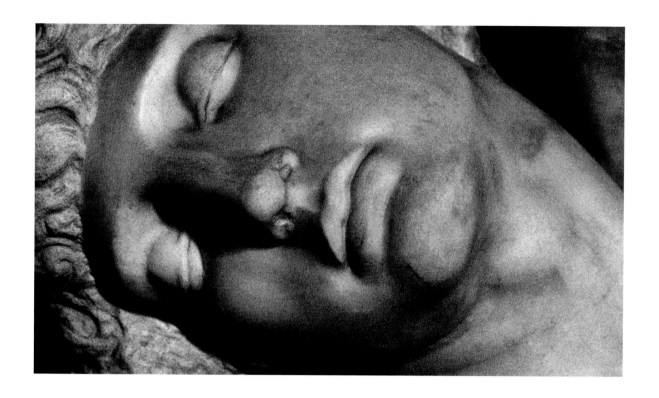

하는 뇌의 물리적 퇴화는 우리가 개인을 정의함에 있어 뇌 조직이 차지하는 중요성을 웅변적으로 말해준다. 한 사람이 죽게 되면, 그와 더불어 뇌의 활동이 낳은 한 인격체의 상당 부분이 함께 사라진다.

안락사

몇몇 심각한 질병, 특히 암을 앓다보면 병세가 깊어짐에 따라 병으로 인한 고충이 너무 커져 더 이상 나을 수 있으리라는 희망이 보이지 않는다. 임박한 죽음에 직면하게 되면, 환자의 생명을 구하기보다는 완화요법 (palliative care, '보호하고 북돋다'라는 뜻의 라틴어 pallium에서 유래)을 통해 환자가 겪는 임종의 고통을 최대한 줄여주는 데 힘을 쓰기도 한다. 모르핀처럼 강력한 진통제를 처방해서 신체적 고통을 덜어주거나 환자와 그의 가족들에게 심리적·영적 지원을 제공하는 식이다. 이러한 접근 방식은 생명 과정이 자연스럽게 마무리되

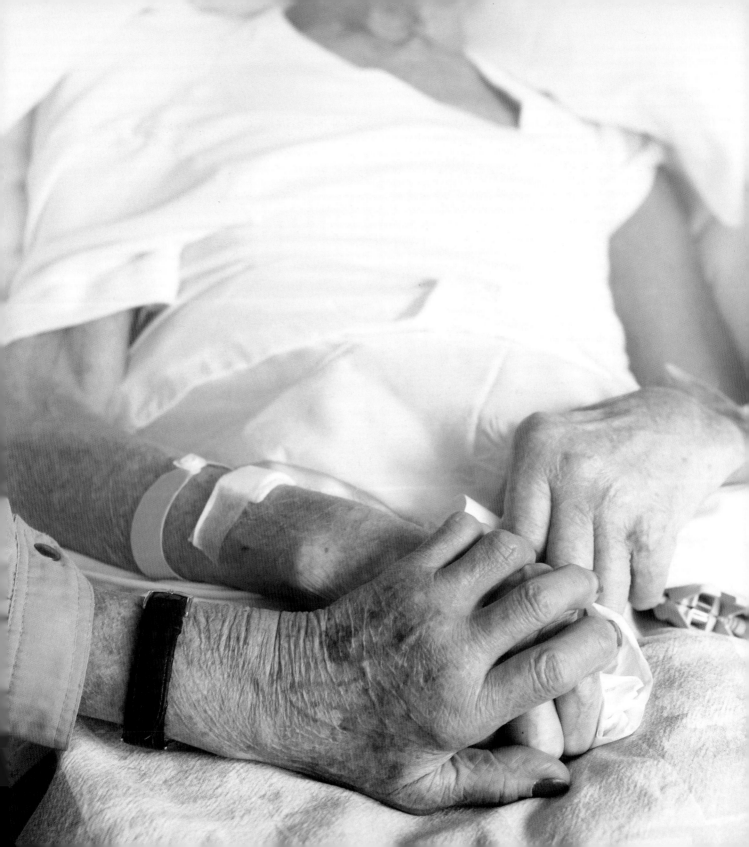

도록, 다시 말해서 인위적으로 죽음을 앞당기거나 늦추지 않으면서 최대한 당사자의 삶의 질을 높여주는 데 중점을 둔다. 하지만 그런 조건에서라면 살고 싶지 않고, 이렇게 해서 맞는 생의 마지막 순간은 자율성의 상실이며 삶의 질 저하, 존엄성 훼손이라 생각하는 사람들도 있다. 이 부류에 속하는 말기 환자들은 스스로 자신의 고통에 종지부를 찍을 권리를 요구한다. 그런가 하면 이와는 반대로 임종의 고통은 최대한 줄여가면서, 다시 말해서 적극적으로 완화요법을 수용하면서, 생명의 흐름을 자연에 맡기는 사람들도 있다. 삶의 마지막 순간을 스스로 통제하고자 하는 환자들의 의지로 인하여 불거진 도덕적·윤리적·법적 논란은 현재 이 문제가 안고 있는 여러 어려움을 고스란히 드러낸다.

그리스어에서 '좋은 죽음'을 의미하는 euthanatos에서 파생된 euthanasia, 즉 안락사는 회복이 불가능한 환자가 감내해야 하는, 질병으로 인한 통증 혹은 임종의 고통을 줄여주기 위해 인위적으로 죽음을 촉발하는 행위라 정의할 수 있다. 안락사는 고대 그리스나 로마에서도 이미 있어왔다. 끔찍한 고통을 겪는 환자들이 주치의가 제공해준 독약을 먹고 자살하는 사례가 드물지 않았던 것이다. 소크라테스나 플라톤, 세네카 같은 철학자들이 용인한 이러한 관습에 대해, 현대의학의 아버지라 불리는 히포크라테스는 강력하게 반대했다. 서양의학에서는 히포크라테스의 입장이 전통처럼 전수되었으며, 오늘날까지도 그의 이름을 딴 선언서(「나는 어떠한 경우에도 고의로 죽음을 촉발하지 않겠습니다」)에 분

명하게 명문화되어 있다. 이 같은 반대 입장은, 생명을 신의 손이 개입한 구체적인 행위의 결과물, 인간이 제멋대로 좌지우지할 수 없는 선물로 간주하는 일부 종교에서 주도한 운동과 맞물려 한층 강화되었다.

그러나 말기 환자들이 겪는 끔찍한 고통이라는 가혹한 현실은 늘 인간적인 연민을 불러일으키며, 이들 가운데 상당수는 이와 같은 고통에 종지부를 찍을 수 있는 평온한 죽음을 요구해왔다.

현재 안락사와 관련해서 벌어지고 있는 논란은 매우 복잡한 양상을 띠는데, 이는 서로 다른 사상과 입장이 부딪치기 때문이다.

> '의학의 아버지'로 추앙받는 그리스 의사 히포크라테스
>   (기원전 460~377년 무렵)의 초상

크게 보아 인간이 지닌 가장 고귀한 세 가지 속성, 즉 아픈 사람들을 돌보아주려는 마음, 생명의 유일무이성에 대한 인식, 그리고 연민, 이 세 가지가 충돌하면서 벗어나기 어려운 딜레마에 빠져들게 되는 것이다.

현재 네덜란드와 벨기에, 룩셈부르크만이 치료 불가능한 질병에 한해서, 매우 엄격하게 정해진 규범에 따라야 하는 적극적인 안락사를 허락하고 있다. 환자의 요청이 있을 경우, 의사는 환자의 고통이 견딜 수 없을 만큼 심한지, 그가 앓고 있는 질병이 치료 불가능한 것이 확실한지, 삶에 종지부를 찍고 싶어 하는 그의 바람이 돌이킬 수 없이 확고한지 여부를 살펴야 한다. 의사는 또한 독립적인 판단을 할 수 있는 한 명 이상의 다른

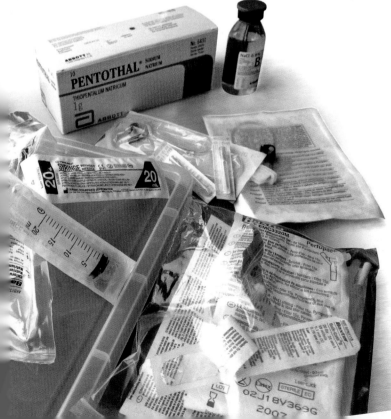

의사의 의견도 구해야 한다. 그런데 때로는 환자 스스로가 자신의 의사를 표명하는 것이 불가능하므로, 법은 불치의 병에 걸린 환자가 혼수상태이고, 회복이 불가능한 상태라 판단될 경우, 안락사를 원한다는 그의 소망을 다른 사람이 문서로 작성하는 것도 허락한다.

안락사 요청이 법 조항에 위배되지 않을 경우, 환자는 일반적으로 티오펜탈나트륨 같은 진통제를 정맥 내에 주사하여 죽음을 맞이한다. 이후 환자가 깊은 혼수상태에 빠진다면 강력한 근육 이완제인 브롬화판큐로늄을 처방하여 호흡을 정지시켜 죽음을 유발한다. 네덜란드에서는 말기암 환자의 6~10퍼센트 정도가 이 방식으로 죽기를 선택한다.

안락사는 의료인의 도움을 받아 이루어지는 자살과는 엄연히 구별되어야 한다. 후자의 경우, 의사가 치사 물질을 처방해주고 밟아야 할 절차를 가르쳐준다고는 해도, 스스로에게 치사량을 주입하는 것은 어디까지나 환자 자신이다. 이 대목에서는 의료인이 개입하지 않는다는 말이다.

의료인의 도움을 받는 자살은 스위스와 미국 서부 세 개 주(오리건, 워싱턴, 몬태나)에서는 합법이다. 이 세 개 주에서 어떠한 형태의 적극적 안락사도 법으로 금지하고 있는 것과는 대조적이다. 벨기에나 네덜란드에서 안락사에 관한 엄격한 규정을 두는 것과 마찬가지로, 의료인의 도움을 받는 자살도 까다로운 절차를 준수해야만 한다. 오리건 주의 경우, 치사 물질을 얻고자 하는 환자는 적어도 나이가 18세 이상으로 불치의 병에 걸려

< 2005년 4월 현재, 자택에서 죽기를 원하는 환자들을 방문할 때 벨기에 의사들이 가져가던 안락사용 도구 일습

앞으로 살 수 있는 기간이 6개월 이하로 예상되며 의사에게 삶을 끝내고 싶다는 본인의 의사를 분명하게 표현해야 한다. 이와 같은 조건이 모두 충족되었을 때라야 의사는 치사량만큼의 펜토바르비탈나트륨이나 세코바르비탈나트륨을 처방한다. 이 두 가지는 신경 중추계를 쇠약하게 하는 강력한 바르비투르산제 계통 약물이다. 이 중에서 한 가지 약물을 입을 통해 주입하고 나서 몇 분이 지나면, 환자는 깊은 혼수상태로 빠져들고 호흡 기능이 마비됨으로써 30분 이내에 죽음을 맞는다. 1998년 이후 오리건 주에서는 해마다 40명 정도가 이 방식으로 자살한다.

윤리적 문제

안락사가 되었건 의료진의 도움을 받는 자살이 되었건, 이 문제에 대해서는 합의를 도출해내기가 어렵다. 삶을 마감하는 순간을 스스로 결정하겠다는 자유 의지에 대해서 모든 사람이 동일한 견해를 가진 것이 아니기 때문이다. 안락사 관련 논의가 시작된 지는 이미 오래되었지만, 지난 여러 세기 동안 이를 옹호하는 쪽이나 반대하는 쪽에서 내세우는 논리를 보면 흥미롭게도 별다른 변화가 없었다(표 7).

안락사 옹호자들에게는 인생의 마지막 순간을 스스로 선택할 수 있다는 가능성은 인간의 기본권에 해당한다. 삶의 질 저하와 친지들에게 가해지는 부담을 받아

안락사 논쟁을 이끄는 찬성자/반대자의 주장

찬성	반대
▪ 환자의 개인적 자유	▪ 안락사의 불법성
▪ 삶의 존엄성과 질	▪ 의사들이 하는 히포크라테스 선서
▪ 환자에게 굴욕을 안기는 고통	▪ 규정이 제대로 지켜지지 않을 위험성
▪ 환자와 가족의 부담	▪ 신자들의 경우 :
▪ 고통스러워하는 자에 대한 연민	▪ 생명의 신성함
▪ 관련 당사자들의 절망감	▪ 고통의 유의미성
	▪ 신만이 유일한 결정권자

표 7   출처: 암 관련 조사 2006년 ; 24 : 621-629

들일 수 없기 때문에 차라리 죽음을 택하려는 사람은 누구나 의사의 적극적인(안락사) 또는 소극적인(의료진의 도움을 받는 자살) 도움을 요구할 수 있어야 한다는 것이 이들의 입장이다. 반면 반대자들은 앞뒤 맥락이 어찌되었건 안락사를 살인, 즉 우리의 기본권인 생명권 위반으로 여긴다. 몇몇 종교에서는 신이 모든 피조물의 절대적인 주인이며 인간은 신의 의지에 반대할 수 없다고 본다. 이 경우, 삶의 마지막 순간에 임박해서 겪는 고통은 전적으로 부정적인 체험이 아니라 오히려 삶의 의미에 대해 성찰하고 자신과 화해할 것을 권유하는 중대한 시련으로 인식된다.

종교가 도처에 편재하며 국가 권력과 불가분의 관계에 있는 사회에서라면, 안락사나 의료진의 도움을 받는 자살 문제가 비교적 쉽게 해결될 수 있다. 생명의 신성함이 다른 모든 고려에 우선하기 때문이다. 하지만 세속적인 사회에서라면 문제는 이보다 훨씬 복잡하다. 종교가 사적 영역에 속하며 국정과 분리되었다고는 해도, 이제까지 법을 제정하는 과정에서 막강한 영향력을 행사했을 뿐 아니라 오늘날에도 여전히 도덕적·법적 가치 면에서는 결코 무시할 수 없는 위치를 차지하고 있기 때문이다. 인종과 국적, 성적 취향, 종교 등과 상관없이 시민이라면 누구나 자유롭게 행동할 수 있는 권리를 갖는다고 인정하면서도, 대부분의 나라에서 불치의 병에 걸렸을 때 스스로 자신의 삶을 끝낼 수 있는 자유까지는 허락하지 않는 것도 다 그런 이유 때문이다. 예를 들어 캐나다에서 안락사는 권리와 자유에 관한 캐나다

헌장 제7조에 위배된다. 환자의 생명을 구할 수 있는 아무런 치료 수단이 없다고 할지라도 생명권이 생명을 단축하는 모든 의료행위에 우선권을 갖는다고 법에서 정하고 있다.

안락사와 의료진의 도움을 받는 자살은 우리가 깊이 생각해보아야 마땅할 진지한 도덕적 문제를 제기한다. 주민의 노화와 고통의 유의미 또는 무의미라는 문제가 우리 앞을 열어줄 새로운 길에 어떤 이정표를 세울 것인가? 어떻게 해야 가장 힘없는 자들을 보호하면서도 선진화된 사회에서 필수적인 개인의 자유까지 보장할 수 있을 것인가?

> 브루스 터너, 〈임종을 앞둔 사람〉

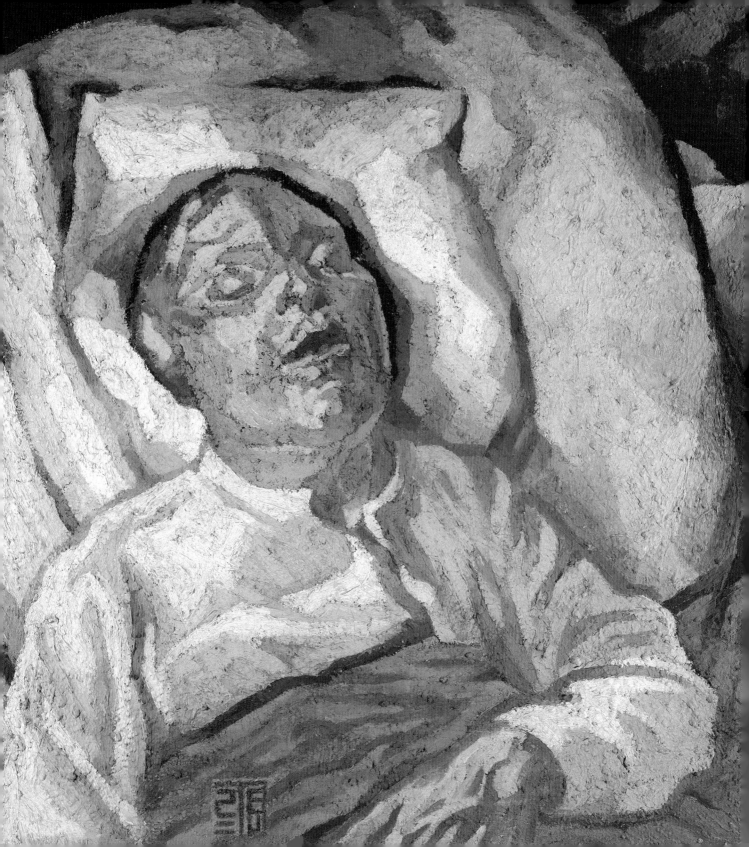

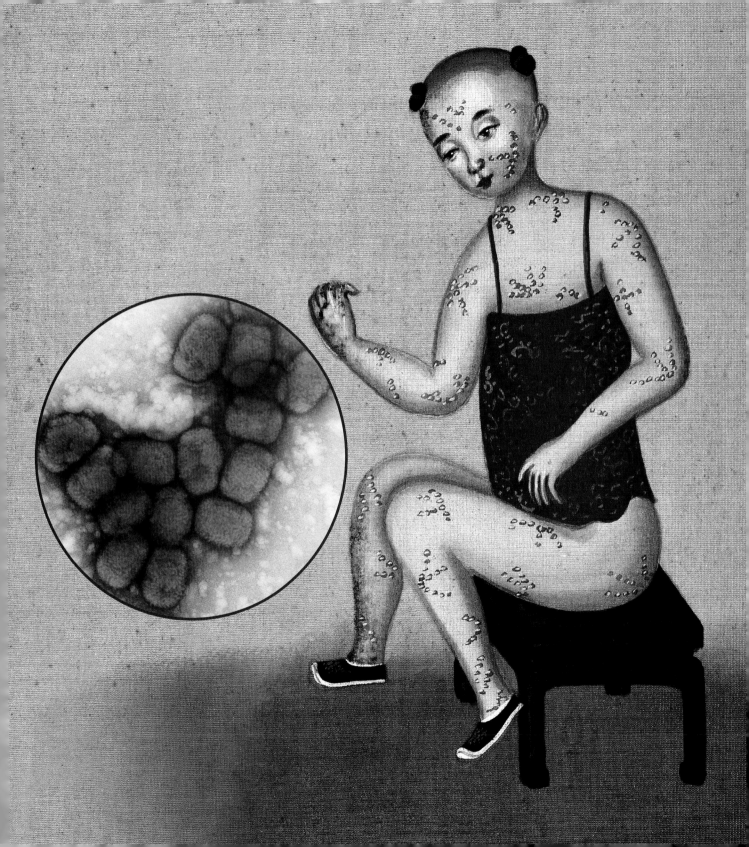

6장

감염으로 인한 죽음

신사 여러분, 최후까지 살아남는 건 미생물일 겁니다.

— 루이 파스퇴르(1822~1895)

그리스 신화의 유명한 일화 가운데 호기심을 이기지 못한 판도라가 제우스 신의 명령을 어기고, 에피메테우스와의 결혼 선물로 받은 봉인된 상자를 여는 이야기가 있다. 이 상자를 열자 노화, 질병, 전쟁, 굶주림, 빈곤, 광기, 죄악, 속임수, 정념 등 인류를 괴롭히는 모든 재앙이 쏟아져 나오면서 판도라는 불행에 빠진다. 상자를 빠져나온 이 모든 재앙은 세계 곳곳으로 퍼져나가 인간에게 고통을 선사한다. 겁에 질린 판도라는 서둘러서 상자를 닫는다. 하지만 불행하게도 때는 이미 늦었다. 모든 재앙은 이미 다 빠져나가고 오직 희망만이 상자 밑바닥에 남아 있었기 때문이다.

일상에서 늘 마주치는 시련이 인간의 나약함과 초자연적인 존재들의 막강함이 충돌해서 빚어지는 결과임을 시적(詩的) 은유를 통해 설명하는 이 신화는 자신들이 살고 있는 세상에서 일어나는 비극적인 사건들을 겪으며 당혹스러워하는 인간의 모습을 보여준다.

신비스러운 판도라의 상자에서 빠져나온 모든 재앙 중에서 질병, 그중에서도 특히 감염성 질병이 인류 문명이 대면해야 하는 주요 시련이라는 주장에 이의를 제기하기란 쉽지 않다. 흑사병, 천연두, 매독, 결핵, 홍역, 학질, 콜레라, 독감, 에이즈, 이외에도 박테리아나 바이러스, 기생충 등에 의해서 발생하는 수백여 종의 질병이 인류 역사가 지속되는 기간 내내 무수히 많은 인명을 앗아가고 심지어는 문명을 통째로 멸망시키면서 고통과 절망, 공포를 안겨주었기 때문이다(141쪽 박스 내용 참조).

오늘날까지도 감염성 질환에 대해 느끼는 인간의 두려움은 거의 본능적이라 할 만하다. 이는 수천 년 동안 대를 물려가며 전해진 지식에도 불구하고 가까운 사람들의 연쇄적인 죽음을 막을 수 없다는 절망감에서 비롯

< 　전자현미경으로 본 천연두 바이러스
< 　천연두에 걸린 아이(작자 미상)

한다. 오래도록 감염성 질환은 전지전능한 신, 죄를 범하고 신의 뜻에 순종하지 않는 인간들 때문에 노한 신이 내리는 벌로 인식되었다. 말하자면 인간은 이처럼 그들의 능력으로는 도저히 이해할 수 없는 현상에 신을 끌어들임으로써 의미를 부여하려 한 것이다. 아닌 게아니라, 건강하고 활기차던 사람이 갑자기 열이 나더니 피부에 불긋불긋 발진이 돋아나 흉측한 모습으로 변하거나, 배가 아파 속에 있던 것을 모두 비우고 며칠 만에 죽어버리는 일을, 신의 뜻이 아니라면 달리 어떻게 설명할 수 있단 말인가?

이 같은 당혹감은 얼마든지 이해할 수 있다. 이러한 갑작스러운 죽음이 미생물의 활동에 의한 것임이 널리 알려진 오늘날까지도 전염병이 일단 출현하면 집단 상상력을 강력하게 흔들어놓을 수 있는 의학적 사건으로 받아들여진다. 21세기 초반만 하더라도 조류독감(H5N1)과 신종플루(H1N1)가 전 세계적으로 유례없는 여론과 언론몰이를 했다. 이 두 질병으로 인한 사망자수가 지극히 제한적이었던 점을 고려한다면 이처럼 대대적인 관심은 지나친 면이 없지 않았다.

이처럼 신문지상을 가득 채웠던(이 두 질병이 주로 선진국 주민들을 위협했기 때문이었을 것이다) 예외적인 사례가 아니더라도, 감염성 질환이 오늘날에도 여전히 지구 전 지역 주민들의 생명에 위협이 되고 있음을 감안할 때, 우리가 이 질환에 대해 두려워하는 것은 어쩌면 당연한 일이다. 세계보건기구의 통계에 따르면, 바이러스, 박테리아 또는 기생충이 원인이 되어 해마다 세계

∧ 판도라와 상자를 묘사한 그리스 조각

에서 1천 4백만 명이 목숨을 잃는다. 이는 한 해 사망자 전체의 20퍼센트에 해당하는 수치다. 전체 사망의 절반을 차지하는 에이즈, 결핵, 학질 외에 설사와 관련된 수많은 질병, 기생 생물에 의한 심각한 열대성 질환(말라리아, 수면병 등), 해마다 50만 명의 희생자를 내는 유행성 독감 등, 감염성 질병은 무궁무진하다. 암 질환의 15퍼센트, 특히 이들 중에서 치료가 거의 불가능한 몇몇은, 박테리아나 바이러스에서 출발한다는 사실도 잊지 말아야 한다. 이러한 질병들이 세계의 특정 지역에서는 주요 사망 원인으로 꼽힌다. 이번 장 첫머리에 인용한 파스퇴르 박사의 비관적인 선언은 불행하게도 현실을 있는 그대로 반영하고 있다. 미생물은 분명 인간이라는 종을 위협하는 무시무시한 포식자이다. 이들은 엄청난 파괴력을 지닌 살인 병기인 것이다.

바이러스로 정복하다

스페인 정복자들에게 묻어간 감염성 질병은 잉카와 아즈텍 제국의 멸망에 결정적인 역할을 했다. 스페인이 이들에 비해 군사적으로 절대적 우위에 있었다고는 해도, 또 다른 살인병기, 즉 천연두라는 무시무시한 질병을 가져가지 않았더라면, 그처럼 빠른 시일 내에 아즈텍인들을 정복할 수는 없었을 것이다. 당시의 유럽인들은 여러 세기를 거치면서 이 질병에 대해 어느 정도 면역력을 축적한 반면, 아메리카 원주민들은 그때까지 천연두를 일으키는 바이러스(*Variola major*)와 아무런 접촉이 없는 상태였다. 불과 약 한 세기 만에 무려 열아홉 가지 전염병이 그곳 주민들을 공격했다. 그 결과, 대륙 발견 당시 멕시코 계곡 한 곳에만도 120만 명의 주민이 살았던 것과는 대조적으로, 그로부터 한 세기가 지난 1650년에 이곳 주민 수는 7만 명에 불과했다. 이러한 원주민의 떼죽음은 제프리 애머스트 경에게 카리용 요새를 정복하겠다는 야심을 심어주었다. 아메리카 원주민들이 프랑스 편에 붙어 요새 방어에 나서지 못하도록 애머스트 경은 원주민들에게 천연두 균이 묻은 담요를 지급했다. 그 결과 원주민들 사이에 전염병이 대대적으로 창궐했으며, 주민 대부분이 목숨을 잃자 애머스트 경은 힘들이지 않고 요새를 손에 넣었다.

> 천연두 바이러스에 감염된 아이

미생물 제국

문자 그대로라면 '작은 생명체'를 뜻하는 '미생물'이라는 용어는, 박테리아나 바이러스, 기생충을 막론하고, 육안으로 볼 수 없는 모든 생명체를 뭉뚱그려 말하는 포괄적인 용어이다. 미생물이 비록 35억 년 전에 생명의 기원으로 여겨지는 원시 액체에서 제일 먼저 떠오른 생명체에 속한다고는 하나, 실제로 이들의 존재가 밝혀진 것은 17세기에 들어와 현미경이 발명된 이후의 일이다. 그때까지는 알려지지 않았던 이들의 존재에 대해서 오늘날의 우리는 뚜렷하게 구별되는 수천 종으로 이루어진 미생물이야말로 숫자상으로나 다양성으로나 단연 지구상에서 가장 압도적인 존재임을 잘 알고 있다 (표 1).

미생물의 절대적 대다수는 우리 인간에게 전혀 무해하다. 하지만 일부는 대단히 위협적이다. 과거부터 현재에 이르기까지 감염성 질환으로 사망한 사람의 수가 엄청나게 많다는 사실만 보아도 알 수 있다.

감염성 질환은 정의상 개체 사이의 전달을 필요로 하는 만큼, 그 같은 질병의 출현은 인류 역사에서 비교적 최근의 일이며, 대부분의 경우 인간이 공동체를 이루어 정착 생활을 하기 시작한 시기, 다시 말해서 인구 밀도가 제법 높아진 시기와 일치한다. 사냥과 채집 생활을 하던 구석기 시대 유목민들(동굴 인간)의 뼈를 분석한 결과, 이들은 대체로 감염성 질환과는 무관했음이 드러났다. 신석기 시대가 이룩한 혁명이 가져온 인구 증가는 학질이나 결핵, 소아마비, 홍역, 풍진, 천연두, 인플루엔자, 흑사병과 같은 심각한 질병도 폭발적으로 증가시켰다. 공동체 내로 인구가 모여드는 밀집 현상이 고조됨에 따라 감염성 질병도 무서운 기세로 확산되었으며, 비축해둔 식량에 이끌린 설치류가 퍼뜨리는 질병이 출현하기 시작했다. 짐작컨대, 특히 중세의 경우, 위생 관련 조건도 최적의 상태는 아니었으리라고 추측해볼 때, 이는 치명적일 수 있는 수많은 전염병이 확산되기에 이상적인 환경이었을 것이다(146쪽 박스 내용 참조).

소수 집단인 인간	
생명체	**총 개체수**
바이러스	10,000,000,000,000,000,000,000,000,000,000
박테리아	1,000,000,000,000,000,000,000,000,000,000
곤충	10,000,000,000,000,000
인간	**6,700,000,000**

표 1

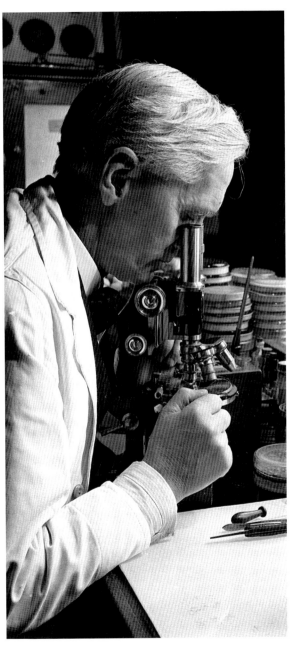

∧ 루이 파스퇴르. 프랑스 출신 과학자로 그가 백신 개발을 위해 기울인 연구는 의학의 지대한 업적으로 평가된다.

∧ 알렉산더 플레밍 경은 1928년 박테리아 감염 치료에 혁명을 가져오게 될 항생제 페니실린을 발견했다.

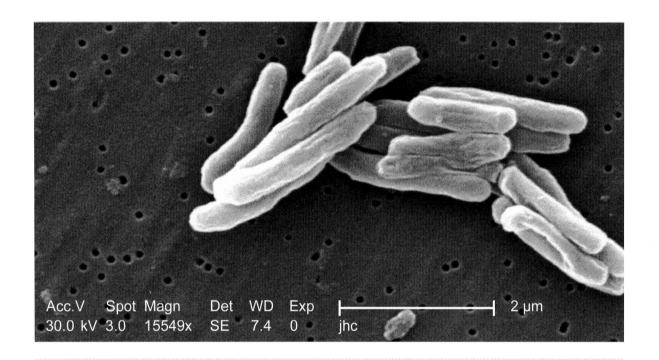

Acc.V   Spot   Magn   Det   WD   Exp   2 µm
30.0 kV   3.0   15549x   SE   7.4   0   jhc

극한 상황에서 생존하는 박테리아

바닷물 한 방울은 거의 1천만 개의 바이러스성 입자들을 포함하고 있다. 여러분 정원의 흙 1그램 속에는 10억 개가 넘는 박테리아가 들어 있다. 미생물의 세계는 정말이지 그 자체로 완전히 별개의 세상이다. 대단히 복잡한 이 세계는 처음으로 생겨난 후 지난 35억 년이라는 시간을 알뜰살뜰 유용하게 잘 이용해서 스스로 다양해지며 지구 구석구석을 식민지화하는 개가를 올렸다. 심지어 매우 극한적인 조건에서도 사는 유기핵이 없는 박테리아들이 속속 발견되고 있다.

가령 술폴로부스 아시도칼다리우스(Sulfolobus acidocalda-rius)라는 박테리아는 뜨겁고(85℃) 산성이 강한 곳에서 살며, 할로박테리움 살리나룸(Halobacterium salinarum)이라는 박테리아는 대단히 염도가 높은 물에서 산다(홍해의 물이 분홍빛을 띠는 건 이 미생물 때문이다). 그런가 하면 그린란드에서 채취한 얼음 표본에서는 깊이 3킬로미터나 되는 곳에서 활동하면서 메탄을 만들어내는 박테리아가 발견되었다. 다행히 이런 박테리아들은 대부분 인간에게 전혀 무해하다고 한다!

<   로베르트 코흐는 결핵균과 콜레라균을 발견한 업적으로 1905년에 노벨상을 수상했다.

^   전자 현미경으로 본 결핵균(Mycobacterium tuberculosis)

불결함과 질병

위생을 뜻하는 'hygiene'이라는 단어는 히기에이아(Hygiea), 즉 건강과 청결을 관장하는 그리스 여신의 이름에서 파생되었다. 히기에이아는 의학의 신인 아스클레피우스의 딸로 건강 유지 면에서 중요한 역할을 하며 매우 강력한 권한을 지닌 여신으로 알려져 있다. 감염성 질병 예방에 있어서 위생의 중요성을 고려한다면 당연한 대우가 아니겠는가! 고대 문명(이집트, 그리스, 중국, 로마 제국)이 대체로 위생과 도시 청결에 관심을 기울였던 것과는 대조적으로 중세는 그야말로 불결함의 황금시대였다. 공중 목욕탕이 많아서 개개인은 그런 대로 어느 정도 청결을 유지할 수 있었지만, 사회 구조적인 차원에서의 '오물 관리' 수준은 한마디로 재앙에 가까

웠다. 도시에서는 집집마다 창문을 통해 오물을 직접 도로변에 버리는 통에, 길거리를 마음대로 돌아다니던 짐승들의 배설물과 한데 뒤섞이기 일쑤였다. 사람들이 아무리 "물 조심하세요" 또는 "바닥을 잘 살피세요"라고 외쳐봐야 소용없었다. 깨끗함을 유지하며 거리를 돌아다닌다는 건 거의 마술이나 다름없었다.

유럽의 대도시에서는 예외없이 악취가 진동했지만, 그중에서도 파리의 상황이 최악이었다. 이 문제에 대해서 당시에도 이미 많은 글이 쏟아져 나왔다. 하수도 시설의 부재로 진흙투성이 도로는 각종 오물들로 넘쳐났다. 특히 도살장과 정육점 주변엔 가죽 벗겨진 짐승들의 배설물, 피, 내장들이 길바닥이며 인도에 여기저기 널려 있었다. 이 불결한 상황을 바로잡기 위해 왕이 여러 차례에 걸쳐서 발표한 칙령도 다 소용없었다. 19세기 후반 오스망 남작이 대대적인 도시 정비 사업을 실행에 옮긴 이후에야 비로소 파리는 유럽에서 가장 불결한 도시라는 오명을 벗을 수 있었다.

불결한 위생 상태는 전염을 부추긴다. 유기물 쓰레기가 병의 원인이 되는 미생물(가령, 콜레라 균)의 번식과 전파를 촉진할 뿐 아니라, 들쥐처럼 질병(흑사병)의 매개가 되는 인자들에게 풍부한 양분을 제공하는 공급처가 되기 때문이다. 아마도 20세기 들어와 감염성 질환이 눈에 띄게 줄어들게 된 데에는 대단한 의학적 발견보다 단순한 위생 조건의 개선이 더 크게 공헌했을 것이다.

확대경 아래에서 자행되는 살인

육안으로는 볼 수도 없는 미생물들이 어떻게 단 며칠 만에, 아니 심지어는 몇 시간 만에 인간을 쓰러뜨릴 수 있단 말인가? 여러 가지 미생물이 일으키는 질병은 그 것들 각각이 죽음을 유발하는 과정을 세세하게 설명하기에는 그 종류가 너무도 많다. 하지만 인류 역사에서 무시무시한 살인마로 통하는 몇몇은 그 가공할 만한 파괴력으로 인하여 다른 질병들보다 좀 더 특이한 방식으로 우리의 상상력을 자극한다. 역사적으로 볼 때, 흑사병과 콜레라는 아마도 감염성 질환이 인간에게 얼마나 무서운 재앙일 수 있는지를 보여주는 가장 대표적인 예(박스 내용 참조)라 할 수 있다. 오늘날 선진국 주민들에게는 인플루엔자와 에이즈 바이러스가 가장 위협적인 미생물이다.

흑사병

박테리아와 설치동물, 벼룩과 인간. 감염성 질환에 대해 우리가 현재 느끼는 공포의 상당 부분은 서기 시대가 시작된 이후 두 차례에 걸쳐 유럽과 아시아를 강타한 흑사병이라는 전염병으로 인한 끔찍한 트라우마에서 비롯된다. 두 차례 중에서 우리가 비교적 잘 아는 이른바 '대흑사병' 사건은 1347년에서 1351년까지의 기간 동안 일어났다. 크리미아 반도(흑해)에 위치한 카파라는 곳에서 시작된 이 전염병은 거의 유럽 전역을 휩쓸었으며, 최소한 2천 5백만 명의 희생자를 냈다. 이 무렵의 상황을 기록한 수많은 연대기들은 전염병으로 인한 참상을 다음과 같이 묘사했다.

"(…) 3월부터 7월 사이에 페스트 때문이었든, 극심한 공포에 시달리는 건강한 사람들 때문에 환자들이 제대로 치료받을 기회조차 없었던 간에, 여하튼 피렌체 성문 안에서

만도 10만 명 이상이 목숨을 잃었다. (…) 활기 넘치던 남자, 아름다움을 뽐내던 여자, 젊음을 자랑하던 청년 등, 갈레노스, 히포크라테스 또는 아스클레피우스같이 쟁쟁한 의사들도 의심할 여지없이 건강하다고 판정했을 사람들이 부모나 배우자, 친구들과 함께 아침 식사를 잘하고 나더니, 저녁

은 고인이 된 조상들과 함께 먹는 처지가 되었다(보카치오의 『데카메론』, 1348~1353)."

요컨대 절대적이고 사납고 인정머리 없는 병이었다. 그 병에 맞서서 완전히 속수무책이었던 의사들은 자신들의 임무를 수행하기 위해 희한한 수단을 동원하기도 했다(150쪽 박스 내용 "페스트를 무찌르는 전사" 참조). 이로 인한 엄청난 사망률은 유럽 문명의 근간을 송두리째 흔들었으며, 여러 관점에서 다음에 이어지는 역사의 향방에 결정적인 영향을 끼쳤다.

흑사병은 예르시니아 페스티스(*Yersinia pestis*)라고 하는 박테리아가 일으킨다. 이 박테리아는 자연 상태에서 벼룩을 매개로 설치류를 감염시킨다. 감염 방식은 상당히 기발하다. 벼룩의 소화기관 내에서 증식을 거듭한 박테리아는 서서히 식도를 막아 벼룩이 양분을 섭취하는 것을 방해한다. 배가 고픈 벼룩은 설치류 짐승들을 닥치는 대로 물어뜯는다. 쉬지 않고 이놈 저놈 물어뜯지만 배고픔은 해소되지 않는다. 설치류의 몸에서 뽑아낸 피가 박테리아가 벼룩의 위 입구에 박아놓은 '마개'에 막혀 녀석의 뱃속으로 전달되지 못하는 것이다. 하는 수 없이 벼룩은 빨아들였던 피를 상처 부위에 도로 토해낸다. 그러면서 동시에 설치류를 감염시키게 된다. 배가 고파질수록 벼룩은 점점 더 많은 설치류 짐승들을 물어뜯지만, 양껏 배를 채우지 못하고 박테리아만 곳곳에 퍼뜨려준다.

인간은 어쩌다가 흑사병 전달자의 위치에 놓이게 된다.

불결한 위생 환경 등으로 인하여 우연히 감염된 설치류 짐승 가까이에 있게 되면서 자신도 모르게 박테리아 번식 경로에 한몫 끼게 되는 것이다. 보균자 벼룩이 사람을 물어 벼룩의 몸에 있던 박테리아가 사람의 혈액 속으로 들어가게 되면, 박테리아의 표면에 있던 한 무리의 단백질들이 사람의 면역 반응을 무력화시키고, 이어서 림프질 속으로 옮겨 간다. 이렇게 되면 현기증 나는 속도로 증식을 거듭하여 림프질 내에서 불룩하게 부어오르며(서혜 임파선종), 이때 심한 통증을 동반한다. 부종은 작은 사과 크기만큼 커지기도 한다. 임파선종창 박테리아들은 혈액 순환을 통해 온 몸으로 퍼져나가면서 면역체계의 염증분대와 한바탕 전투를 치른다. 이는 전반적인 상태 저조와 고열(40℃) 증세로 쉽게 알 수 있다. 단기적으로는, 혈액 속에 박테리아가 자리 잡게 됨에 따라 좁은 혈관엔 혈전이 생기게 되며, 이 때문에 혈액이 원활하게 각 기관으로 공급되지 못하면서 심혈관 허탈 상태, 즉 혈압 저하 현상이 나타난다. 대부분의 경우(감염자의 70퍼센트가량), 최초로 증상이 나타난 지 사흘에서 닷새 안에 간, 비장, 뇌막, 폐 등으로 증세가 전이됨으로써 사망에 이른다. 카이사레이아의 프로코피우스가 543년, 유스티니아누스 대제 시절 콘스탄티노플에 휘몰아친 흑사병에 대해 이미 설파했듯이, 흑사병에 감염된 환자들 중 일부는 "피를 토하면서 죽어갔다." 그가 묘사한 폐 흑사병은 벼룩 같은 매개자 없이 사람에서 사람으로 직접 옮아갈 수 있으므로 매우 위험한 병이다. 짧은 보균 기간(몇 시간에서 이틀 정도)이 지나면 회저와 출혈을 동반한 폐렴성 손상과 고열(40℃), 기침(박테리아가 포함된 기침), 각혈, 호흡 곤란이 나타나면서 병이 갑작스럽게 시작된다. 이때부터 벌써 환자의 전반적인 상태는 심각하게 악화된다. 병은 폐 전체로 확산되며, 신경 기능 장애(정신착란, 탈진), 피하 출혈, 심혈관 허탈 상태 등이 관찰되면서 신속하게 죽음을 향해 치닫는다. 서혜 임파선종 흑사병에 걸린 사람들 중에서 3분의 1가량은 병을 이겨내지만, 폐 흑사병은 걸린 사람들 거의 대부분이 목숨을 잃을 정도로 치명적이다.

페스트를 무찌르는 전사

루이 13세의 최초의 주치의였던 샤를르 드 로름(1584~1678)은 그림에서 보는 이 희한한 복장을 고안해냈다. 일반적으로 백색으로 제작된 마스크를 보면 부리를 연상시키는

길이 16센티미터의 코가 단연 눈길을 끈다. 이 코는 주변 공기를 "정화시키며", 그보다 환자들과 사망자들에게서 나는 악취를 물리친다는 명목으로 그 안에 각종 허브와 향신료, 향수를 채워 넣었다. 가죽에 왁스를 바른 소재로 제작한 외투 속에는 대개 발목이 올라오는 장화와 그 장화에 연결된 가죽 반바지, 단색의 가죽 셔츠를 입었으며, 셔츠의 밑부분은 바지 속으로 넣어 입었다. 여기에 안경과 가죽 모자까지 더해져 초현실적인 분위기가 완성된다. 이런 복장을 한 흑사병 의사가 시체들과 죽어가는 환자들 사이를 누비고 다니면서 긴 막대기로 고통스러워 울부짖는 환자들의 환부를 헤집는 광경은, 직접 보진 못했어도, 분명 질병이 불러온 묵시록적인 분위기를 한층 더 을씨년스럽게 만들었을 것이다.

콜레라

흑사병만큼 치명적이지는 않더라도, 콜레라 또한 신속하게 사람을 죽일 수 있는 무서운 질병이다. 심각하게 감염되었을 경우라면, 단 몇 시간 만에 건강한 사람의 목숨을 빼앗을 수도 있다. 콜레라는 치명적인 장 질환을 뜻하는 '비수쉬카(bisuchika)'라는 이름으로 인도 고대 의학서인 『수크루타사미타Sucrutasamhitâ』에서 처음으로 묘사된 이후 오래도록 이 지역에서 성행하는 전염병이었다. 질병을 일으키는 감염 인자는 비브리오 콜레라(Vibrio cholera)라고 하는 박테리아로, 이 세균은 특히 주민들이 가져다버린 오물들로 오염된 습기 많은 곳에서 왕성하게 번식한다. 콜레라 균은 매우 강력한 독성물질을 만들어내는 특성을 지니고 있는데, 이 유독성분은 장벽을 뚫고 들어가 나트륨 흡수를 관장하는 주요 단백질의 활성을 억제한다. 그 결과, 하루에 10~12회 혹은 그보다도 자주 설사를 하게 되어 몸 안의 수분이 대량으로 빠져나가며, 이는 인체에 매우 심각한 영향을 끼친다. 체내 수분을 대량으로 잃게 되면 하이포볼레믹(hypovolemic), 즉 혈액 순환이 원활하게 이루어지는 데 필요한 액체가 부족한 상태에 이른다. 탈수가 계속 진행되면 환자는 창백해지며 손발 끝부분은 파랗게 혹은 검게 변하기도 한다. 이는 혈액 속에 산소가 부족할 때 나타나는 청색증 증세이다. 참고로, '무서워서 새파랗게 질리다'라는 표현은 1832년 프랑스에 몰아친 콜레라 광풍 이후 생겨났다. 콜레라는 무서운 병

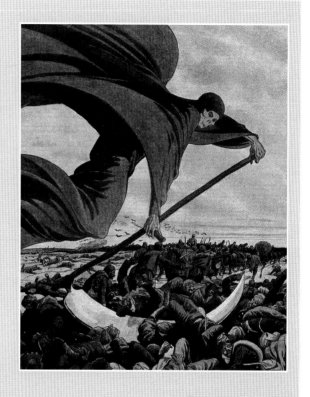

으로, 환자의 사망 후에도 맹위를 떨칠 수 있다. 극도의 탈수 상태가 근육 경련을 일으킴으로써 시신의 수축이나 떨림 현상이 일어나는 경우가 있기 때문이다. 이러한 특성 때문에 민간에서는 죽지도 않은 사람을 산 채로 파묻는다는 식의 속설이 떠돌기도 한다.

추운 나라에서 온 바이러스

'인플루엔자(influenza)'라는 단어는 십중팔구 18세기 이탈리아에서 추운 날씨로 인한 감염을 가리키기 위해 만들어낸 'influenza di freddo'(추위의 영향을 의미)라는 표현에서 유래했을 것이다. 우리는 겨울 하면 독감이 유행하는 계절이라고 알고 있다. 독감을 유발하는 바이러스는 기온이 낮고 습도 또한 낮을 때 훨씬 잘 전달되는데, 이 두 가지 요건이 모두 겨울에 나타나는 특성이기 때문이다. 손으로 눈이나 코, 입 등을 만짐으로써 확산되는 감기 바이러스(리노바이러스)와는 달리, 인플루엔자는 기침이나 재채기 때 만들어지는 에어로솔이 주요 전달 창구 역할을 한다. 기침 한 번 할 때 10만 개의

미립자가 만들어지며, 재채기를 할 때는 이 숫자가 2백만 개까지 올라가기도 한다. 그런데 한 사람을 감염시키는 데에는 열 개의 바이러스 미립자만으로도 충분하니, 독감에 걸린 사람이라면 기침할 때 반드시 팔뚝으로 입을 막는 정도의 센스는 보여야 할 것이다!

인플루엔자 바이러스는 A형, B형, C형, 이렇게 세 가지로 구분한다. 이 중 A형이 가장 위험하다. A형 바이러스에도 여러 종류의 변이체(돼지, 말, 개를 비롯하여 몇몇 온혈·척추동물)가 존재하는데, 아무래도 자연 상태에서는 조류가 이 바이러스의 주요 보유자로 꼽히며, 조류 바이러스만 하더라도 90종이 넘는다. 감염성 질환의 대다수가 그렇듯이, 인플루엔자는 지금으로부터 약 1만 년 전, 인간이 땅을 일구고 바이러스에 감염될 확률이

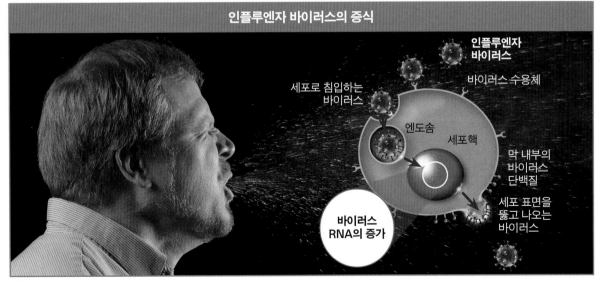

표 2

높은 짐승들을 가축으로 길들이기 시작하면서 처음으로 인간에게 전달되었다.

다른 모든 바이러스들처럼, 인플루엔자 바이러스도 그 자체로는 살아 있는 생명체라고 할 수 없다. 독자적으로는 번식하지 못할 뿐 아니라 그러기 위해서는 반드시 세포를 이용해야 하기 때문이다. 이러한 특성은 종의 번식을 위해 반드시 필요한 최소한의 것만 갖춘 바이러스의 행동 양식을 특징짓는 '자발적인 단순함'에서 비롯된다. 인플루엔자의 경우, 생존을 위한 최소한은 열한 개의 유전자(참고로 인간의 유전자는 2만 5천 개가량 된다)로 요약되는데, 이것들이 한데 뭉쳐서 호흡기를 감싸고 있는 세포 속으로 바이러스를 침투시킨 다음, 이 세포 기제를 자기들 입맛에 맞게 이용하여 유전자 수를 늘이는 방식으로 새로운 바이러스를 만들어낸다.

헤마글루티닌(H)과 뉴라미니다아제(N)는 인플루엔자의 복제에 중요한 역할을 하는 바이러스 단백질이다. A형 인플루엔자 바이러스의 다양성은 상당 부분 이 두 가지 단백질 중 어느 한 가지의 변이체 덕분이기도 하다. 오늘날 이 변이체들은 주어진 대상을 공격하는 바이러스 콜로니를 기술하는 데 사용된다. 예를 들어 H1N1 콜로니라고 하면, 바이러스가 1번 유형의 헤마글루티닌과 뉴라미니다아제 혼합물을 지니고 있음을 의미한다. 한편 H5N1의 경우, 바이러스는 5번 유형 헤마글루티닌을 포함하고 있다는 말이 된다. 현재까지 16종의 헤마글루티닌과 9종의 뉴라미니다아제가 기술되었는데, 이들 대부분은 조류에서 발견되었다.

이 두 가지 단백질은 인플루엔자 바이러스의 병인성(病因性)에서 중요한 역할을 한다. 바이러스가 세포를 감염시키기 위해서는 헤마글루티닌이 세포의 표면에 있는 수용체와 반응하여 바이러스를 침투시켜 유전자 형질을 세포핵까지 배달하는 데 성공해야 한다(표 2). 헤마글루티닌과 수용체 사이에 일어나는 상호 작용의 속성이 바이러스에 의해 감염될 대상이 되는 동물의 종류는 물론, 감염 정도 또는 감염으로 인한 심각성까지 결정한다. 가령, H1N1처럼 상부 호흡기관(코, 입, 인후) 세포에 있는 수용체와 반응하는 헤마글루티닌을 지닌 바이러스 콜로니는 매우 전염성이 강하다. 이 경우, 새로 형성되는 바이러스가 기침이나 재채기를 통해 쉽게 밖으로 배출될 수 있고, 따라서 근처에 있던 새로운 숙주를 감염시킬 수 있기 때문이다. 반대로 조류에서 비롯되는 인플루엔자 바이러스 중에서 5형 헤마글루티닌

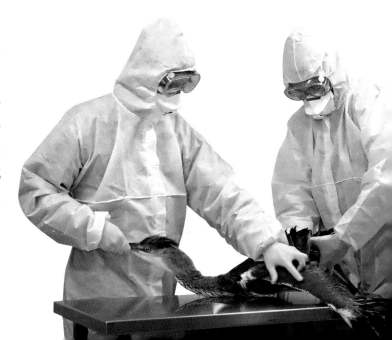

을 지닌 몇몇 부류는 인간에게는 전염되지 않는다. 왜냐하면 좀 더 깊숙한 곳, 즉 폐에 있는 수용체와 반응하는 까닭에 외부로 배출되기가 상대적으로 어렵기 때문이다(표 3). 전염성은 약하지만, 현재 지구상 일부 지역에서 잠복 상태에 있는 H5N1 바이러스는 감염된 조류와의 직접적인 접촉을 통해 인간에게 전달될 수 있다. 이 유형의 조류독감은 치명적인 바이러스성 폐렴을 일으킬 수 있으며, 이 병에 걸리면 회복될 가능성이 희박하다. 세계보건기구에 따르면, 최근 몇 년 사이 아시아에서는 동물에서 인간에게 H5N1 바이러스가 전달되어 447건의 독감이 발생했으며, 이 중 263명이 감염 후 얼마 지나지 않아 사망했다. 현재 상태로 치사율이 60퍼센트에 이르는 이 바이러스가 인간에게 보다 쉽게 확산될 수 있는 새로운 속성을 얻게 된다면 매우 무서운 결과로 이어질 가능성도 배제할 수 없다.

바이러스는 가능한 한 많은 수의 개체 번식을 통해 최대한 많은 수의 숙주를 감염시키려 하므로, 바이러스가 몸 밖으로 배출된다고 하는 것은 몸 안으로 진입하는 것만큼이나 중요한 의미를 지닌다. 그런데 이 과정은 생각보다 훨씬 복잡하다. 새로 형성된 바이러스의 표면에 헤마글루티닌이 붙어 있게 되면 몸 안으로 들어올 때 반응한 것과 같은 수용체에게 발견되어, 새로운 숙주를 찾아 몸 밖으로 배출되지 못하고, 세포 표면에 그대로 고착되기 쉽기 때문이다. 그런데 바이러스의 표면에 붙어 있는 뉴라미니다아제가 헤마글루티닌과 수용체 사이의 상호작용에 관계하는 몇몇 당분을 제거함으로써 이 문제를 우회적으로 해결한다. 이렇게 되면, 성숙 바이러스 입자, 즉 비리온은 감염된 세포 표면을

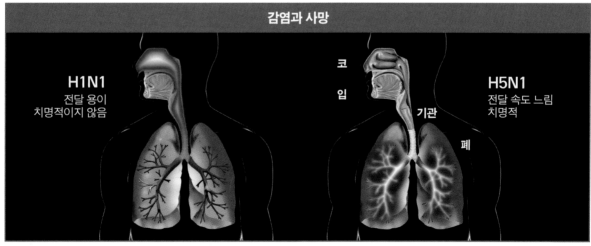

표 3

> 에드바르트 뭉크, 〈아픈 아이〉

세계적으로 위력을 떨치는 독감

지난 세기에 발생한 인플루엔자 각각은 새로운 형태의 A형 바이러스가 동물들(조류, 돼지)에게서 발견되면서 야기되었고, 그 후 이 바이러스들이 인간에게로 전염되었다.

H1N1, 1918년~1920년

스페인 독감(1차 세계대전에 참전하지 않았던 스페인은 주민들에게 휘몰아친 질병의 존재를 애써 감추려 하지 않았으며, 이를 제일 먼저 공식적으로 보고했기 때문에 이런 이름이 붙게 되었다)이라고 불린 인플루엔자가 전 세계 인구의 3분의 1을 감염시켰으며, 이 중 2천만 명에서 1억 명가량이 사망했다. 이 전염병에 대해서는 조류 인플루엔자 콜로니(H1N1)에서 돌연변이가 일어나면서 이 바이러스가 인간을 감염시킬 수 있게 되었으며, 일부 유전자들이 있는 환경에서는 현저하게 감염력이 높아지게 되었으리라는 설명이 가능하다. 이 바이러스 콜로니는 1918년 독감에서 대활약을 펼친 것으로 자신의 역할을 끝내지 않는다. 그 뒤를 이어 찾아온 모든 전염병들이 일정 부분 H1N1에서 파생되어 나왔기 때문이다.

H2N2, 1957년~1958년

아시아 독감이라고 부르는 이 인플루엔자는 H2N2 조류(좀 더 정확하게 말하면 오리) 독감 바이러스 콜로니와 1918년의 H1N1 바이러스의 돌연변이체가 합작으로 빚어낸 작품이다. H1N1에 비해 훨씬 덜 강력했음에도 2년 동안 무려 2백만 명의 목숨을 앗아갔다. 중국에서 특히 희생자가 집중적으로 발생했다. 마오쩌둥의 '대약진 운동'과 동시대에 일어난 이 전염병은 중국 역사에서 특별히 암울했던 시기를 상징한다. 하지만 H2N2 바이러스의 활약은 오래 계속되지 않았다. 출현한 지 11년 만에 H3N2에게 자리를 물려주고 자취를 감추었기 때문이다.

H3N2, 1968년~1969년

전염성은 상당히 강했지만 그에 비해 위력은 많이 떨어지는 이 바이러스는 인간 바이러스와 조류 바이러스의 결합에서 탄생했다. 1968년 홍콩 독감의 주범인 H3N2의 변이체들은 오늘날까지도 활약 중이며 계절적으로 찾아오는 유행성 독감을 일으키는 주범이기도 하다.

H1N1, 2009년

이 바이러스는 돼지, 조류, 인간에서 비롯되는 각기 다른 네 가지 인플루엔자 콜로니가 결합한 매우 복잡한 바이러스로, 최근 몇 년 동안 매스컴 세례를 가장 많이 받은 바이러스로 손꼽힌다. 2009년 버전 H1N1 바이러스가 일으키는 전염병은 역설적이게도 제일 덜 위험한 것으로 판명되었으며, 사망률은 유행성 독감 사망률의 3분의 1 수준이다.

뚫고 몸 밖으로 나가 다른 숙주들을 감염시킬 수 있다. 이 과정의 중요성은 특히 뉴라미니다아제의 작용을 차단함으로써 바이러스 복제 주기를 끊는 두 가지 약품, 다시 말해서 신종플루 치료제 타미플루(오셀타미비르)와 릴렌자(자나미비르)의 효능을 보면 알 수 있다.

전염성 바이러스

인플루엔자 바이러스의 가장 주목할 만한 특성 중 하나는 엄청난 변이성이다. 다시 말해 끊임없이 그 구조를 변화시킴으로써 새로운 형태의 바이러스를 만들어 숙주의 기존 면역 체계를 벗어난다는 점이다. 소아마비나 홍역을 유발하는 바이러스와 관련해서는 한 가지 백신 투여만으로 일생 동안 면역이 될 수 있는 반면, 인플루엔자는 해마다 다른 형태의 바이러스에 의해 발생하며, 이를 예방하기 위해서는 독감 활동이 시작되는 계절마다 새로운 면역 체계가 필요하다. 이러한 현상은 자기

가 지닌 단백질의 구조상에 일어난 우연적인 돌연변이(항원 부동)를 축적하는 바이러스의 속성에서 비롯된다. 이러한 돌연변이 덕분에 바이러스는 간혹 새로운 종을 감염시키는 역량을 획득하기도 한다. 1918년에 무서운 위력을 보인 스페인 독감의 경우, 조류독감 바이러스에 일어난 돌연변이로 인간 세포를 감염시킬 수 있는 힘을 얻게 된 것이 그 원인이었다. 대부분의 경우, 특정 인플루엔자 바이러스가 동물을 동시에 감염시켜, 이종(異種) 바이러스, 즉 인간과 동물로부터 각각 전해진 요소들을 동시에 함유한(항원 제외) 바이러스가 생성될 때, 이 바이러스가 새로운 공격성을 지니게 된다. 예를 들어 최근 몇 년 동안 해마다 확산되는 독감의 주요 원인인 H3N2 바이러스는 원래 H2N2 인간 바이러스와 일부 조류 바이러스로 돼지가 감염될 때 생성되는 바이러스인데, 특별히 인간을 공격하는 데 효율적인 형태를 지니고 있다. 이 같은 유형의 조합은 바이러스 편에서 보자면 매우 유리한 조합인 것이, 감염 잠재력 또는 공격성을 급격하게 변화시킬 수 있으며, 그 덕분에 앞선

20세기에 일어난 다양한 독감				
전염병	연도	독감 바이러스 유형	전 세계 사망자 수	치사율
스페인 독감	1918~1920	A/H1N1	2천만~1억 명	2%
아시아 독감	1957~1958	A/H2N2	100만~150만 명	0.13%
홍콩 독감	1968~1969	A/H3N2	75만~100만 명	<0.1%
H1N1 독감	2009	A/H1N1	1만 명	0.01~0.03%

표 4

감염 때 생성된 숙주의 면역 기제를 우회할 수 있는 새로운 프로필을 보여줄 수 있기 때문이다. 주사위가 바이러스에게 유리한 쪽으로 굴러간다면 매우 감염성이 높은 바이러스가 태어나고, 이 바이러스는 엄청난 위력을 지닌 전염병을 퍼뜨리게 된다.

해마다 인플루엔자는 전 세계 인구의 5~15퍼센트 정도를 강타하며, 50만 명가량을 죽음으로 몰아간다. 이들 사망자 대다수는 어린아이와 노인, 만성질환을 앓고 있는 환자들이다. 흔히들 쉽게 잊어버리지만, 독감은 절대 만만하게 볼 가벼운 질병이 아니다!

새로운 형태의 바이러스가 갑작스럽게 출현하는 바람에 전염병이 발생한다는 사실이야말로 인플루엔자가 지니는 가장 위협적인 측면이다. 한 세기 이전부터 네 가지 주요 전염병이 지구 인구를 공포로 몰아넣었는데, 그중에서도 가장 큰 재앙은 두말할 필요 없이 1918년의 스페인 독감이다. 아마도 스페인 독감은 지난 시대의 흑사병에 비교될 정도의 폐해를 남긴 유일한 전염병일 것이다.

독감으로 인한 죽음

우리 인체는 인플루엔자 바이러스에 대한 저항력을 지니고 있으며, 건강한 사람들 대다수는 며칠 만에 감염 상태를 털고 일어난다. 인플루엔자에 따른 사망률이 비록 1퍼센트 정도라지만, 엄청나게 많은 사람들을 감염시킨다는 사실 하나만으로도 이 바이러스로 인한 폐해는 충분히 심각하다. 1918년 스페인 독감 때 수천만 명이 사망한 사실만 보아도 알 수 있다. 이런 의미에서, H5N1 조류 바이러스처럼 예외적이라 할 만큼 강력하며 인간에게서 인간으로 전달되는 특성을 지닌 바이러스의 출현 가능성은 당연히 많은 사람들의 우려를 자아낼 만하다. 공중보건을 담당하는 세계의 여러 기구들이 경계를 늦추지 않는 것도 이 때문이다.

단 하나의 바이러스가 호흡기 관련 세포 안으로 들어오게 되어도, 곧이어 여러 과정들이 숨 가쁘게 전개된다. 감염 시작 몇 시간 만에 수천 개의 새로운 바이러스가 만들어지고 이것들은 이내 주변 세포 공략에 나선다. 인플루엔자는 세포를 용해하는 성질을 가진 바이러스이다. 다시 말해서 인플루엔자 바이러스의 번식은 감염 세포의 죽음을 의미한다. 이렇게 되면 내부 면역 체계는 손상된 세포 자리에 염증성 세포를 끌어들이는 식으로 신속하게 반응한다. 독감에 걸리면 기침을 하게 만드는 것이 바로 이 염증성 세포들이다. 기침은 말하자면 죽은 세포의 찌꺼기와 호흡기 내부에 침입한 이물질을 밖으로 내보내는 반사작용인 것이다. 건강한 사람에게서는 이 염증이 치열한 전투를 개시하게 만들며, 일단 전투가 시작되면 면역 체계 전반이 동원되어, 일반적으로 며칠 후면 바이러스를 완전히 제압한다. 반면 어린아이들이나 노인 또는 환자들처럼 면역력이 최적화되어 있지 않은 경우, 바이러스에 의한 호흡기 세포의 파괴는 특히 호흡기에 들어와 있던 박테리아처럼 다른 종류의 병원체들이 활동하기에 이상적인 환경을 만들어준다. 이들 병원체는 세포의 파괴로 약해진 조직을 감염시켜 폐렴을 유발한다. 대기 중의 산소를 흡수하는 역할을 하는 세포가 파괴되는 경우라면, 폐 기능 감소 현상이 나타나 죽음을 유발할 수도 있다. 스페인 독감으로 인한 사망자 중 상당수는 이처럼 인플루엔자 바이러스에 의해 호흡기 세포가 파괴되고, 그에 따라 세균성 폐렴이 발생하면서 죽음을 맞았다.

이와 정반대로, 일부 독감에 의한 사망 가운데 너무 강력한 면역 체계(사이토카인 발작cytokine storm)가 사인으로 작용했다는 주장도 있다. 건강한 청장년 층에서 사망률이 높아지는 건 사이토카인 발작이라는 현상으로 설명될 수 있다는 것이다. 면역 체계가 지나치게 활성화되면 너무 많은 양의 염증성 분자가 생성되며, 이로써 호흡기 조직이 파괴된다.

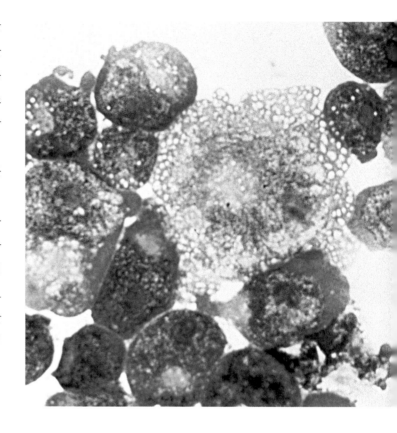

에이즈 : 파괴적 바이러스

후천성 면역결핍증후군(에이즈)이라는 용어는 인간 면역결핍 바이러스(HIV)에 의해 면역에 관여하는 일부 세포가 파괴됨으로써 나타나는 여러 증상을 총체적으로 가리키는 말이다. 1970년대 말 인간에게서 처음 발견된 이 바이러스는 특별히 마키아벨리적이다. 다시 말해 권모술수에 능하다. 이 바이러스는 유독 CD4 림프구, 그러니까 면역 반응에 관해서라면 항체 생성 조율을 통해

마치 오케스트라 지휘자처럼 활약하는 백혈구들만을 공격한다. 면역사단의 사령부만을 무력화시킴으로써 HIV는 외부에서 들어온 이물질 제거를 위해 상부의 명확한 지시가 떨어지기만을 기다리는 '병사' 세포들을 혼란스럽게 하며, CD4 림프구가 얼마 남지 않았을 때 이들을 완전히 와해시킨다. 에이즈의 발현은 말하자면 길게 이어져온 (평균 10년) 과정의 종착역이었다. 이 과정이 이어지는 동안, 면역 세포 내부에서 증식을 거듭한

∧ 현미경으로 본 HIV에 감염된 림프구 T   **159**

이즈 전염병이 발견되었음을 상기해보라. 선진국에서는 에이즈 관련 사망률이 만성질환으로 인한 사망률에 비해 대단히 미미한 수준(2007년의 예를 보자면, 미국에서 에이즈로 사망한 사람은 2만 명인데 비해 만성질환 사망자는 55만 명이었다)이나, 아프리카 일부 국가에서는 사정이 훨씬 비관적이다. 현재 아프리카에서는 에이즈로 인한 사망이 전체 사망 원인 중 1위에 올라 있다.

루이 파스퇴르(방부 조치, 백신)나 알렉산더 플레밍(페니실린) 같은 천재 과학자들이 이룩한 경이로운 업적은 감염성 질환으로 인한 사망률을 획기적으로 떨어뜨리는 데 결정적으로 공헌했다. 그럼에도 오늘날까지 미생물은 인간의 생명에 중대한 위협이 되고 있다. 에이즈 바이러스처럼 비교적 최근에 알려진 미생물이나 항생제에 저항하는 박테리아들의 귀환, '에볼라'나 '마르부르크'처럼 무시무시한 바이러스들의 출현, 그 외에도 앞으로 수년 내에 막강한 위력을 지닌 새로운 독감 바이러스가 나타날 가능성 등, 이 모든 것들이 육안으로는 볼 수 없는 이 감염성 미생물들과의 전투에서 인간이 아직 승리를 거두지 못했으며, 앞으로도 그럴 수 없으리라는 점을 상기시켜준다. 미생물에 대해 우리가 선천적으로 두려움을 느끼는 데에는 확실히 그럴 만한 근거가 있다. 어떤 질병, 어떤 독성 물질, 어떤 무기도 미생물만큼 무시무시한 잠재적 파괴력을 지니지 못했다. 미생물은 기록적으로 짧은 시간 안에 수천만 아니 수억 명의 목숨을 앗아갈 수 있다. 과연 최후까지 살아남는 건 미생물일까?

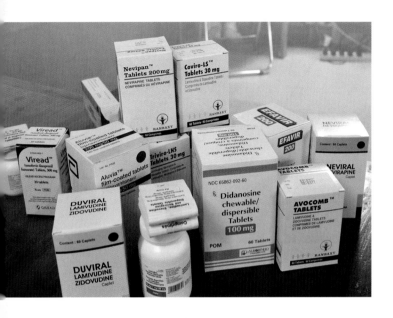

바이러스는 서서히 그러나 가차 없이 면역 기능을 무너뜨리며 감염된 사람이 박테리아나 바이러스, 곰팡이, 기생물질 등 정상적인 상황이라면 방어 기제를 통해 얼마든지 저항할 수 있는 상대들에게 저항할 수 없게 만든다. 일단 감염에 대한 저항력 감소 현상이 나타나기 시작하면, 병은 급속도로 진행되며, 1년 안에 환자는 죽음에 이른다. 에이즈 환자들의 대다수는 면역 체계가 극도로 약화된 상태에서 발병하는 기회주의성 감염, 즉 폐렴이나 결핵, 톡소플라스마증을 비롯한 여러 감염성 질환으로 죽음을 맞이한다. 몇몇 유형의 암도 에이즈에 걸린 환자들의 사망과 관련이 있다. 림프종, 그중에서도 특히 매우 희귀한 암인 카포시(Kaposi) 육종 환자가 평상시와 다르게 눈에 띄게 늘어나면서, 1980년대 초 에

7장

독 : 매혹과 위험성

"윈스턴, 당신이 내 남편이었다면, 나는 당신 차에 독을 넣을 거예요.
– 부인, 당신이 내 아내였다면 난 기꺼이 그 차를 마시겠소."
– 윈스턴 처칠(낸시 애스터에게 한 답변)

지금으로부터 약 3천 년 전, 사르데냐에 정착한 페니키아의 상인들은 혼자 힘으로 살 수 없는 노인들의 삶에 종지부를 찍는 대단히 음울한 의식을 고안해냈다. 그들은 노인들에게 우선 사지를 마비시키는 독이 든 물약을 마시도록 한 다음 절벽 위에서 던져버리거나, 죽을 때까지 돌팔매질을 하거나 몽둥이찜질을 했다. 희한하게도 독물로 인해서 근육이 수축된 고인들의 얼굴엔 미소와도 비슷한 찡그림이 어렸는데, 이는 마치 자신을 실존의 부담으로부터 벗어나게 해주어 고맙다고 노인들이 건네는 감사의 표시 같아 보이기도 했다. 이처럼 상당히 과격한 형태의 안락사가 자행된 이유는 오늘날까지도 여전히 구름 속에 가려 있다. 하지만 이들 '미소 짓는 고인들'은 오늘날에도 통상적으로 사용되는 언어 표현을 통해 인류사에 그 흔적을 남겼다. "율리시스는 고개를 살짝 돌려서 타격을 피했다. 하지만 그의 영혼 깊

숙한 곳으로부터 경련적인 미소(rire sardonique, 글자 그대로 옮기면 사르데냐적인 미소—옮긴이)가 퍼져 나왔다"(『오디세이아』, 스무 번째 노래)라고 호메로스가 노래했다. 호메로스는 약간 조롱기 섞인 미소, 즉 "살 만큼 산" 사르데냐 노인들이 지었을 법한 미소에 대해 언급한 것이다.

당시에 사용된 그 유명한 물약의 주성분이 독미나리(oenanthe crocata)였다는 건 오늘날 잘 알려진 사실이다. 미나리과에 속하는 이 식물의 뿌리는 달콤하고 상큼해서 무와도 비슷하다. 반면 덩이줄기는 신경독이라고 하는 맹독 성분을 함유하고 있다. 미나리독이라고도 하는 이 성분은 안면 근육 경련을 일으키며, 이른바 '사르데냐의 미소'라고 부르는 근육 수축으로 인한 찡그림 현상을 유발한다. (이 대목에서 누군가는 혹시 이 식물이 지닌 효과가 배트맨의 영원한 적수 조커라는 인물을 창조해낸

영감의 원천이 되지는 않았을까 하는 의문을 제기할지도 모른다. 조커가 즐겨 사용하는 무기 또한 희생자들의 얼굴에 미소가 번지도록 하는 독성 물질이 아니었던가?)

사르데냐 독은 한두 가지 점을 제외하면 미나리독과 같다. 미나리독은 독당근에 들어 있는 독성 분자들 중 하나다. 독당근은 고대 그리스에서 사형수들을 처형하는 데 사용하던 독의 주요 성분으로 알려져 있다. 사상적으로 아테네 청년들을 "타락시켰다"는 죄목으로 기소된 소크라테스도 이 독을 마셨다. 겉보기엔 너무도 평범해 보이는 이 두 식물은 우리를 둘러싼 자연이 얼마나 큰 위험을 숨기고 있는지, 또 인간이 이러한 독성을 얼마나 잘 찾아내고, 살생이라는 목적을 위해서 이를 얼마나 효과적으로 사용하는지를 여실히 보여주는 좋은 예라고 하겠다.

위험한 식물

우리는 흔히 화학전을 보다 더 효과적인 파괴를 노리는 신기술에서 비롯된 비교적 최신 위협으로 생각하지만, 곰곰이 따지고 보면 화학전이라고 하는 전략은 이미 수백만 년 전부터 식물들이 사용해오던 전술을 고스란히 베낀 복사품에 불과하다. 자신들을 위협하는 위험에 직면하여, 동물들(인간도 포함)은 자발적으로 다음과 같은 전략 중에서 하나를 채택한다. 즉 위협을 무력화하기 위한 정면 대결이냐, 아니면 자신보다 강한 적과의 대

독성 식물

피마자(또는 아주까리)

손바닥 모양으로 갈라진 잎사귀 덕분에 장식용 식물로 사랑받는 피마자(*Ricinus communis*)는 무엇보다도 씨앗에서 얻는 기름 덕분에 산업 분야에서 다양하게 활용된다. 피마자 기름('캐스터[castor, 해리海狸] 기름'이라고도 부른다. 과거에 해리의 생식샘에서 분비되는 향인 카스토레움을 대체했기 때문이다)은 전혀 무해하며, 민간 의료에서 오래도록 완하제 또는 자궁 수축 유도제로 사용되었다. 하지만 피마자 씨는 세포 내부에서 단백질 합성을 완전히 차단할 정도로 매우 독성이 강한(시안화물의 6천 배) 단백질인 리신도 대량으로 함유하고 있다. 리신의 맹독성은 1978년 9월 7일 불가리아 비밀 정보 조직이 반체제 작가 게오르기 마르코프를 암살한 저 유명한 우산 사건에서 확실히 알 수 있다. 불가리아 공산 정권에 끊임없이 비판을 가하다가 1969년 결국 고국을 등지고 망명길에 올라야 했던 마르코프는 템즈 강을 가로지르는 런던의 워털루 다리 근처에서 우산을 들고 있는 웬 남자와 부딪쳤다. 그날 저녁부터 갑자기 고열에 시달린 그는 사흘 후 사망했다. 부검 결과 바늘귀만큼 작은 백금 탄환이 종아리에 박혀 있었고, 이 탄환 표면에는 리신의 흔적이 있음이 드러났다. 현재까지 수집된 자료에 따르면, 불가리아의 비밀경찰 소속 프란체스코 줄리노가 작은 탄환을 발사할 수 있는 배기 장치를 장착한 우산을 이용해서 그를 암살한 것으로 알려져 있다.

협죽도

우아하고 아름다운 꽃의 자태와는 대조적으로 협죽도(*Nerium oleander*)는 식물계에서 가장 막강한 독성을 함유하고 있는 식물 중 하나로 손꼽힌다. 협죽도의 모든 부분이 올레안드린과 네리안토시드, 로자지노시드 등과 같은 매우 강력한 독을 품고 있다. 이 알칼로이드 성분들은 심장 근육 세포 차원에서 나트륨-칼륨 펌프($ATPase\ Na^+-K^+$)의 활동에 간섭을 일으킴으로써 근육 수축을 방해하며, 이로 인해서 심장 기능을 정지시킨다. 이 같은 알칼로이드의 독성은 너무도 강하기 때문에 협죽도 잎사귀 한 장이면 어린아이 한 명의 목숨을 빼앗을 수 있다.

주목

관상용으로 널리 사용되는 관목인 주목(*Taxus baccata*) 역시 지구상에서 가장 독성이 강한 나무

중 하나다. 주목의 모든 부분(암나무의 열매만 예외)은 탁신이라고 하는 독성을 함유하고 있다. 탁신은 알칼로이드들의 복잡한 혼합체로 내장에서 신속하게 흡수되어 심장 기능 정지를 유발한다. 주목의 맹독성은 태곳적부터 익히 알려졌다. 절망에 빠진 여인들은 낙태를 위해 주목을 사용해서 만든 용액을 마시기도 했는데, 불행하게도 태아의 죽음을 확인하기 전에 임부가 먼저 죽는 사례가 빈번했다. 하지만 주목에게는 이렇듯 부정적인 이미지만 따라다니는 건 아니다.

북아메리카에 서식하는 종(*Taxus brevifolia*) 가운데 하나는 껍질에 탁솔(파클리탁셀)이라는 분자를 함유하고 있는데, 이 물질은 자궁암과 유방암 환자들의 항암치료에 사용된다. 평균적으로 환자 한 명을 치료하는 데 수령 수백 년 된 주목 대여섯 그루 분량의 껍질이 필요하므로, 주목의 뾰족한 잎사귀들을 이용해 이를 합성하는 방법이 개발되었다. 이 과정에서 일부 종양에 대해 탁솔보다 효과가 두 배나 좋은 물질인 탁소테레를 찾아냈다.

결로 감수하게 될지 모르는 부정적인 결과를 피하기 위해 아예 도주할 것이냐를 결정한다. 그런데 식물들처럼 낮은 단계의 진화 상태에 머물러 있는 생명체는 이러한 투쟁이냐 도주냐 중에서 양자택일이라는 전략을 구사할 수 없다. 생각해보라, 위험이 닥친다고 해서 식물들이 어떻게 걸음아 날 살려라 도망갈 수 있겠는가. 식물에게는 신경과 근육 체계가 없으므로 자신을 공격하는 대상과 신체적으로 맞붙어 싸운다는 건 애초부터 불가능하다. 이는 먹이사슬의 가장 기초단계에 위치한 생명체가 안고 있는 태생적인 중대한 문제인 것이다. 이 장애를 우회하여 초식동물이나 식물을 먹이로 삼는 미생물들(바이러스, 박테리아, 곰팡이)에게 공격받아 멸종당하지 않기 위하여 식물은 진화를 거듭하는 과정에서 매우 강력한 독성을 지닌 다양한 분자들, 다시 말해 신중

하지 못하게도 서둘러서 식물을 삼키는 소비자들을 급사시킬 수 있는 독극물을 만들어냈다. 앞에서 예로 든 독미나리나 독당근의 엄청난 독성은 그러므로 예외적인 경우가 아니다. 오히려 맹독성은 대부분의 식물에 내재한 보편적인 속성이라 할 수 있다. 우리가 정원에서 정성껏 가꾸는 몇몇 근사한 장식용 식물들조차도 독성을 지니고 있다는 말이다(165쪽 박스 내용 참조).

이처럼 식물이 만들어낸 분자들의 독성은 현대 약물학에서 적극적으로 탐구되고 있으며, 항암치료에 사용되는 의약품의 거의 절반가량이 식물성 원료에서 만들어진다. 식물의 아름다움은 그것들이 지닌 무시무시한 독성에 비례한다고나 할까!

식물에서 관찰되는 매우 효율적인 이러한 전략은 식물을 생태계의 중요한 틈새에 위치시킴으로써 식물계

의 생물다양성에 커다란 반향을 일으킬 뿐만 아니라 지구 상에서 번식하는 생명 전체에도 적지 않은 영향력을 행사한다. 군주나비(Danaus plexippus)가 사용하는 전략은 이러한 적응 단계에 도달하기 위해 지속되어온 진화의 기발함을 보여주는 더할 나위 없이 좋은 사례이다. 유충단계의 군주나비는 심장에 작용하는 독성분(카데놀리드)이 풍부한 식물인 옥첩매를 먹고 자라면서 성충이 될 때까지 몸속 특별한 곳에 이 독성분을 비축해둔다. 나비 몸 안에 농축된 독성분의 양이 엄청나므로 이 나비를 먹잇감으로 점찍은 새들은 구토에 시달리게 된다. 이는 나비의 방어 기제로 작용한다. 물론 이렇게 되기까지엔 매우 복잡한 진화 과정이 개입했으며, 일부 조류는 군주나비의 독성분에 대한 저항력을 얻었다! 그러므로 역설적으로 들릴지 모르겠으나, 자연이 보여주는 가공할 만한 다양성과 아름다움은 포식자와 먹잇감이 벌이는 '냉전'의 직접적인 산물이며, 이들 각각은 상대방이 지닌 독의 위력을 고려하면서 적절한 균형을 유지해나간다고 할 수 있다. 이 지속적인 화학전은 많은 동물 효소들의 진화 과정을 통해서도 다시 한 번 입증된다. 특히 이 독성 분자들을 훨씬 덜 위협적인 분자로 바꾸어, 기관에 심각한 손실을 입히기 전에 제거해버리는 시토크롬 P450이 대표적인 예라 할 수 있다. 우리 인간만 놓고 보더라도, 무려 57개 이상의 유전자가 다양한 시토크롬 P450을 생산하는 데 기여하고 있다!

치명적인 입맞춤

대부분의 독은 식물계에 존재하는 것이 사실이지만, 몇몇 동물들도 식물에 못지않은 독저장고를 구비하고 있으며, 많은 동물들이 진화의 초기단계부터 이러한 비장의 무기를 독극물 형태로 사용해왔다(168, 169쪽 박스 내용 참조).

독극물의 유독성은 식물의 독처럼 비교적 단순한 구조를 지닌 분자들에서 비롯되는 것이 아니라 생명 현상에 필수적인 여러 과정을 타깃으로 삼는 매우 복잡한 단백질 혼합의 결과물이라 할 수 있다. 예를 들어 일부 뱀의 독성분은 대단히 복잡한 혼합물로서 먹잇감의 소화를 돕는 수많은 효소들, 호흡과 심장 박동을 마비시키거나 혈관과 근육을 공격하여 출혈과 회저 현상을 일으키는 수백 가지 독소들을 동시에 함유하고 있다(표 1).

살인적인 위력을 지닌 독성분을 품고 있는 뱀으로는 단연 코브라과(科)에 속하는 뱀들(타이판 독사, 코브라, 맘바, 바다뱀, 산호뱀)을 꼽을 수 있으며, 살모사과(특히 매우 사나운 러셀 살모사) 뱀들도 맹독을 품고 있다. 해마다 뱀에

(171쪽으로 이어짐)

∧ 군주나비 애벌레
> 군주나비 성충

독성 동물

청자고둥(*Conus geographicus*)

약 5백 종에 이르는 바다 달팽이들은 거의 대부분 무해하나, 이들 중 몇몇은 무시무시한 육식동물 포식자로 군림한다. 제일 위험한 종은 코누스 제오그라피수스로, 독이 묻은 일종의 작살이 달린 관을 이용해서 물고기들을 잡아먹고 산다. 이 독은 코노톡신이라고 불리는 다양한 소단백질을 함유하고 있으며, 이것들은 신경임펄스의 흐름을 막아 피해자를 마비시킨다. 지구상에서 가장 강력한 독으로 알려진 청자고둥의 독은 두 시간 만에 성인 남자 한 명을 죽일 수 있다.

키로넥스 플렉케리
(*Chironex fleckeri*)

오스트레일리아 상자해파리의 일종으로 '바다말벌'이라고도 불리는 키로넥스 플렉케리는 지구에서 가장 강력한 독을 가진 바다동물이다. 길이가 무려 4미터에 이르는 수많은 촉수에는 각각 50만 개의 자포(刺胞)가 있다. 자포는 해파리와 부딪친 피해자의 피부 속을 뚫고 들어갈 수 있는 독침이 달린 세포이다. 여러 종류의 단백질로 이루어진 이 독은 수 주일 동안 끔찍한 고통을 유발하며, 다량일 경우 심

장과 폐 기능을 마비시켜 5분 안에 죽음에 이르게 한다. 촉수 하나에 들어 있는 양이면 50명 정도를 죽일 수 있다고 하니, 바다생물 중에서 상자 해파리의 치사율이 단연 1위라고 해도 그리 놀라운 일이 아니다. 1954년부터 지금까지 5천 명 이상이 해파리 독에 목숨을 잃었다.

황금독개구리
(*Phyllobates terribilis*)

콜롬비아에 서식하는 이 양서류는 작은 체구(35밀리미터)에도 불구하고 현재 세계에서 가장 독성이 강한 척추동물로 평가받는다. 개구리 한 마리가 피부에 난 숨구멍을 통해 배출하는 바트라코톡신이면 쥐 2만 마리 또는 사람 열 명을 죽일 수 있다!

내륙타이판
(*Oxyuranus microlepidotus*)

이 타이판 독사는 뱀들 중에서도 가장 강한 맹독을 품고 있는 것으로 유명하며, 타이판 독사 한 마리가 보유한 독으로 무려 1백 명을 죽일 수 있다! 다행히도 이 뱀은 오스트레일리아 중부 내륙 건조한 곳에서만 서식한다. 성질이 매우 사납다.

전갈(*Leiurus quinquestriatus*)
주로 북아프리카와 중동의 사막 지대에 서식하는 이 '죽음의 방랑자'는 세계에서 가장 무시무시한 전갈이다. 다 자란 성체의 경우, 몸 빛깔이 짚처럼 노르스름하고 길이가 9~11.5센티미터 정도 되는 이 절지동물은 염소의 뉴런 출입을 방해하는 독성분을 내뿜어 신경임펄스를 차단하며, 이로써 온몸을 마비시켜 죽음에 이르게 한다.

뱀의 치명적인 입맞춤!

분류	예	작용 기제
α-뉴로톡신	α-분가로톡신, α-톡신, 에라부톡신, 코브라톡신	뉴로톡신은 쿠라레처럼 골근육섬유에 있는 아세틸콜린 수용체와 결합하여 신경근육전달을 차단한다.
κ-톡신	κ-톡신	κ-톡신은 중추신경계의 몇몇 아세틸콜린 수용체의 기능을 차단한다.
β-뉴로톡신	노텍신, 암모디톡신, β-분가로톡신, 크로톡신, 타이폭신	β-뉴로톡신은 신경말단에서 아세틸콜린이 분비되는 것을 방해함으로써 신경근육전달을 막는다. 전압에 민감한 칼륨 회로에 간섭하기도 한다.
덴드로톡신	덴드로톡신, 톡신 I, k	덴드로톡신은 신경말단에서 배출되는 아세틸콜린의 양을 증가시킨다. 전압에 민감한 칼륨 회로에 간섭하기도 한다.
카디오톡신	γ-톡신, 카디오톡신, 시토톡신	카디오톡신은 일부 세포(심장 섬유, 자극 반응 세포……)의 플라스마 막을 교란시켜 이를 용해시킨다.
사라포톡신	사라포톡신 a,b,c	사라포톡신 a,b,c는 강력한 혈관수축제로 심혈관계를 전체적으로 교란시키며, 심장 기능 정지를 초래한다.
미오톡신	미오톡신-a, 크로타민, 인지질분해효소 A2	미오톡신은 전압과 상관관계에 있는 나트륨 회로에 간섭하여 근육섬유의 퇴화를 야기한다. 인지질분해효소 A2는 근육섬유의 퇴화를 야기한다.
헤모라진	뮤크로톡신 A, 출혈성 독소 a,b,c, HT1, HT2	헤모라진은 혈관벽 손상에 따른 다량 출혈을 야기한다.

표 1

출처: R. Bauchot, 『뱀*Serpents*』(2005)

물리는 5백만 명 중에서 이 무서운 녀석들을 만나 목숨을 잃는 불운한 사람은 12만 5천 명가량 된다.

인간에게 길들여진 독

죽음을 피하기 위해 미리 독성분을 탐지해내는 일이야말로 종의 생존을 보장하기 위해 무엇보다도 시급한 일이다. 이 일은 대부분의 생명체에서 미각과 후각을 전담하는 유전자들이 수행한다. 인간의 경우, 문화적인 요소의 영향도 크다. 식물이나 동물이 지닌 고유한 독성분에 대한 지식은 세대를 거듭하며 전해지기 때문이다. 일단 안전하게 먹을 수 있는 식품을 찾아내기 위해서는 지식이 가장 중요하겠지만, 본질적으로 서로 다른 여러 요소들이 지니는 독성에 대한 후천적인 지식은 이 독들을 이용하는 새로운 '가능성'을 열어주었던 것이 사실이다. 독성분을 가장 최초로 활용한 예는 아마도 사냥에서 찾아야 할 것이다. 케냐에 사는 마사이족 사냥꾼들은 지금으로부터 1만 8천 년 전에 이미 식물에서 추출한 강력한 심장 독성분을 화살에 발랐다. 말하자면 남아메리카 부족들이 쿠라레를 사용한 것과 같은 전략이었다. 불행하게도 짐승 잡는 데 이용되던 이 치명적인 효과가 인간을 대상으로 사용되는 데에는 그리 오랜 시간이 걸리지 않았다. 이들은 부족 간의 전투에서 기선을 잡기 위해서 이 방법을 사용했던 것이다. '독성분을 지닌'을 뜻하는 프랑스어 toxique는 그리스어에서

'화살용 독'을 뜻하는 단어인 toxicon에서 파생되었다.

살생을 위한 목적으로 독을 사용하는 관습은 독화살을 만드는 것에만 국한되지 않고, 오히려 문명 부상과 더불어 확산되는 경향을 보였다. 『코덱스 에베르스 *Codex Ebers*』, 그러니까 3천 5백 년 전에 작성된 이집트의 의학 개론서에서는 무수히 많은 물질의 독성을 묘사하고 있는데, 특히 비소와 만드라고라, 독당근, 바곳이 집중 조명된다. 고대 이집트인들은 복숭아씨에서 강력한 독성분을 추출하여, 이를 범죄를 저지른 것으로 의심되는 자들을 심문하는 데 사용하기도 했다. 말하자면 '독극물 시련'을 부과한 것이다. 이 물질들은 죄를 지

은 자들에게는 치명적이지만 죄가 없는 사람들에게는 아무런 해를 입히지 않는다는 식의 믿음이 당시에 통용되었다고 한다. '복숭아 처벌'과 관련하여, 무고한 사람들 중에서 적지 않은 수가 부당하게 유죄 선고를 받았다. 오늘날에는 복숭아씨에서 추출한 물질에 아미그달린, 즉 내장을 통과할 때 시안화물질 배출을 야기하는 분자가 함유되어 있음이 잘 알려져 있다! 그토록 오래전에 시안화물처럼 무시무시한 독극물에 의존했다는 사실 하나만으로도 이 분야에서 인간이 얼마나 놀라운 독창성을 발휘했는지 가늠하고도 남는다. 물론 이로부터 불길한 예감이 드는 건 어쩔 수 없는 노릇이다. 아니나 다를까, 몇몇 사람들에게는 권력을 장악하는 데 없어서는 안 될 도구이고 다른 몇몇 사람들에게는 복수 또는 사리사욕을 채우기 위한 도구였던 독극물은 눈 깜짝할 사이에 인간의 범죄 충동과 떼려야 뗄 수 없는 물질로 부상하고 말았다.

약점을 공격하라

산소는 생명 유지에 없어서는 안 되는 물질이다. 그러니 산 사람을 죽음에 이르게 하는 가장 확실한 방법은 최대한 빨리 산소 공급을 차단하는 것이다. 독은 세포 차원에서 산소가 에너지로 바뀌는 과정에 매우 신속하게 개입할 수 있으므로 이 목적을 달성하는 데 특히 효율적이다. 독은 혈액 분배, 다시 말해 산소 공급에 중요한 역할을 하는 기관들(폐, 심장)의 기능을 정지시킴으로써 간접적으로 작용할 수도 있다.

시안화물과 비소

시안화물과 비소는, 추리 소설 분야에서의 활약상으로 보나 실제 역사에서 되풀이되어 일어났던 사건들로 미루어보나, 틀림없이 가장 널리 알려진 독일 것이다. 권력층에서 독살을 일상적인 관습으로 여겼던 시기인 로마 제국 시대를 보자면, 네로 황제는 경쟁자 브리타니쿠스를 제거하는 데 시안화물을 사용했다(로마시대의 유명한 여류 독살 전문가였던 로쿠스타의 도움을 받았다). 독이 신속하게 사회적 신분 사다리를 올라가게 해주는 수단을 의미했던 중세에는 교황 알렉산데르 6세가 그의 자식 체사레와 루크레치아와 더불어 마치 삼총사처럼 똘똘 뭉쳐 놀이하듯 정적들을 독살한 것으로 유명하다. 이들은 '칸타렐라'라고 부르는 신비스러운 혼합물(비소와 인의 삼산화물)을 사용했는데, 이 독은 사용하는 양에 따라 즉각적으로 또는 며칠이라는 시간을 두고 사람을 죽일 수 있었다. 그러니 보르자(교황의 본명)라는 이름이 오늘날까지 음모와 살해의 동의어로 쓰인다 해도 전혀 놀라운 일이 아니다!

< 　살바토르 로사, 〈소크라테스의 죽음〉(부분)

그 후 비소의 효율성이 여러 차례에 걸쳐서 입증되었다. 줄리아 토파나 부인이 제조한 아쿠아 토파나(*aqua toffana*), 라부아쟁 부인이 제조한 '상속을 위한 가루약' 등이 '꼴 보기 싫은 자들', 특히 성가신 남편들을 제거하는 방편으로 널리 사용되었다.

살인 병기로서 시안화물과 비소가 누린 '인기'는 상당 부분 이 물질들이 우리가 호흡하는 산소를 ATP, 즉 세포들이 활용가능한 생화학 에너지(2장 참조)로 바꾸는 기제에 직접적으로 개입한다는 사실에서 비롯된다. 예를 들어 시안화물은 신속하게 시토크롬 c 산화효소와 결합한다. 시토크롬 c 산화효소는 ATP 합성에 관여하는 호흡 사슬의 일부를 구성하는 매우 중요한 단백질이다. 이 단백질에 철분을 결합시킴으로써 시안화물은 이 차원에서 호흡 사슬을 정지시켜 ATP 생성을 막는다. 이렇게 되면 세포는 순식간에 제대로 '숨을 쉴 수' 없게 되며, 따라서 뇌나 심장처럼 쉴 새 없이 산소를 공급받아야 하는 기관들은 작동을 멈춘다. 시안화물은 특별히 기체 형태, 즉 시안화수소일 때 가장 위험하다. 시안화수소는 매우 독성이 강한 혼합물로, 직접적으로 폐를 공격한다. 유대인 학살을 자행한 나치가 수용소 가스실에서 사용하면서 유명해진 지클론 B의 활성 요소가 바로 이 기체였다.

시안화물은 많은 살해 사건에서 위력을 보여주었을 뿐 아니라, 유명인사들의 자살에도 널리 사용되었다. 나치 독일 공군 사령관이었던 헤르만 괴링은 전범 판결을 받고 처형을 하루 앞둔 날 밤 시안화칼륨 캡슐 하

나를 삼켰다. 마찬가지로 1978년 11월 18일 가이아나에서 일어난 사이비 종교집단 인민사원(짐 존스 목사가 1953년 미국 인디애나폴리스에서 설립)의 집단자살에도 사용되었다. 이 사건으로 276명의 어린이를 포함하여 909명의 신도가 목숨을 잃었다.

독살이 늘 고의적인 것은 아니다. 가령, 방글라데시에 사는 7천만 명 넘는 주민들은 비수 농축액이 포함된

∧　로드리고 보르자, 일명 교황 알렉산데르 6세의 초상화(작자 미상)　**173**

식수를 마시는 위험에 노출되었다. 이는 세계보건기구에 따르면 이제까지 볼 수 없었던 최대 규모의 독살이나 마찬가지였다. 1970년대와 1980년대에 방글라데시 개발에 참여한 여러 기구들이 콜레라 같은 수인성 질병의 온상인 지표면 물을 바로 마시는 일을 방지하려는 목적으로 시행한 각종 조치들 때문에 일어난 이 불행한 사건은 말하자면 우연이 빚은 재앙이었다. 당시 방글라데시에서는 1천만 개 넘는 우물을 팠다. 그런데 최근에 와서야 그 우물 가운데 상당수(40퍼센트)가 세계보건기구에서 정한 최대치보다 무려 10배가 넘는 비소 농축물을 함유하고 있다는 사실이 밝혀졌다. 전문가들은 비소 농축물에 장기간 노출되었다는 점이 피부암 12만 5천

건, 신체 내부 기관을 공격한 각종 암으로 인한 사망자 3천 명을 발생시킨 주요인일 것이라고 지적한다.

일산화탄소 : 대표적인 기체 형태의 독

일산화탄소는 세포에 산소가 공급되는 과정에 개입하는 신진대사성 독의 한 종류이다. 이 가스는 색이나 냄새는 물론 아무런 맛도 없으며 극소량만으로도 죽음을 초래할 수 있기 때문에 특별히 더 위험하다. 일산화탄소 중독은 게다가 선진국에서 가장 빈번하게 사용되는 독살 방식이다.

일산화탄소(CO)는 탄화수소 형태(원유 가스나 그 파생품)가 되었건 유기물질 형태(나무, 숯)가 되었건 간에 탄소 소재가 불완전하게 연소되었을 때 만들어진다. 일산화탄소의 위험성은 오래 전부터 잘 알려져 있었지만(고대 그리스, 로마인들은 범죄자를 처형하거나 자살을 하기 위해 숯에서 나오는 유독성 연기를 사용했다), 이 기체의 작용 방식이 상세하게 알려지게 된 데에는 프랑스 출신 위대한 생리학자 클로드 베르나르(1813~1878)의 공이 컸다.

일산화탄소의 독성은 무엇보다도 세포에 산소를 공급하는 헤모글로빈과의 상호작용에서 발생한다. 헤모글로빈 분자 각각은 산소와의 결합을 위한 네 개의 장소를 마련해두고 있으며, 이것들은 폐와 이어진 동맥

∧ 나치가 독일의 다하우에 세운 강제 수용소 내부에 설치된 화장용 가마

∧ 나치의 일부 수용소 가스실에서 대량 살상 수단으로 사용된 지클론 B 가스 용기

속에 들어 있는 산소를 최대한 포획해서 이를 신체 각 조직과 기관으로 보내주기 위해 공동전선을 펼친다. 그런데 일산화탄소를 만나게 되면 이 과정이 완전히 어긋나게 된다. 이 유독성 가스가 산소에 비해 2백 배나 큰 헤모글로빈 친화력을 지니고 있으며, 그 결과 전달자 역할을 하는 헤모글로빈이 산소를 효과적으로 포획하는 것을 방해하기 때문이다. 헤모글로빈과 일산화탄소의 결합은 다른 장소에서의 산소 분자 배출마저 방해하기 때문에 그만큼 더 위험하다. 결과적으로, 혈액 속의 산소 농도가 아무리 올라가도 이 산소는 헤모글로빈과 결합한 상태를 유지하면서 정작 세포들에게 공급되지 못한다. 이러한 상황은 우리 몸을 완전한 공황 상태에 빠뜨린다. 심장은 저산소증에 대처하고자 점점 더 펌프질을 가속화(심장 고동의 이상 급속, 즉 심계증)하는데, 이렇게 되면 구협염, 부정맥, 폐부종의 위험을 높인다. 산소 의존도가 유난히 높은 기관인 뇌 역시 일찌감치 유독가스의 표적이 되어, 일산화탄소 중독의 전형적인 증세인 두통과 구토, 경련 등이 일어난다. 일산화탄소를 몰아내기 위해 대대적으로 산소를 공급함으로써 이 같은 위급 상황을 신속하게 뒤집지 않으면, 산소 공급의 중단으로 말미암아 환자의 상태는 돌이킬 수 없게 되고 결국 사망한다. 연소 과정을 포함하는 모든 활동(자동차, 난로 등)은 일산화탄소를 만들어낼 수 있으므로, 이렇게 만들어진 가스가 제한된 공간 안에 머무르는 일이 없도록 주의를 기울여야 한다.

신경독성물질: 전쟁용 가스, 스트리크닌, 독당근, 쿠라레

미토콘드리아에 작용하는 독성분에 의한 죽음은 세포들이 산소를 이용하는 과정에 직접적으로 독성분이 개입하기 때문인 것으로 분석된다. 그런가 하면 간접적으로 작용하는, 그러니까 산소가 세포에 도달하지 못하도록 방해하는 식으로 작용하는 유형의 독성분들도 있다. 후자의 경우 전자보다 작용 방식이 훨씬 복잡하지만, 효율 면에서는 전혀 뒤떨어지지 않는다!

이러한 독성분들은 일부 신경세포들과 직접적으로 반응하며, 이와 동시에 신경 신호의 정상적인 전달을

신경의 움직임

뉴런 내부에서 합성되어 신경–근육 접합부 부근에 축적되는 아세틸콜린은 근육이 신경계로부터 전해지는 신호에 반응하는 과정에서 절대적으로 중요한 역할을 한다. 신경이 자극을 받아들이게 되면 아세틸콜린이 분비되고, 신속하게 퍼져나가 근육세포 표면에 위치한 수용체들과 반응한다. 이를 계기로 매우 복잡한 일련의 사건들이 전개되는데, 그중에서 압권은 근육섬유의 수축이다. 하지만 신경전달물질은 시냅스 영역에서 제거되어야 다음번 신경임펄스가 근육을 자극할 수 있다. 이 제거 작업은 아세틸콜린에스테라아제, 즉 시냅스 영역에 포진하고 있는 아세틸콜린 파괴 효소에 의해 이루어진다. 진화를 거듭한 끝에 도달한 아세틸콜린에스테라아제의 완벽성이 이 과정의 중요성을 반증한다. 이 효소는 1초당 4천 개의

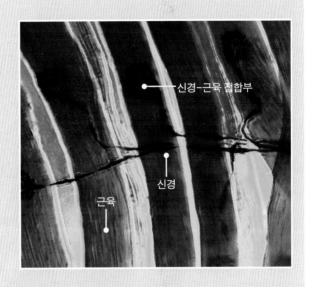

아세틸콜린 분자를 파괴할 수 있을 정도로 성능이 뛰어나다. 결과적으로, 아세틸콜린이 신경–근육 접합부에 머무는 시간은 1~2밀리세컨드 정도에 불과하다.

방해한다는 공통적인 특성을 지닌다. 몇몇 경우, 신호 차단이 신경-근육 접합부, 즉 근육이 신경임펄스를 해독하여 수축이나 운동이 이루어지게 하는 곳(박스 내용 참조)에서 발생한다. 신경계의 기능을 혼란시키는 전쟁용 가스들(사린, 타분, V 계열 가스)과 일부 유기인 화합물 계통 살충제(말라티온, 파라티온) 등이 이 과정을 집중 공략하는 독성 물질의 가장 대표적인 예라 할 수 있다. 이들 신경독성물질은 아세틸콜린에스테라아제와 결합

하여 이 효소가 아세틸콜린을 분해하지 못하도록 억제한다. 그러면 이 과정에서 신경-근육 접합부에 신경전달물질이 쌓이게 된다. 아세틸콜린 과잉으로 인한 수용체의 지속적인 활성화는 강렬한 근육 경련을 일으키며, 이는 횡격막 근육 마비로 이어지고, 이렇게 되면 곧 호흡이 멈추고 질식해서 죽게 된다. 아세틸콜린에스테라아제의 작용을 억제하는 인자들의 재앙적인 위력은 사린가스(전쟁용 가스)를 통해 확인이 가능하다. 사린가스

∧   신경–근육 접합부의 신경축삭 말단

는 시안화물보다 독성이 무려 5백 배나 강하며 1분 안에 사람을 죽일 수 있다.

아세틸콜린에스테라아제 억제제와는 반대로, 남아메리카 원주민들이 사용하는 쿠라레 같은 일부 독극물이나 뱀독에 포함된 몇몇 독성분은 아세틸콜린과 수용체의 결합을 차단하며, 이로써 모든 신경임펄스의 전달을 막는다. 이렇게 되면 즉각적으로 횡격막 근육 마비가 오며 호흡이 정지된다.

그 외에도 신경세포를 직접적으로 공략하여 일부 기관의 원활한 활동에 필수적인 전기임펄스 전달을 차단하는 다양한 독성분들이 존재한다. 이와 같은 기제를 가장 잘 보여주는 대표적인 예는 스트리크닌 중독에 의한 죽음이다. 스트리크닌은 마전 열매에서 분리되는 알칼로이드로 흔히 쥐약(때로는 헤로인 희석제라는 이름으로 거리에서 판매되기도 한다)으로 이용된다. 스트리크닌은 글리신이 보내는 신호를 간섭한다. 글리신은 신경전달억제제로 근육 수축이 지나치게 촉진되지 않도록 뇌의 여러 부위에서 활동한다. 스트리크닌을 섭취하고 10여 분이 지나면 근육 움직임 제어 능력을 상실하게 되는데, 이는 점점 더 격해지는 경련을 통해 알 수 있다. 경련이 점점 심해져서 각궁반장 증세, 즉 몸이 활처럼 뒤로 굽어지는 상태에 이른다. 안면 근육 뒤틀림으로 경련적인 미소('사르데냐의 미소')를 보이기도 한다. 고통이 시작된 지 두세 시간이 지나면 근육이 고갈되고 호흡기관이 마비되어 결국 죽음에 이른다.

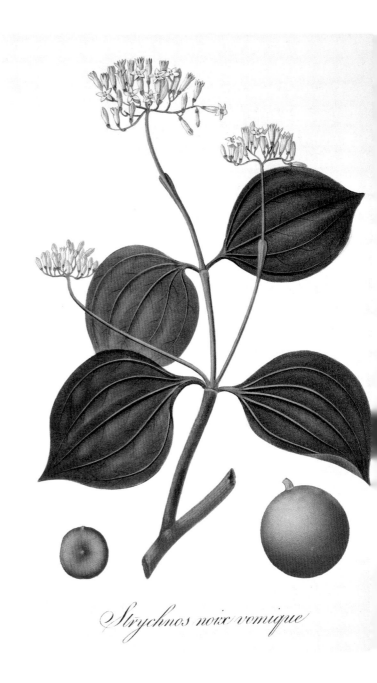

Strychnos noix vomique

∧ Strychnos nux-vomica, 즉 스트리크닌을 만드는 식물. 조제프 로크의 『약용 식물 도감Phytographie médicale』에서 발췌

177

하는 곰팡이(*Claviceps purpurea*)가 원인이 되어 발생하는 병이다. 이 곰팡이는 오염된 보리를 먹은 사람들에게 극심한 발열이나 환각, 경련을 일으키며 심지어는 혈액 순환 위축으로 사지를 절단하게끔 하는 매우 유독한 알칼로이드인 에르고타민을 생성한다(중세 시대에 이 병에 걸린 사람들이 잘려나간 자신의 팔이나 다리를 들고 의사를 찾아갔다는 일화가 전해진다). 일부 학자들은 이 '타는 듯한 질병'과 관련된 증세는 1692년 미국 세일럼의 마녀재판 당시 묘사된 증세들과 매우 유사하다고 주장하기도 했다. 이들은 어린 처녀들이 보인 매료당한 듯한 증세들이 당시 그 지역에서 많이 자라던 보리로 인한 감염과 연관이 있을 것이라는 흥미로운 가설을 제시했다. 다행히 그 후로는 매우 드물어졌고, 아예 사라진 것으로도 여겨지는 맥각 중독은 최근에는 다른 미생물들이 원인이 되는 식중독에 자리를 내주었다. 이들 식중독은 대체로 음식 보관 방식에 문제가 있어서 발생한다.

보툴리누스균 중독. 보툴리누스균 중독은 드물게 나타나지만 매우 심각한 중독으로, 보관된 식품에 보툴리누스 독성이 증식하여 나타난다. 클로스트리디움 보툴리눔(*Clostridium botulinum*)이라는 박테리아가 만들어내는 이 유독성분은 생명 세계에서 가장 강력한 독성을 지니고 있다. 1마이크로그램(1백만 분의 1밀리그램)만으로도 한 사람의 생명을 빼앗을 수 있을 정도이다. 오염된 식품을 먹게 되면, 독성분이 신경세포 내부로 침투하여, 신경-근육 접합부에서 아세틸콜린 배출에 필수

식품에 들어 있는 독

정신 바짝 차리고 독성분을 지닌 식물이나 동물을 피한다고 해도, 미생물로 인한 일부 식품의 오염, 즉 식중독 위험이라는 복병이 남아 있다. 음식을 통해 전달되는 질병만 해도 2백여 종이 넘는다. 미국에서는 해마다 9천 명이 식중독으로 목숨을 잃는다. 비록 드문 경우이고 그로 인한 사망자 수도 소수에 지나지 않는다 하지만, 식중독은 항상 대대적인 언론의 주목을 받으며, 또 그래야 할 필요가 있다.

식중독은 최근에 새롭게 등장한 문제가 아니다. 역사적으로 볼 때, 변질된 음식을 먹고 사망하게 된 가장 대표적인 사례는 맥각 중독으로, 이는 보리 이삭에 기생

∧ 1995년 3월 20일, 사교 집단인 옴진리교 신자들이 한창 붐비는 시간의 도쿄 지하철역에 사린가스를 살포해 큰 충격을 안겨주었다. 이 사고로 열 명이 넘는 사람들이 죽었고, 5천 명 이상이 부상을 입었다.

적인 일부 단백질을 손상시킨나. 신경전달물질 결핍은 근육 수축을 저해하며, 이로써 호흡기의 마비가 오게 되면 곧 사망에 이른다. 보툴리누스균은 인체에 정착할 수 없는 박테리아이기 때문에 보툴리누스균 중독은 항상 음식에 들어 있던 독성분으로부터 발생하며, 특히 집에서 염장식품이나 보관식품을 만드는 과정에서 충분한 살균이 이루어지지 않을 때 나타난다. 다행히도 이 박테리아는 열에 약하므로 단순히 식품을 끓이기만 해도 제거된다.

최근엔 보툴리누스 독성분이 화장품 제조(보톡스)에 쓰이면서 예전에 비해 눈에 띄게 이미지가 향상되었다. 보툴리누스 성분을 국소적으로 주입하여 주름 아래쪽에 위치한 근육을 마비시키면 적어도 몇 개월 동안은 주름을 완화하는 효과를 낼 수 있다.

치명적인 햄버거. E. coli O157:H7. 자연 상태에서 소의 내장에 사는 이 박테리아는 도살장에서 오염된 가축뼈 또는 이 박테리아가 들어 있는 비료를 사용해서 비옥하게 만든 토양에서 기른 채소 등을 통해 인체에 들어온다. 이 박테리아에 가장 오염되기 쉬운 음식은 의심할 여지없이 다진 쇠고기일 것이다. 오염은 도살 과정 또는 뼈 절단 과정에서 고기가 내장이나 분비물과 접촉할 때 주로 일어난다. 오염된 덩어리에서 잘라낸 모든 조각이 박테리아를 함유하고 있다고 하더라도, 이 박테리아는 고기의 표면에 머물러 있기 때문에 높은 온도의 열을 가해서 고기를 익히기만 하면 사멸한다. 다진 고기의 경우는 박테리아가 전체에 골고루 퍼지게 되

므로, 전체를 완전히 익히지 않으면 박테리아가 남아 있을 수 있다.

이 박테리아는 짐승 세포들과 결합하여 몸속으로 침투하는 속성을 지니지 않았으므로 소들에게는 전혀 무해한 반면, 일단 인체에 들어오면 심각한 해를 입힐 수 있다. 우선 복부 경련이 일어나고 출혈성 설사가 뒤따른다. 사람에 따라서는, 특히 어린아이나 노인의 경우에는 박테리아가 장기적으로 몸 안에 들어앉아 강력한 유독성분(시가독신)을 생성하기도 한다. 시가독신은 혈액 순환에 개입하여 혈관벽을 공격한다. 그러면 복잡한 반응이 연쇄적으로 일어나게 되어 궁극적으로 용혈요독 증세를 유발한다. 이 병에 걸리게 되면 혈소판의 양이 현저하게 감소하고(혈소판감소증 또는 저혈소판증), 적혈구가 파괴되며 신장 기능을 상실한다. 이 병이 진행되면 손상된 기관이 회복 불가능해지며, 결국 죽게 된다.

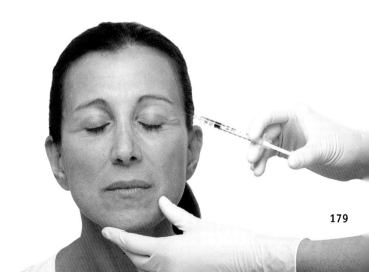

우리의 목숨을 앗아갈 수 있는 유독성분은 그러므로 무기물이나 식물, 동물 등 어느 것에나 포함되어 있다. 이 모든 유독성분들은 우리의 생화학적 진화가 안고 있는 두 가지 취약점을 공격한다는 공통적인 속성을 지닌다. 첫째로 신진대사에 필요한 에너지를 산소에 절대적으로 의존한다는 점, 둘째로 극도로 세련된 신경전달물질 간의 조율을 통해 우리 뇌가 신체 전부를 제어한다는 점이다. 생물 세계의 공격 또는 방어 전략의 진화는 이 이상적인 대상에 대한 공격을 선호해왔다. 방어적인 속성이 강한 식물 독은 식물을 보호한다. 덕분에 식물은 상대방에게 먹히지 않는다. 이들 독성분은 말하자면 식물 세계에서 가장 강력한 방어 기제에 해당된다. 식물들에게 독이 편재한다는 점과 인류 역사에 독성 식품이 적잖게 등장한다는 점은 우리를 쓴맛에 유난히 민감한 반응을 보이는 존재로 만드는 데 일조했다. 쓴맛은 많은 독성분이 공통적으로 지니고 있는 화학적 속성이기 때문이다. 맛을 통한 적응 덕분에 우리는 지난 20만 년 동안 지구상에 서식하는 40만 종의 식물을 채집하고 맛본 후 2만 5천 종 정도만을 과일, 채소, 허브, 향신료, 차, 초콜릿 등의 이름을 가진 식용 식물로 섭취함으로써 용케도 독물 중독에서 살아남을 수 있었다. 한편, 동물의 독은 방어적일 수도 공격적일 수도 있다. 방어용으로 이용되는 독은 주로 강렬한 색상을 통해 포식자에게 위험을 경고한다. 이런 색상을 대한 포식자는 당연히 위험을 피하는 전략을 구사한다. 공격용 독의 경우, 공격분자는 먹잇감을 마비시키거나 죽이는 데 사용된다. 다시 말해 포획 또는 소화를 용이하게 해준다. 독은 지구상에 존재하는 생명체들의 놀라울 정도로 복잡한 적응 과정을 상징한다. 독은 시대와 장소의 구별 없이 모든 문화권에서 경외의 대상 또는 두려움의 대상이었으며, 이러한 경외심이나 두려움은 충분히 그럴 만한 근거가 있다.

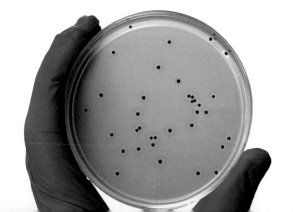

< 몇몇 질병의 원인이 되는 포도상구균(*Staphylococcus aureus*) 배양액

> 황금독개구리(*Phyllobates terribilis*). 잠깐 만지기만 해도 목숨을 잃을 수 있다.

8장

―

변사

이 세상에서 사람만큼 사람에게 두려움을 안겨주는 동물은 없다.

― 미셸 드 몽태뉴(1533~1592)

앞에서 언급한 전투-도주 반응과 관련하여, 아드레날린의 대량 분비는 당사자에게 위협이 다가오고 있으니 맞서서 싸우거나 도망치는 식으로 대비해야 한다고 경고를 보내주는 기능을 한다. 인간에게는 상대방을 공격할 수 있는 날카로운 발톱이나 예리한 이빨이 없다. 인간은 그렇다고 특별히 몸이 날래지도 않고, 두꺼운 피부나 딱딱한 껍질 등 방패 역할을 해줄 만한 보호막을 구비하고 있지도 않으며, 포식자를 피해 달아날 만큼 발이 빠르지도 않다. 우리가 진화 과정에서 다른 생명체들에게 적용된 자연도태의 압력에도 살아남을 수 있었던 건 예외적으로 뛰어난 신체적 특성 때문이 아니라, 대뇌 피질의 발달로 원래 타고난 해부학적 방어 기제의 미흡함을 보완해줄 만한 생존 수단을 마련할 수 있었기 때문이다. 강자가 그대로 법이 되어 군림하는 세계에서 인간과 같은 약자가 자연을 지배하게 된 것은

대단히 예외적인 일이다. 이 기이한 현상으로 미루어보면, 일찍이 지구상에 살았던 생물 가운데 인간만큼 신기한 존재도 없을 듯하다.

스탠리 큐브릭 감독이 만든 유명한 영화 〈2001 스페이스 오디세이〉에는 선사시대 부족이 등장한다. 굶주린 이 부족은 경쟁 부족에게 밀려 물을 빼앗기게 되자 동물 뼈를 무기 삼아 사냥을 하며 연명한다. 이 엄청난 도구를 발견한 덕분에 살아남은 이 부족은 거기에서 멈추지 않는다. 이들은 적의 우두머리를 죽이고 물을 도로 빼앗기 위해 이 무기를 사용한다. 이 장면은 인류의 진화에 폭력이 얼마나 밀접하게 연결되어 있는지를 보여준다는 점에서 매우 흥미롭다. 실제로 먹을거리를 얻기 위해서였건, 번식을 위해서였건 혹은 경쟁자의 것을 손에 넣기 위해서였건, 인간에게 '초인간적인' 힘을 부여해주며, 그로써 상대방을 복종시키고 자신의 세계관

을 상대방에게 강요할 수 있도록 해주는 새로운 무기의 발견 또는 발명은 인간 사회를 혁신하는 주요 원동력으로 작용했다. 오늘날에도 여러 소재(테플론, 케블라 등), 현대 생활에 필수적인 기술의 상당 부분(레이저, 컴퓨터, 인터넷 등)은 군사적인 목적에서 추진된 노력의 결과물로, 신무기를 만들기 위해 바쳐진 엄청난 에너지와 금전적인 지원이 없었다면 절대로 이루어질 수 없는 것들이다.

경쟁적인 무기 개발

무기란 무기는 모두 아군의 피습 위험을 최소화하면서 최대한 신속하게 적을 무력화하거나 죽인다는 공통점이 있다. 이런 의미에서 보자면, 팔의 연장이라 할 수 있는 선사시대의 몽둥이가 그 원시적인 특성에도 불구하고 똑똑한 원숭이들이 영장류로 진화하는 데 가장 중요한 전환점 역할을 했을 것이 분명하다. 이 몽둥이들이 최초로 타격의 위력을 눈에 띄게 증가시켰을 것이기 때문이다. 근거리 육탄전의 효율성은 돌이나 규석으로 만든 최초의 단검이 등장하면서 훨씬 높아졌다. 이 무기들은 후에 '도검류'(단검, 장검 능)라 부르게 될 일련의 무기들

의 원조라 할 수 있다. 이러한 무기들에는 아주 작은 체 표면(뾰족한 끝이나 날)에 모든 힘을 집중시킴으로써 무기가 적의 몸을 쉽게 파고들 수 있도록 한다는 원리가 공통적으로 적용된다. 도검류에 해당하는 무기의 위험성을 절대 과소평가해서는 안 된다. 예를 들어, 권총에서 나온 총알이 사람의 피부에 닿을 때 에너지 밀도가 약 $3j/mm^2$인 반면, 기운 센 성인이 다루는 예리하게 벼린 칼날의 에너지 밀도는 무려 $200j/mm^2$이나 된다! 다양한 총기로부터 발사된 탄알을 효과적으로 막아내는 여러 종의 방탄조끼가 단검에는 속수무책인 것도 다 이런 이유 때문이다.

물론 도검류의 효용성은 날을 어떻게 세웠느냐에 따라 많이 차이가 난다. 가령, 일본 철공 장인들의 가타나(일본도) 만드는 솜씨는 거의 완벽해서 이들이 만든 칼의 날은 아주 얇고 강했다. 덕분에 이 칼을 쓰는 사무라이들은 단칼에 적의 머리를 벨 수 있었다. 반면, 유럽 장인들의 실력은 그 같은 경지에 훨씬 못 미쳤다고 보아야 한다. 이들이 만든 검은 보완할 점이 많았다. 그래서인지 스코틀랜드의 메리 스튜어트 여왕이 잉글랜드의 엘리자베스 1세를 겨냥한 음모에 가담했다는 죄로 1587년에 처형당할 때, 형 집행인이 첫 번째로 내리친 도끼날은 여왕의 후두부만을 갈랐으며, 두 번째 날은 목덜미를 내리쳤으나 목을 완전히 자르지 못해 결국 도끼를 세 번이나 휘둘러서 겨우 여왕의 목을 잘랐다고 한다. 이러한 예는 적지 않다. 오죽했으면 그로부터 몇 년 후, 실수만발 참수형으로 인해 처형 당사자들이 고

뾰족한 창끝

통받는 광경을 보다 못한 조제프 이냐스 기요틴 박사가 좀 더 인간적인 처형 방식을 도입하려 했겠는가. 그의 소망은 앙투안 루이와 토비아스 슈미트가 그의 이름을 딴 장치인 기요틴, 즉 단두대를 발명함으로써 실현되었다.

위력적인 타격에도 불구하고 도검류는 공격자가 상대와 근접한 곳에 있어야 한다는 중대한 결점이 있다. 무슨 말이냐 하면, 적과 근거리에 있어야 하므로 적으로부터 치명적인 공격을 받을 위험 또한 상존하는 것이다. 따라서 무기의 진화 과정에서는 초기부터 멀리 떨어진 곳에서 상대를 죽일 수 있는 전략을 선호하는 경향이 뚜렷하다. 추진기(기원전 2만 년), 활(기원전 1만 2천 년), 쇠뇌(기원전 7천 년) 등의 기구, 즉 멀리 떨어진 거리에서도 적군이나 사냥감을 순식간에 무력화시킬 수 있을 정도로 놀라운 힘을 발휘하는 장치들이 연이어 발명된 것이 그 증거다. 원거리 살해라는 콘셉트는 20세기

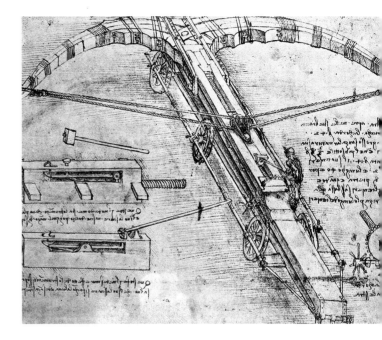

에 들어와 수천 킬로미터 떨어진 곳에 있는 인간들에 의해 원격 조종되는 드론이나 무인조종 전투기가 발명

∧ 16세기에 만들어진 일본 가타나 두 자루 　　　 ∧ 레오나르도 다빈치가 구상한 거대한 강철활

되면서 그 절정에 도달했다고 하겠다.

살인 광기

원시 사회에서부터 현대 사회에 이르기까지 대다수 인간 사회에 군림하는 폭력성은 역사를 점철해온 수많은 대량 학살, 인간을 제물로 바치는 의식, 유혈이 낭자한 참혹한 고문, 전쟁 참극 등을 통해서 여지없이 드러난다. 전쟁은 소위 문명화된 사회의 발명품이라고 믿는 사람들도 많은데, 지구상 곳곳에서 진행되는 고고학 발굴 작업을 지켜보면 오히려 그와 반대로 수많은 원시 부족들이 대부분의 시간을 이웃 부족과 전쟁하는 데 사용했음을 알 수 있다. 예를 들어, 지금으로부터 1만 4천

년 전으로 추정되는 고대 누비아 왕국의 무덤 제벨 사하바 발굴에 따르면, 그곳에서 발견된 유골(성인 남녀, 어린이 포함) 중 40퍼센트가량의 뼈에 석재 방사물이 박혀 있었다고 한다. 이들은 말하자면 변사당한 것이다.

폭력의 사용이 먹을거리를 얻기 위해서였거나 전쟁 때문이었다는 점은 얼마든지 이해할 수 있다. 그런데 인류 문명사에서 가장 끔찍하고 이해하기 어려운 문제 중 하나가 바로 자신과 같은 부류의 사람들에게 극심한 고통을 안기는 행위, 즉 고문을 자행하는 경향이다. 근육 잡아 늘이기, 능지처참, 십자가형, 몸에 말뚝 박기, 살가죽 벗기기를 비롯하여 온갖 잔인한 형벌이 유사 이래 줄곧 중죄인을 벌하거나 범죄 증거(자백 또는 공모 용의자 밀고)를 얻어내기 위해 자행되었다. 그러나 무엇보다도 끔찍한 건 그저 다른 사람이 괴로워하는 모습을

(190쪽으로 이어짐)

∧ B-2 전투기 스피리트기를 뒤따르는 두 대의 F-117A 나이트호크기

잔인한 죽음

고문이라는 것이 태생적으로 고통을 주기 위해 고안된 것일지라도, 능지처참, 십자가형, 꼬챙이 형벌, 이렇게 세 가지 고문은 잔인함이 특히 극심하다. 루이 15세를 암살하려 했다는 죄목으로 능지처참형에 처해진 프랑수아 다미앵이 받은 고통에 대한 묘사를 보자. 이 묘사는 그의 처형을 선고하는 왕의 칙령에서 인용했다.

"(…) 그곳에 세워질 처형대 위에서 불로 달군 집게로 가슴과 팔, 허벅지와 장딴지를 고문당할 것이며, 존속 살해의 패륜을 저지른 칼을 든 오른손은 불과 유황으로 지져야 할 것이다. 그가 불로 달군 집게로 고문당하는 부위에는 녹은 납과 펄펄 끓는 기름과 수지, 밀랍과 유황을 섞은 액체를 들이부을 것이다. 그런 다음 그의 몸은 네 필의 말에 의해서 찢길 것이며, 팔다리와 몸통은 불속에 던져져서 한 줌의 재가 될 것이다. 그리고 그 재는 바람에 날려 보내야 할 것이다."

죄인이 실제로 겪는 고난은 예고된 것보다 훨씬 참혹했다. 사람의 팔다리는 제아무리 네 마리, 아니 여섯 마리 말의 힘으로도 이론처럼 간단히 몸통에서 떨어져나가지 않았으므로, 선고받은 대로 형을 집행하기 위해서는 형리가 허벅지며 어깨 등을 칼로 잘라야만 했다.

기원전 7세기경 페르시아에서 전해졌을 것으로 추정되는 십자가형은 또 하나의 가혹한 처형 방식으로, 죄인이 극심한

고통 속에서 수치를 느끼며 서서히 죽어가도록 하기 위해 채택하는 형벌이었다. 십자가형을 받는 죄인들은 일반적으로 매를 맞고 채찍질을 당한 다음 밧줄이나 못을 이용해서 십자가 형태의 형틀에 매달리는 것이 순서였다. 채찍질로 인한 상처, 못으로 인한 조직 파괴 등은 상상하기 어려울 정도의 고통을 야기했을 것이 분명하다. 더구나 인체 내부의 기관들은

∧ 잔인무도한 형벌을 즐겼던 블라드 3세를 묘사한 판화

전혀 손상되지 않은 상태였으므로 사망까지 상당히 오랜 시간이 걸렸을 것을 고려한다면, 당사자들이 느끼는 고통은 이루 말할 수 없었을 것이다. 십자가형을 받은 죄인들의 직접적인 사망 원인은 여러 상황과 죄인의 건강 상태에 따라 다르겠으나, 대개 탈진, 탈수와 출혈로 인한 저혈량성 쇼크, 질식 등으로 추정된다.

로마 시대에 지역적인 반란 세력을 응징하기 위한 수단으로 자주 이용된 십자가형은 때로 상상을 뛰어넘을 정도로 잔인성의 극치를 보여주기도 했다. 기원전 71년, 크라수스는 스파르타쿠스가 주동하여 일으킨 난을 진압했다. 그는 로마와 카푸아를 잇는 장장 2백 킬로미터의 아피아 가도에 십자가 형틀을 세워 6천 명의 노예를 매달았다. 하지만 뭐니뭐니 해도 나사렛 사람 예수의 십자가형이 세계 역사에 가장 큰 영향을 끼쳤다. 기독교인들은 예수가 십자가에서 죽은 사실을 인류의 죄를 용서받기 위한 그의 희생이라고 해석한다.

능지처참이나 십자가형보다 더 강도가 세고 끔찍한 고문이 있다면, 아마 꼬챙이 형벌이 유일할 것이다. 왈라키아 공, 바로 블라드 체페슈(루마니아어로 '꼬챙이에 꿰는 사람'을 뜻함)라는 별명으로 유명한 블라드 3세(1431~1476)가 애용한 이 수법은 나무로 된 꼬챙이를 죄인의 몸에 꽂은 다음 그 꼬챙이를 땅에 세워서 꼬챙이가 서서히 몸속으로 뚫고 들어가도록 한다. 끝을 둥글게 다듬은 꼬챙이를 항문 속에 꽂아 그것이 천천히 몸을 관통하여 며칠 후 가슴이나 어깨, 혹은 입으로 나오기까지 처형당하는 자가 겪어야 하는 고통은 이루 말할 수 없다. 그러니 이 같은 처형을 즐기는 왈라키아 공이 불러일으키는 공포감은 쉽게 이해가 되고도 남는다. 왈라키아 침략을 획책하던 술탄 메흐메트가 어떤 생각을 했는지 들어보자.

"(…) 그는 자신의 앞에 꼬챙이가 숲을 이루고 있는 광경을 보자 흠칫 놀라지 않을 수 없었다. 한쪽 길이가 2킬로미터쯤 되는 공간 안에 2만 명 넘는 투르크 사람들, 불가리아 사람이 일부는 꼬챙이에 꽂히고, 나머지는 십자가에 매달린 채로 늘어서 있었던 것이다. 이들 한가운데에, 다른 꼬챙이보다 높이 솟아오른 꼬챙이에 꽂혀 있는 함자 파샤가 눈에 들어왔다. 그는 보라색 화려한 비단옷 차림 그대로였다. 꼬챙이에 꽂힌 채로 어머니들 곁에서 죽은 아이들의 내장엔 새들이 둥지를 틀었다. 이 참담한 광경 앞에서 사납기로 유명한 술탄은 '이처럼 잔혹한 일을 서슴지 않고 저질렀으며, 그럴 정도로 백성들과 권력을 마음대로 요리할 수 있는 자를 자기 나라에서 쫓아내란 불가능할 것'이라고 외쳤다. 하지만 자신의 속마음을 내보인 것을 후회라도 하는 듯, 그는 곧 이 같은 범죄를 자행한 자는 그러나 높이 평가할 가치는 없다고 덧붙였다." (칼코콘딜레스, 『그리스 제국의 쇠퇴와 투르크 제국의 정립』, 1577)

용이라는 별명(블라드 드라쿨)으로 불리던 블라드 2세의 아들인 블라드 체페슈(블라드 3세)는 드라큘라(루마니아어로 '작은 용'을 뜻함)라고도 불린다. 짐작하겠지만, 브람 스토커가 1897년에 창조한 그 흡혈귀의 원조다.

'정직한' 자백을 이끌어내고자 애를 썼다. 피의자에게 수 리터의 물을 들이키게 하는 '물 심문'이나 나무로 된 형틀로 다리를 죄는 주리틀기 등이 대표적인 심문 기술에 해당한다. 이렇게 해서 얻어진 '자백'의 효력은 물론 의심스럽기 그지없다. 이처럼 견디기 어려운 고통을 당하는 피의자 입장에서는 고문만 멈추게 할 수 있다면 무슨 말이든 하려고 들 테니 말이다. 그런데 참으로 심란한 건 가장 고귀한 명분(권력을 행사하는 자의 입장에서 보면 그렇다!)을 위해 이처럼 잔인한 폭력이 동원되었다는 점이다. 가톨릭교회조차도 종교재판이 있을 때면 때때로 고문에 의존했음을 상기해보라.

인간은 죽음을 가장 두려워하는 짐승임이 확실하다. 그런데 역설적이게도 인간은 아무렇지도 않게 자신과 같은 부류의 인간을 괴롭히고 그의 죽음을 야기하는 짐승이기도 하다. 인간이 지닌 살인적인 광기는 폭발물과 총기의 발명으로 한층 증폭되고 있다.

기름에 불붙이기

야금술의 발달이 살인을 위한 도검류 제작을 가능하게 했다면, 대포용 화약의 발견은 자신이 원하는 것을 손에 넣기 위해 인간이 폭력을 사용해오던 방식에 대대적인 전환점이 되었다고 할 수 있다. 초석(질산칼륨)과 숯, 황의 혼합물인 이 '검은 가루'는 당나라 시대(9세기)에 중국인들에 의해 최초로 발명되었다는 것이 정설이다.

보겠다는 일념에서, 말하자면 오로지 가학 성향(187쪽 박스 내용 참조) 때문에 이러한 고문을 행하기도 한다는 점이다. 진실을 자백하게 한다는 고문의 위력은 그러나 어느 정도 과장된 면이 없지 않다. 흔히 고통은 고문 기술자들이 얻어내고자 하는 답변을 받아낼 뿐, 그것의 진실성에 대해서는 확신할 수 없다. 가령, 중세에는 자백이 피의자의 죄를 입증할 수 있는 확실한 증거로 받아들여졌으므로, '심문'하는 기술을 요령껏 가다듬어

중국인들은 이 화약을 주로 불꽃놀이(이들은 대나무 줄기에 이 검은 가루를 채워서 로켓처럼 발사하곤 했다)에 사용했다고 한다. 하지만 이 가루가 지닌 살인 병기로서의 가공할 만한 위력이 곧 널리 알려졌으며, 그렇게 되자 저마다 앞다투어 이 가루를 빠른 속도로 발사되는 탄약으로 사용하기 시작했다. 5백 년 넘게 인류에게 알려진 유일한 폭탄으로 군림해온 대포용 화약은, 공격 전략에 있어서건 방어 수단 개발에 있어서건, 좌우지간 전쟁의 양태를 완전히 바꿔놓았다(박스 내용 참조).

어떻게 해서 자연 상태에서는 불활성인 이 단순한 가루가 열에 의해 데워지면 그처럼 대단한 폭발력을 지니게 되는가? 정상적인 조건에서라면, 물체의 연소는 대기 중에서 사용 가능한 산소에 의해 제한된다. 그렇기 때문에 바람이 불길을 일으키기도 하고, 반대로 공기 유입을 차단하면 불이 완전히 꺼지기도 하는 것이다. 폭약의 기발함은 연소 가능한 물질과 조연성 물질, 즉 연소에 필수적이라 할 수 있는 산소를 공급할 수 있는 물질을 동시에 품고 있다는 점이다. 검은 가루의 경우, 초석(질산칼륨KNO_3)이 산소를 공급한다. 초석은 열이 가해질 경우 숯과 황에 포함되어 있는 탄소 원자들을 산화시켜 탄산가스와 질소 가스를 발생시킨다.

$$10KNO_3+8C+3S \rightarrow 2K_2CO_3+ 3K_2SO_4+6CO_2+5N_2$$

검은 가루에 의한 폭발은 그러므로 매우 짧은 시간 안에 열의 형태로 엄청난 양의 화학적 에너지를 배출함으로써 화학 반응에서 생겨나는 기체들의 압력과 온도를 끌어올리는 속성에서 비롯된다. 이렇게 해서 발생

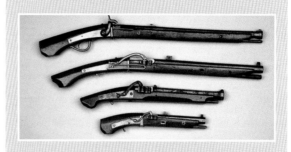

'다네가시마'라 불리는 일본 초기 소총

총기는 15세기부터 18세기까지 일본을 내란의 소용돌이에 휩쓸리게 했던 전국시대(戰國時代)가 막을 내리는 데 결정적인 역할을 했다. 1543년, 포르투갈인들을 태운 중국 선박 한 척이 일본 남쪽 다네가시마 섬에 좌초했다. 이 배에는 당시 유럽에서 선풍적인 인기몰이를 하고 있던 화승총이 실려 있었다. 당시 일본 무사들은 전적으로 도검류(장검, 활, 창 등)만을 사용할 뿐이었으므로, 총기 사용 관습은 이들에게는 완전히 낯설었다. 1575년 6월 29일에 벌어진 나가시노 전투에서 오다 노부나가와 그의 동맹세력이자 훗날 쇼군의 지위에 오르는 도쿠가와 이에야스는 3열로 도열한 병사들에게 화승총 3천 정을 주고 연속적으로 발사하게 하여 막강한 기마병력을 자랑하던 다케다 측을 초토화시켰다. 이 전투는 일본 통일의 향방을 결정하는 중요한 전투로 평가된다. 구로사와 아키라 감독의 영화 〈가게무샤影武者〉(1980)에서 실감나게 묘사된 나가시노 전투와 전투에서 다네가시마 총이 보여준 활약상은 인류 역사에서 총기가 지니는 막강한 영향력을 웅변적으로 보여준다.

하는 열은 방출되는 가스와 결합하여 초당 4백~8백 미터가량 이동하는 폭발 파동을 만들어낸다. 폭발이 제한적인 공간(대포, 화약통)에서 일어날 경우, 방출되는 에너지는 빠른 속도로 물체를 발사하기에 충분하다. 이미 오래전에 니트로셀룰로오스와 니트로글리세린을 원료로 하는 훨씬 성능 좋은 폭약으로 대체되었으며, 이제 검은 가루는 불꽃놀이용으로만 사용된다고 할지라도, 오늘날 사용되는 대부분의 수제 폭발 장치들의 작동 원리는 여전히 검은 가루의 작동 원리와 다를 바 없다. 예를 들어, 초석과 사촌 관계에 있는 분자인 질산암모늄(NH_4NO_3)은 적절한 연료와 어우러질 경우 어마어마한 파괴력을 지닌 폭발물을 만들어낼 수 있다. 이 분자는 몇몇 비료에 포함되어 있으며, 따라서 비교적 손쉽게 구할 수 있는 조연성 물질이라 할 수 있다. 특히 아프가니스탄에서 탈레반들은 나토(NATO)군 병사들을 살해할 목적으로 이를 이용한 폭탄을 제조한다. 아메리카에서 질산암모늄은 티머시 맥베이가 1995년 오클라호마 시티의 알프레드 P. 머라 빌딩을 폭파, 건물 안에 있는 어린이집에 다니던 어린이 19명을 포함하여 168명의 사망자를 낸 비극적 테러 사건으로 유명세를 탔다.

타격력

당연한 말이지만, 무기의 주요 기능은 최대한 신속하게 먹잇감 또는 적 따위의 목적한 대상을 죽이는(또는 무력화하는) 것이다. 여러 폭약들을 혼합하는 기술의 발견과 제어는 발사물의 속도를 높이고 발사 거리를 연장해

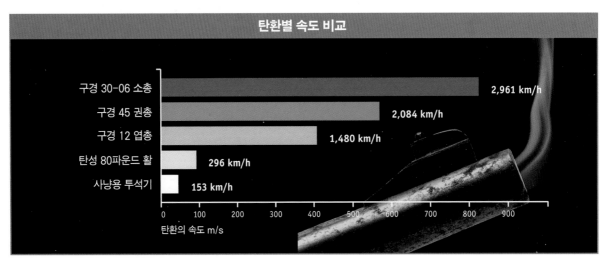

표1

줌으로써 무기 본연의 성능을 향상시켰으며, 따라서 무기 역사상 커다란 도약을 가능하게 해주었다(표 1). 한 예로, 화살을 자꾸만 아래쪽으로 잡아끄는 중력의 영향 때문에 아무리 뛰어난 궁수라 할지라도 50미터 이상 떨어져 있는 목표물을 맞추기가 어려운 데 비해서, 아프가니스탄에서 능력 있는 일부 저격수들은 연합군 진지에서 2.4킬로미터나 떨어진 목표물을 거뜬히 명중시키기도 했다!

우리 시대에 사용되는 총기용 탄환은 뇌관과 폭발 물질, 그리고 연결통으로 봉인되어 있는 포탄, 이렇게 세 가지 주요 요소로 이루어진다. 방아쇠를 당기면 용수철 장치가 뇌관 안에 들어 있는 소량의 화약을 점화시키게 되고, 그러면 문자 그대로 근처에 위치해 있던 연료 '가루에 불이 붙게' 된다. 연료는 처음엔 서서히 타다가(그래야 무기가 그것을 쥐고 있는 사람의 손에서 폭발해버리는 불상사를 막을 수 있다), 차츰차츰 연소가 가속화되면서 탄환을 빠른 속도로 총구 밖으로 내보낼 수 있을 만큼의 가스가 만들어진다. 탄환을 밖으로 쏟아내는 폭발은 무기의 총신 안에서 이루어지며, 그렇기 때문에 탄환이 총신 밖으로 나갈 때 폭발 압력이 갑작스럽게 떨어지게 되고, 이로써 총기의 공통적인 특징인 폭발음이 터져 나온다.

물리적 관점에서 보자면, 움직임과 관련된 에너지, 즉 '운동 에너지'는 $E = 1/2mv^2$로 정의된다. 여기서 m은 물체의 질량, v는 속도를 뜻한다. 이 방정식에 따르면, 발사물의 질량을 두 배로 키움으로써 에너지를 두 배로 증가시킬 수 있다. 하지만 속도를 두 배로 증가시키면 네 배의 에너지를 얻을 수 있다! 총알의 속도는 발사물에 포함되어 있는 화약의 양(그리고 효율)과 직접적으로 상관관계가 있으므로, 장거리를 날아가거나 육중한 짐승(몸집이 큰 사냥감)의 몸에 깊이 박히도록 설계된 탄환은 가까운 거리에 놓인 목표물을 맞추기 위한 탄환에 비해 크기가 훨씬 크다.

탄환의 타격 효과를 완벽한 수준으로 끌어올리려면 비단 속도뿐만 아니라 그 외에도 아직 개선해야 할 점이 많다. 탄환이 목표물을 향해 발사될 때의 주파수만 하더라도 재고해볼 여지가 많다. 이런 의미에서 본다면, 리처드 개틀링이 기관총을 고안한 1861년은 총기 역사상 큰 획을 그은 대전환점이라 할 수 있다. 근거리용 소형기관총, 돌격소총 등을 비롯하여 연속으로 수천 발을 쏘아 적군의 움직임을 제압할 수 있는 온갖 자동 또는 반자동 화기들을 제조하기 위한 피 튀기는 경쟁이 이때부터 본격적으로 시작되었기 때문이다. 맞았다 하면 치명적인 결과를 초래하는 발사물들로 주어진 공간을 제어할 수 있는 이 같은 무기들의 발명은 별다른 정확성 없이도 마구잡이로 적군을 죽일 수 있는 수류탄이나 폭탄, 지뢰 또는 그 외 다른 폭발물들과 마찬가지로 전쟁 방식을

완전히 새로 썼다.

총기 살인

현재 전 세계에는 6억 8천 8백만 정의 소형무기가 돌아다니고 있으며, 이 중에서 59퍼센트는 민간인들이, 38퍼센트는 군대가, 3퍼센트는 경찰이, 1퍼센트는 불법단체들이 보유하고 있다. 전체적으로 볼 때, 무장 갈등과 관련된 화기 사망은 연간 30만 건 정도로 추산되며, 민간 사회에서 총기로 인한 사망자는 20만 명 정도로 집계된다.

총기로 인한 사망은 크게 네 가지 요인에 좌우된다. 첫째, 탄알이 몸속 깊이 침투하여 생명 유지에 필수적인 기관에 손상을 입힌 경우. 둘째, 탄환의 지름에 해당하는 크기만큼의 구멍이 형성된 경우(영구적인 공동). 셋째, 탄환이 통과하는 동안 운동 에너지의 이동에 따른 일시적인 구멍이 형성된 경우. 넷째, 탄환 파편 또는 손상된 뼈 조각이 기관을 상하게 한 경우(매우 빠른 속도의 탄환에만 해당)(표 2). 이 중에서 어느 경우에 해당되건, 탄환이 몸속으로 침투한 부위와 침투 정도가 사격으로 인한 상처의 경중을 결정하는 데 가장 중요한 기준이 된다. 상처의 위중함을 판단하는 데 일시적인 구멍의 비중은 극히 미미하다. 인체 대부분의 조직은 비교적 탄성이 강하므로 이 같은 충격 정도는 어렵지 않게 흡수하여 큰 손상 없이 원래의 모습을 되찾을 수 있기 때

문이다. 그렇지만 간이나 비장처럼 탄성이 부족한 일부 기관이나 뇌처럼 다치기 쉬운 기관들은 이러한 일시적인 구멍으로 인하여 손상을 입을 가능성이 높다.

총기를 사용해서 한 사람을 즉각적으로 무력화시킨다는 건 흔히들 생각하는 것과는 달리 매우 어려운 일이다. 예를 들자면, 총기 또는 화기와 관련된 강력한 신화 중 하나로 TV나 영화에서 수없이 반복해서 등장하는 장면이 있다. 바로 총기들이 모든 것을 멈추게 하는 위력을 지닌 것처럼 그려지는 장면이다. 그런 장면을 자주 접하다보면, 누군가를 향해 총을 쏘기만 하면 총알이 상대의 몸에 닿는 순간 문자 그대로 바로 뒤로 넘어진다는 생각을 하게 된다. 사실 이러한 반응은 실제와 상당한 차이가 있다. 총기 피해자에게 가서 닿는 에너지의 양은 야구공을 맞았을 때의 에너지 양과 크게 차이가 없기 때문이다. 물론 총을 맞는다는 건 불쾌하

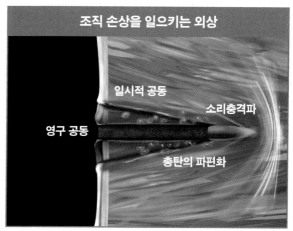

표 2

기 짝이 없는 충격임에 틀림없지만, 체중이 70킬로그램 정도 나가는 사람이 몇 미터씩이나 뒤로 나동그라질 정도로 강력한 충격은 아니다. 하지만 충격이 있을 경우 쓰러지는 사람이 여러 명 있다는 걸 우리는 경험적으로 잘 알고 있다. 솔직히 이러한 반응은 물리적이라기보다는 심리적인 것으로 보아야 한다. 위험에 직면하여 몸을 낮추려는 본능적인 행동인 것이다. 알코올이나 마약 등에 중독된 사람들은 총격에도 반응을 보이지 않는다는 사실이 이 같은 심리적 측면을 입증해준다. 아울러 이들에게서 나타나는 무반응은 폭력적인 상황에서 이들을 한층 더 큰 위험에 처하게 한다고도 할 수 있다.

총격을 가해 누군가를 즉각적으로 무력화시키는 것이 거의 불가능하다면, 그건 무엇보다도 생체 기능을

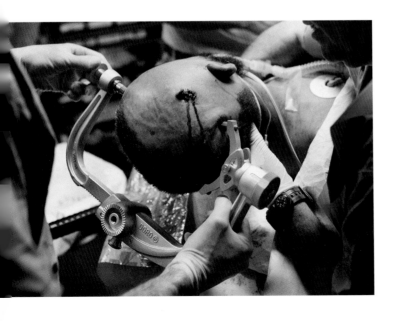

멈추게 하는 신체 부위, 즉 급소를 정확하게 찾아 파괴시키기가 매우 어려운 일이기 때문일 것이다. 보기엔 충격적이고 엄청난 파급력을 가진 것 같아 보이지만, 실제로 몸 안으로 들어간 총알은 일반적으로 50그램 정도의 조직을 손상시킬 뿐이다. 이 정도라면 솔직히 체중 70킬로그램가량 되는 사람에게는 무시해도 좋을 양이다. 다만 총알이 관통한 부위가 생명 유지에 필수적인 부위가 아니라는 조건 하에서 그렇다는 말이다. 실제로 총기를 사용해서 누군가를 즉각적으로 무력화하려면 그 사람의 신경계(뇌, 척수)를 겨냥하거나 주요 혈관 또는 심장을 적중시켜 많은 출혈을 야기해야 한다. 그러나 이러한 경우에도 즉각적으로 사망에 이르지는 않는다. 혈액 순환이 완전히 중지된 후에도 뇌에는 여전히 산소가 남아 있어서, 총알이 심장을 관통한 후 최대 15초 동안은 의지적인 움직임을 계속할 수 있다. 이 상황은 예를 들어 범죄자와 대결 중인 경찰에게는 매우 위험할 수 있다. 범죄자의 심리 상태(생존 본능, 중독 여부, 공격성)에 따라서는 총격을 받음으로써 나타날 수 있는 모든 증세를 뛰어넘을 수 있는 매우 강력한 신체적 반응을 보일 수도 있기 때문이다. 물론 이물질이 신체 내부에 머무는 시간이 길어지게 되면 여러 가지 부작용이 나타나 결국 총격을 받은 사람은 죽게 된다. 총탄을 맞은 후 살아 있는 시간은 총알 맞은 기관의 중요도, 출혈 속도, 그리고 좀 더 장기적으로는 질병을 일으키는 미생물에 의한 상처 감염 등에 따라 달라진다.

요컨대, 총기에 의한 변사는 대부분의 경우 직접적인

∧   두개골을 관통한 총알을 빼내기 위해 정위법 수술을 준비하는 광경

신경계 손상(총알이 뇌나 척수를 건드렸을 경우)이나 주요 혈관 파괴로 인한 과다 출혈 때문으로 보아야 한다. 손상 정도나 출혈 정도는 방사물의 속성과 속도, 신체를 관통하는 역량 등과 밀접한 관계를 맺고 있다. 오늘날 도검류나 화기류에 의해 사망하게 될 확률은 우리들 대부분에게 매우 낮은 것이 사실이다. 하지만 우리가 일상적으로 사용하는 물건 중에도 이러한 무기와 유사한 파괴력을 지닌 것들이 있다. 특히 모터 달린 이동 수단의 경우가 대표적이다.

치명적인 충돌

해마다 전 세계에서 1천 2백만 명이 교통사고로 목숨을 잃으며, 부상을 당하는 사람은 14만 명, 평생 장애인으로 살게 되는 사람은 1만 5천 명이다. 도처에 자동차가 깔려 있는 산업사회에서 핸들 조작하는 방식을 약간 달리 해도 이러한 사고들의 상당 부분을 예방할 수 있음에도 이를 어쩔 수 없는 것으로 받아들이고 있다는 사실은 참으로 놀랍고 어처구니없다. 두말할 필요도 없이 알코올이 교통사고 위험 증가의 주범이다. 자동차 회사 광고가 부추기는 과속 역시 또 다른 원인이다. 여기에다 운전 중에 휴대전화 사용하기, 문자 메시지 주고받기, 혼잡한 출퇴근 시간에 신문 읽기, 음식 먹기, 화장하기 등 자동차 운전과 동시에 해서는 안 되는 활동에 정신을 쏟느라 저지르는 어리석기 짝이 없는 방심 상태를

더하면, 목숨 건 위험 운전 행태의 목록이 완성된다.

교통사고가 자주 비극적인 결말로 마무리되는 것은 충돌이 일어날 경우 인체에 엄청난 힘이 가해지기 때문이다. 실제로 교통사고로 인한 외상성 상해의 심각성은 지금으로부터 3세기 전에 아이작 뉴턴이 밝혀낸 물리학의 기본 원칙(198쪽 박스 내용 참조)에 근거한다고 볼 수 있다.

뉴턴의 제1법칙에 따르면, 정면충돌이 일어날 경우, 탑승자 각각은 자동차 진행 속도와 같은 속도로 앞을 향해 전진하는 움직임을 계속한다. 이 경우, 안전띠를

매지 않은 탑승자는 다른 말이 필요 없이 그냥 몸이 앞으로 튕겨나간다. 그러니 반드시 안전띠를 착용해야 한다. 시속 80킬로미터로 달리다 충돌했다면, 불과 0.07초 만에 모든 탑승자가 핸들이나 앞 유리창에 부딪치게 된다! 똑같은 원리가 우리 내장 기관에도 적용된다. 갑자기 몸이 멈춰 서게 되면, 몸 안에 있는 각 기관은 계속해서 앞으로 진행하려 하며, 이 때문에 갑작스러운 감속에 의해 '가시 질량'이 엄청나게 증가한다(표 3). 차이가 시속 20킬로미터 이하일 때에는 일반적으로 심각한

상해가 발생하지 않는다. 반면, 차이가 시속 36킬로미터 이상이 되면 심각한 손상이 발생할 수 있으며, 속도 차이가 커질수록 중증 외상성 상해의 위험이 눈에 띄게 증가함은 두말할 필요도 없다.

갑작스러운 감속이 빚어내는 효과 외에, 당연한 말이지만, 진행 중이던 자동차가 부딪친 물체의 속성 또한 충격의 정도에 결정적인 영향을 끼친다. 길 가장자리에 치워놓은 눈더미를 박았을 때와 콘크리트 벽을 박았을 때의 손상이 같을 순 없지 않겠는가! 물리학 법칙에 따라 계산하면, 시속 50킬로미터로 이동 중인 자동차가 갑작스럽게 충돌할 경우 45톤가량의 압력이 발생한다.

외상성 뇌손상은 교통사고로 인한 가장 비극적인 결과 중 하나이며, 45세 미만 캐나다인들의 사망 원인 1위로 알려져 있다(우리나라에서도 외상이 44세 미만 인구의 사망 원인 1위이다―옮긴이). 비록 뇌 머리뼈와 여러 겹의 조직들로 보호받고 있다고는 하지만 뇌는 '유동

뉴턴의 물리학 법칙

• **관성의 법칙**: 운동 중인 물체는 물체에 작용하는 힘의 총합이 영(0)이면 일정한 속도로 직선으로 이동한다.

• **힘과 가속도 법칙**: 하나의 물체에 작용하는 힘의 합은 이 물체의 질량과 중력가속도를 곱한 값과 동일하다(F=ma). 따라서 교통사고의 경우 감속 정도가 클수록(다시 말해서 감속이 신속하게 이루어질수록) 물체에 가해지는 힘은 커지고, 손상 위험이 커진다.

• **작용-반작용 법칙**: 다른 물체에 힘을 가하는 물체는 역방향으로 똑같은 강도의 힘을 받는다. 바꿔 말하면, 충돌이 발생했을 경우, 갑작스럽게 정지한 물체에 의해 충돌물체에 가해지는 힘은 충돌물체가 갑작스럽게 정지한 물체에 가하는 힘과 동일하다.

속도에 따른 충격 효과

기관 (무게 kg)	가시 질량 (kg)		
	36 km/h	72 km/h	108 km/h
비장 (0.25)	2.5	10	25
심장 (0.35)	3.5	14	31.5
뇌 (1.5)	15	60	135
간 (1.8)	18	72	162
혈액 (5)	50	200	450
신체 전체 (70)	700	2,800	6,300

표 3   출처 : J. Albanène, 『중증외상환자』(2002)

적인' 기관이라 충격을 받으면 갑작스럽게 위치를 바꿔 두개골 벽에 심하게 부딪칠 수도 있다(표 4). 외상의 심각성은 일반적으로 타격력의 정도에 달려 있다. 뇌진탕의 경우, 충격으로 인하여 몇 초에서 몇 분 정도 의식 상실이 이어질 수 있으며, 사고를 당한 사람은 정신이 멍해지거나 시력이 약해질 수도 있고, 때로는 균형을 잃을 수도 있다. 신체를 접촉하는 스포츠 분야에서 자주 일어나는 이러한 진탕은, 경우에 따라서는 회복하는 데 시간이 오래 걸리기도 한다(운동선수로서의 경력을 마감해야 하는 수도 있다). 한편, 뇌좌상의 경우는 충격으로 조직 손상이 일어나 뇌 내부에서 출혈이 생기면서 신경세포에 피해를 줄 수 있는(5장 참조) 액체가 축적(부종)

될 수 있으므로 뇌진탕보다 훨씬 심각하다고 할 수 있다. 이러한 상황은 특히 혈액이 쌓여 엉김으로써 혈종이 형성될 경우 한층 더 위험해진다. 이럴 경우, 외상을 입은 사람은 충격을 받은 후 여러 시간, 아니 여러 날 동안 계속 거북함(극심한 두통, 균형 상실, 이상 행동)을 호소한다. 그러다가 회복 불가능한 혼수상태에 빠진다. 충격으로 뇌 머리뼈에 금이 가고, 그로 인해서 뇌 내부에 혈액이 쌓이게 되면서 신경조직이 직접적으로 손상을 입는 경우도 있다.

'채찍질 손상'(목에 충격을 주어 토끼를 죽이는 관습에 빗대어 프랑스어로는 '토끼 타격 손상'이라는 뜻의 'coup du lapin'이라고 한다)이라고도 부르는 목척추뼈(경추) 골절

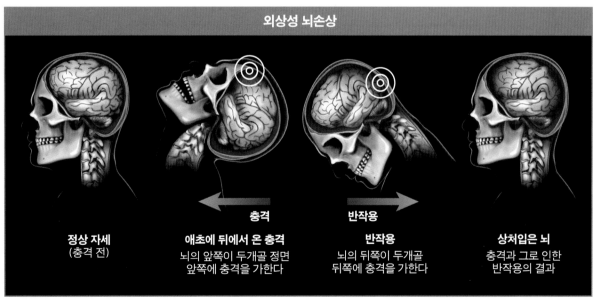

외상성 뇌손상

충격 ← → 반작용

정상 자세
(충격 전)

애초에 뒤에서 온 충격
뇌의 앞쪽이 두개골 정면
앞쪽에 충격을 가한다

반작용
뇌의 뒤쪽이 두개골
뒤쪽에 충격을 가한다

상처입은 뇌
충격과 그로 인한
반작용의 결과

표 4

은 교통사고를 당한 사람들, 특히 차체의 뒤쪽에서 충돌한 경우에 자주 관찰된다. 이 유형의 충격은 목이 갑자기 늘어났다가 급격하게 줄어드는 두 가지 격렬한 움직임 때문에 척추 골절을 야기할 수 있다. 제2경추(축추)에 충격이 가해질 경우, 자율적인 호흡을 조절하는 횡격막 신경분포 중심 부위에서 척수 파열이 일어날 수 있다. 이렇게 되면 순식간에 사망하게 된다. 다행히 이 척추의 손상을 피했다면, 사고를 당한 사람의 생명에는 지장이 없겠지만 평생 사지가 마비된 상태로 살아야 할 수도 있다.

교통사고 환자들에게서는 골반과 대퇴부 골간 골절도 자주 관찰된다. 탑승자가 충돌 순간 계기판에 부딪쳤을 때 나타나는 이 골절은 심한 출혈을 동반하며, 빨리 손을 써서 출혈을 막지 않으면 저혈량성 쇼크로 사망할 수 있다.

총기로 인한 사망과 마찬가지로, 교통사고(다른 종류의 사고에서도 그렇다)에서도 직접적인 사망 원인은 과도한 출혈(특히 흉곽 손상을 야기하는 출혈)이나 외상성 뇌손상이다. 그러므로 자동차는 총기에서 발사된 탄환과 마찬가지로 사람을 죽일 수 있는 위력을 지닌(실제로 너무 자주 그 위력을 행사한다) 진정한 흉기로 간주되어야 한다. 자동차 산업의 비약적인 발전은 자동차의 속도는 물론 전체적인 성능을 향상시킨 것이 사실이다. 그러나 너무 안락한 데다 외부 소음마저 완벽하게 차단되는 자동차 내부 때문에, 그리고 힘들이지 않아도 부드럽게 굴러가는 차체 때문에, 우리는 자동차의 실제 속도가 얼마나 빠른지, 그처럼 빠른 속도로 차가 이동할 때 어떤 물리학 법칙이 적용되는지에 대해 지나치게 무심해져버렸다. 게다가 휴대전화, 자동차에 내장된 컴퓨터, 소셜네트워크 서비스, 복잡한 작동법 등 운전 중에 사람들의 정신을 산만하게 하는 요소들도 나날이 늘어나는 형편이다. 그러다보니 우리는 무게가 수 톤이 넘는 자동차가 엄청 빠른 속도로 진행할 때 만들어지는 에너지의 양을 과소평가하는 경향이 있다. 자동차가 인체를 구성하는 조직의 연약함에 비해 대단히 파괴적이 될 수 있음을 자주 잊어버린다는 말이다.

∧ 플로리다 팬서스 팀의 데이비드 부스 선수가 필라델피아 플라이어스 팀 소속 마이크 리처드의 격한 공격을 받고 빙판 위에 누워 있는 광경

9장

예외적인 죽음, 충격적인 죽음

스러지는 건 중요하지 않다 / 무엇보다, 다른 모든 것보다 / 벚꽃이 지닌 고유함은
고귀하게 스러지는 것이다 / 폭풍이 몰아치는 밤에.

– 미시마 유키오(1925~1970)

명예냐 죽음이냐

1970년 일본이 낳은 유명작가가 할복자살하기 직전에 쓴 이 시는 죽음을 바라보는 일본과 서양의 태도가 얼마나 다른지 여실히 보여준다. 서양에서는 기꺼이 죽음이 지니는 비극적인, 아니 심지어 부당하다고도 할 수 있는 면을 강조하는 반면, 전통적인 일본 관점에서는 죽음이란 삶이 거쳐가는 하나의 단계임을 강조한다. 일본에서 죽음은 꽃잎이 떨어지는 것과 다를 바 없는 자연스러운 사건으로 여겨진다.

역사적 관점에서 볼 때, 죽음에 대한 이러한 거리두기는 세푸쿠, 즉 스스로 배를 갈라 죽는 할복자살에서 잘 나타난다. 세푸쿠는 무사들의 도리(무사도武士道)를 어겨서 명예를 잃은 사무라이들의 자살 의식을 가리킨다. 무사도는 문자 그대로 '무사들의 길', 즉 무사들이

전쟁터나 일상생활에서 지켜야 할 도덕적 규범을 뜻한다. 명문화되지는 않았으나 정교하게 가다듬어져서 사무라이들 사이에 구전되어온 이 규범은 상대방을 존중하고 자연을 사랑하며 운명을 신뢰하고 사물의 내적인 속성을 평온한 마음으로 받아들이라는 불교적인 가르침, 그리고 용기, 정의로움, 주군을 향한 충성심 등을 바탕에 깔고 있다.

이러한 원칙 중에서 하나라도 제대로 지키지 않았을 경우, 사무라이는 그대로 사느니 죽는 편을 선호한다. 그는 명상을 하고 시를 한 수 지은 다음 흰색 기모노로 갈아입고 흰 천 조각으로 칼날을 동여맨다. 그다음 그 칼을 결연히 자신의 복부 왼쪽 배꼽 높이 정도에 찔러 넣어 반대쪽 끝까지 길게 절개한다. 일부 극단적인 경우, 복부 아래쪽에서 위쪽으로 2차 절개를 감행하는 사무라이들도 있다. 그렇게 되면 복부에 들어 있던 내장

47명의 낭인(浪人)

일본에 관한 유명한 일화 중 하나가 바로 '47명의 낭인' 이야기인데, 판화의 대가 우타가와 구니요시(1797~1861)는 이 일화를 우리의 뇌리에 길이 남는 불후의 작품으로 남겼다. 〈추신구라忠信藏〉라는 제목의 이 서사시는 일본식 무신도를 아주 잘 보여준다. 때는 1701년. 기라와 반목 중이던 아사노 나가모리가 쇼군의 명을 받아 할복자살을 한 해이다. 아사노의 재산은 몰수되었고, 그가 부리던 무사들은 주군을 잃고 떠도는 낭인이 되었다. 1년 간의 치밀한 준비 끝에, 아사노에게 가장 충성스러웠던 이들 47인의 낭인들은 기라의 성을 공격하여 그를 죽임으로써 주군의 복수를 대신한다. 이렇듯 주군 아사노에 대한 의무와 충절을 지킨 낭인들은 차례로 배를 갈라 자살한다. 이들 47인의 낭인들은 도쿄 한복판에 있는 신사에 모셔졌으며, 이들에 대한 기억은 오늘날까지도 명맥을 이어오고 있다. 이들의 이야기는 명예를 지키기 위한 개인의 희생을 잘 보여주며, 일본 정신의 중요한 한 면모를 유감없이 드러낸다.

이 적출되고 장간막동맥이나 대동맥 등 중요한 혈관 파열이 일어난다. 이런 상황에서 느끼는 통증은 이루 말할 수 없을 정도이므로, 자살하려는 사무라이는 일종의 도우미를 곁에 둔다. 주로 친한 친구가 도우미로 간택되는데, 할복자살자의 고통을 줄여주는 뜻에서 긴 칼로 단번에 목을 쳐주는 것이 그의 임무이다. 서양 사람들은 매우 받아들이기 어려운 이 할복자살 의식이 봉건 일본에서는 용기 있는 행동으로 간주되었으며, 패배나 배신 또는 심각한 부상으로 명예를 잃게 된 무사는 스스로 목숨을 끊음으로써 명예를 지킬 수 있었다.

교수형

불행이 닥치거든 너는 목숨에는 목숨, 눈에는 눈, 이에는 이, 손에는 손, 발에는 발, 화상에는 화상, 상처에는 상처, 살해에는 살해로 대가를 치르거라.

— 출애굽기 21장 23~25절

국가 권력이 통제하는 형벌 체제의 확립은 인간 사회에서 질서를 유지하기 위한 중요한 전환점을 이룬다. 국가에게 폭력의 독점권을 부여하는 이 체제는 사적인 복수극을 줄이고 주민 전체의 공익을 보장하는 독립적인 사법 정의를 세웠다. 위에 인용한 탈리오 법칙은 말하자면 이와 같은 체제 확립에 선행하는 관행이었다고 볼 수 있다. (다행히도) 이러한 관행은 시간이 지남에 따라

< 세푸쿠 의식을 준비 중인 사무라이 석판화
> 에도 시대 갑옷

훨씬 섬세하게 다듬어졌다. 그렇지만 그 어떤 사법 제도도 완벽할 수는 없다. 제도의 공정성이란 집권 권력의 이데올로기와 직접적으로 연결되어 있기 때문이다. 유감스럽게도 이 국가 권력에 의해 행사되는 폭력이 남용되는 예는 헤아릴 수도 없이 많다. 국가가 보호해줄 것으로 기대하는 주민들에게 공포 분위기를 조장하는 것이 이러한 무력 사용의 주요 목적이기 때문이다. 오늘날까지도 몇몇 전체주의 국가들은 체제에 반대하는 '범죄자들'의 처형을 주민 통치의 수단으로 간주하는 경향을 보인다.

교수형은 오래도록 사형을 당할 정도의 중죄를 저지른 죄인들을 처형하는 가장 보편적인 방식으로 선호되었다(오늘날에도 일부 전체주의 국가에서는 여전히 이 방법을 사용한다). 이 방식은 효율적이기는 하지만 어떤 과정을 택하느냐에 따라 매우 잔인한 방식이 될 수도 있다. 흔히들 생각하는 것과는 달리, 대부분의 교수형에서는 폐로 주입되는 공기가 차단되기 때문에 처형당하는 사람이 사망하는 것이 아니다. 기도에서의 공기 순환을 막기 위해서는 엄청난 압력이 필요하다. 우리의 기관이 연골 조직에 의해 단단하게 보호받고 있기 때문이다. 일반적으로 밧줄로 목 주위를 조이게 되면 특히 뇌와 우리 몸의 나머지 부분을 이어주는 혈관이 손상을 입는다. 어느 정도의 압력을 가하느냐에 따라 신속하게 죽음을 초래하기엔 불충분할 수도 있다. 역사적으로 여러 유형의 교수형이 존재해왔으며, 다음에 소개하는 몇몇 사례가 가장 공통적으로 쓰였다.

낙폭 없는 교수형

처형당하는 자의 몸이 그다지 높지 않은 곳에서 떨어지며, 이때 그의 체중이 목에 두른 매듭을 조이게 된다. 역사상 대단히 오랜 기간에 걸쳐 보편적으로 사용되어온 이 처형 방식은 오늘날에도 이란을 비롯한 몇몇 나라에서는 여전히 사용되고 있다. 목을 매는 방식은 전 세계 대부분의 지역에서 자살하는 사람들도 선호하는데, 특히 동유럽에서는 자살자의 90퍼센트가 이 방식을 택한다.

이처럼 목매는 방식에 따른 죽음은 모든 점에서 목조르기에 의한 죽음과 유사한 양상을 보인다. 다만 목을 맬 경우 본인의 체중이 목에 가해지는 압력으로 작용하고, 목조르기의 경우 손의 힘(대체로 살인자의 손)에 의해 압력이 가해진다는 차이가 있을 뿐이다. 운이 나쁜 사형수라면 경정맥 손상이 일어나 머리로 올라간 혈액이 심장으로 돌아오지 못하게 된다. 이렇게 되면 머리 부분에 피가 고이게 되는데, 이는 그 부위가 부풀어 오르고 얼굴에 청색증이 나타나는 것으로 알 수 있다. 또한 뇌 부근에 부종이 나타나 의식을 잃을 수도 있다. 불행히도 줄에 매달린 사형수가 오래도록 몸부림을 치며 극심한 고통을 겪은 후에야 정신을 잃게 되는 경우가 대부분이다. 목을 매다는 처형 방식은 흔히 본보기를 보여주어야 한다는 의도에서 공개적으로 이루어져 왔다. '사형수들의 공중 댄스'는 호기심 많은 사람들이

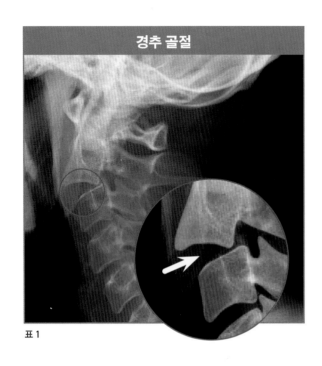

경추 골절

표 1

가해지면 경동맥사구 역시 압박을 받는다. 경동맥사구는 경동맥들의 분기점에 위치한 혈액 위주의 구조로서 뇌로 가는 혈액의 압력을 정확하게 조절하는 특성을 지니고 있다. 이 기관들은 밧줄에 의해서 압력이 가해지면 이를 긴장이 고조된 상태로 해석하여 즉각적으로 심장 박동을 늦추는 반응을 작동시킨다. 이렇게 되면, 극단적인 경우 심장마비가 올 수도 있다. 경동맥 압박으로 의식을 잃기까지는 6~15초 정도의 시간이 걸리며, 그로부터 5분 정도가 지나면 사망한다. 무술에서는 거센 공격 기합을 곁들여가며 사용하는 몇몇 타격 기법들(가령 일본 무술에서 급소에 가하는 일격을 뜻하는 '아테미')이 있는데, 맨손으로 싸우는 일본 무술 사범들은 오래전부터 급소로 알려져온 이 취약한 부위를 노린다.

높은 곳에서 몸을 떨어뜨리는 교수형

이 처형 방식은 '인도주의적인' 고려에서 고안되었다. 즉각적인 죽음을 야기함으로써 낙폭이 거의 없는 교수형이 사형수에게 안겨주는 불필요한 고통을 줄이자는 취지에서 발명되었다는 말이다. 바닥에 장치한 뚜껑문을 열어 사형수의 몸을 일정한 높이에서 그 아래로 떨어지게 하면, 몸이 바닥에 닿는 순간 가속화되던 추락이 갑자기 멈추게 되므로 척수 파열이 일어나고 이는 곧 신속한 사망으로 이어진다는 원리이다. 그런데 실제로 사형수의 키 정도에 불과한 낙하 거리는 이러한 원리가 제대로 적용되어 목뼈가 부러지기엔 충분하지 못했으므로, 사형수들은 오히려 목을 졸릴 때 나타나는 증세로

좋아하는 구경거리로 인식되었다. 그다지 높지 않은 곳에서 목을 매다는 처형을 약간 변화시킨 것이 현가(懸枷)장치를 이용한 교수형으로, 사형수를 (예를 들어 기중기 같은 장치를 이용해서) 공중으로 들어 올리는 방식이다. 이 경우 직접적인 사인은 낙폭이 크지 않은 곳에서 사형수를 떨어뜨릴 때와 전혀 다르지 않다(사형수 자신의 체중이 동아줄을 잡아당긴다).

반면 밧줄이 경동맥을 압박함으로써 뇌로 가는 혈액 공급이 즉각적으로 중단되고, 그러면 곧이어 의식을 잃게 되는 몇몇 사례들도 보고되었다. 경동맥에 압박이

인하여 죽음을 맞게 되는 수가 많았다. 반대로 밧줄이 너무 긴 경우 사형수의 목이 완전히 떨어져나갈 수도 있었다. 신속한 죽음임엔 틀림없으나, 형 집행 책임자들에게는 매우 끔찍한 외상성 경험이 아닐 수 없었다. 이와 같은 극단적인 경우를 배제하기 위해 영국 출신 형리(윌리엄 마우드)는 1872년 사형수의 체중에 따라 필요한 적정 높이를 계산하는 방법을 고안해냈다. 제2경추를 탈구시키기 위해 목에 얼마만큼의 압력이 가해져야 하는지, 즉 '죽음 계산법' 연구에 성공한 것이다. 그 후 이 골절은 '형리의 골절'(요즘엔 주로 일부 자동차 사고에서 이 현상이 관찰된다)이라는 이름으로 불린다(표 1).

치명적인 마약

> 행복은 이미 소유하고 있는 것을 계속적으로 욕망하는 것이다.
>
> — 아우구스티누스 성자(354~430)

포유류의 뇌 용량이 지속적으로 증가함에 따라 나타난 희한한 현상 중 하나는 거짓 현실, 바로 잠자는 동안 꾸는 다소 황당한 꿈의 형태를 빌어 표현되는 가상 세계를 만들어내려는 경향이다. 이러한 꿈이 인간의 정신에 미치는 영향을 구체적으로 측정하기란 매우 어렵지만, 한 가지 확실한 건, 그 꿈들이 뇌의 과도한 활동을 보여준다는 사실이다. 마치 뇌의 역량이 본래 뇌에 부여된 생리적인 기능을 훌쩍 넘어서며, 일상 세계의 현실만으로는 만족하지 못한다고 주장이라도 하는 듯이 말이다. 이러한 꿈들이 뇌가 수집한 정보의 취사선택과 기억, 통찰력 있는 자료의 선별 등에 개입한다는 주장도 있다.

인류 역사에서 향정신성 물질이 차지하는 비중은 인간의 뇌가 현실에 의해서 강요되는 한계를 뛰어넘기 위해 끊임없이 애를 쓰고 있음을 보여주는 좋은 예라 할 수 있다. 각성 상태를 증진시키기 위해서건(콜라, 담배, 커피), 세계를 다른 방식으로 지각하기 위해서건(알코올, 대마초, 아편), 아니면 시청각적인 환각을 통해 비정상적인 의식 세계로 진입하기 위해서건(마술 버섯, 메스칼린, 이보가, 아야화스카), 인류의 모든 문화권에서는 의학적인 동시에 종교적인 기능을 담당한 이들 물질에 특별한 지위를 부여했다.

지난 여러 세기 동안 효과를 인정받아온 향정신성 물질 중에서 일부 양귀비 종류에서 추출하는 유액은 오래전부터 지각 방식을 바꾸는 데 효과가 (212쪽으로 이어짐)

∧ 로다눔 병

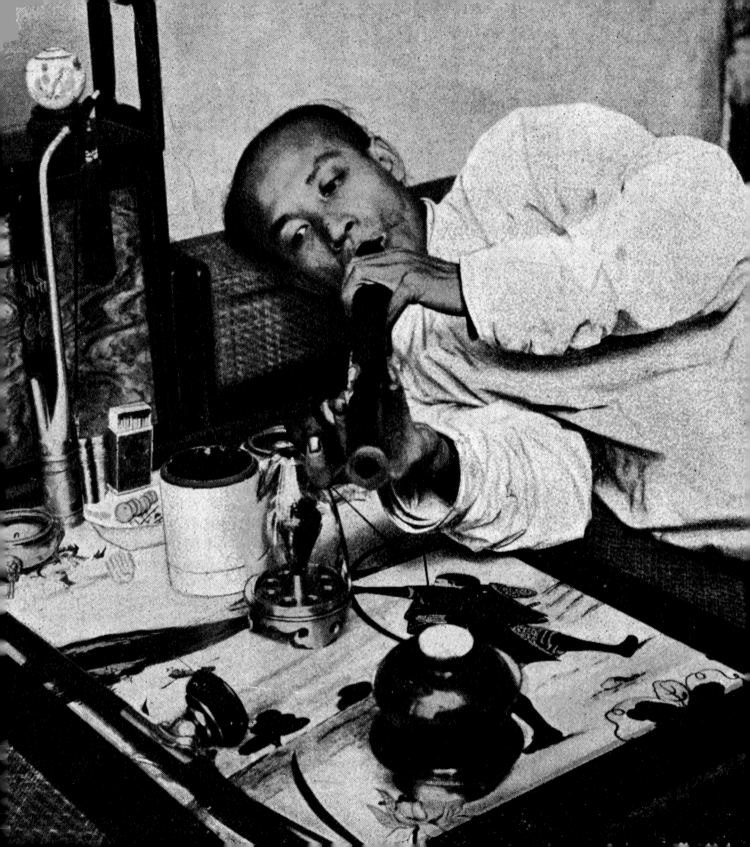

모르페우스 신의 달콤한 유혹

아편(*Papaver somniferum*) 은 수천 년 전부터 메소포 타미아와 유럽 남부에서 재 배되어온 양귀비의 한 변이 체에서 추출한다. 이 식물 은 성체가 되면 60여 가지 의 복합 알칼로이드를 함유 하고 있는 하얀 유액을 분 비한다. 이 알칼로이드 가운데 대표적인 것이 양귀비의 씨 방에 풍부하게 들어 있는 모르핀이다. 그리스인들이 코데이 온(kodeion, 양귀비의 알칼로이드를 가리키는 코데인이라는 용 어는 여기에서 유래했다)이라고 부르던 이 꽃봉오리가 노란 빛을 띠기 시작하면 여기에 칼금을 내서 오피오스(opios), 즉 즙이 흐르도록 한다. 이 즙에서 점차 물기가 날아가면 모 르핀 함량이 약 16퍼센트가량 되는 수지가 얻어진다. 대뇌 변연계(감정, 정서의 사령탑)에 작용하는 모르핀은 통증과 긴 장을 없애주며 부드러운 행복감을 선사한다. 아편 종류를 반복 섭취하면 이러한 효과에 내성(耐性)이 생겨 똑같은 효 과를 얻기 위해서는 복용량을 점점 늘여가야 한다. 요컨대 매우 중독성이 강하다. 이 같은 중독성은 모르핀의 일종인 헤로인(diacetylmorphine)의 경우 특별히 더 강하게 나타난

다. 헤로인은 자연 상태에서는 존재하지 않는 분자로, 뇌에 쉽게 도달할 수 있는(주사로 주입할 경우 15~30초, 연기 형태 로 흡입할 경우 7초) 특성 덕분에 모르핀보다 효과가 4~5배 가량 강하다. 독일 제약회사 바이엘사의 화학자들이 모르핀 을 원료로 하여 합성하는 데 성공한 헤로인은 1898년 처음 상용화되었을 당시에는 모르핀 대용 약품으로 판매되었다. 특히 기침(당시엔 결핵이나 폐렴이 사망률을 높이는 주된 요인 이었다) 치료제로 의학계의 열렬한 환영을 받았다. 헤로인이 모르핀으로 동화 변형되며, 따라서 강한 중독성을 야기한다 는 사실은 그로부터 몇 년이 지난 후에야 알려졌다. 일부 사 용자들은 헤로인이 들어간 약품을 구입하는 데 필요한 돈을 마련하기 위해서라면 무슨 짓이건 다 할 태세였다. 심지어 는 쓰레기통을 뒤져서 팔면 돈이 될 만한 물건들을 찾아내 는 일도 마다하지 않았다(헤로인 복용자들을 '정키junkie'라고 부르는 것도 이 때문이다). 이제까지 그 어떤 분자도 헤로인 만큼 처절하게 심신을 망가뜨리는 중독의 폐해를 안겨준 적 이 없었다. 그러나 유감스럽게도 헤로인은 상대적으로 너무 구하기 쉽다. 전 세계 2천만 명의 헤로인 소비자들을 대상 으로 라오스 · 미얀마 · 태국 국경 지대(골든 트라이앵글)와 이란 · 아프가니스탄 · 파키스탄 국경 지대(골든 크레센트)에 서 집약적인 양귀비 재배가 이루어지고 있기 때문이다.

< 아편을 피우는 중국인(그림엽서), 1900년경

매우 좋은 마약으로 손꼽혔다. 수메르인들(기원전 3천 년)이 '기쁨을 주는 식물'이라고 찬양한 이 양귀비는 기원전 1천 5백 년 무렵에 작성된 것으로 여겨지는 고대 이집트 파피루스 의학문집 『코덱스 에베르스』에서도 벌써 "아기들이 우는 것을 방지하는" 치료제(효과가 매우 좋았을 것이 확실하다!)로 등장한다. 그리스인들도 양귀비의 향정신성 효력에 매혹되었다. 통증을 약화시킬 뿐 아니라 신들과의 교감을 도와준다는 이유에서였다. 더구나 그리스 신화에 등장하는 히프노스(잠의 신)와 그의 아들 모르페우스(꿈의 신)는 일반적으로 손에 양귀비를 들고 있는 것으로 묘사된다. 인간들에게 평온한 휴식과 기분 좋은 꿈을 선사한다는 표시가 아니겠는가.

아편이라는 이름으로 더 잘 알려진 이 양귀비 추출액은 여러 가지 식물성 대사 물질(당분, 지방, 단백질, 고무, 밀랍)과 60여 종의 알칼로이드가 복잡하게 혼합된 물질이다. 이들 알칼로이드 성분 중에서는 모르핀(10~15퍼센트)과 코데인(1~3퍼센트), 노스카핀(4~8퍼센트), 파파베린(1~3퍼센트), 테바인(1~2퍼센트) 등이 가장 널리 알려져 있다. 테바인을 제외한 이 분자들은 모두 비교할 수 없을 정도로 뛰어난 통증 완화 특성을 지니고 있어 진통제로 쓰일 수 있다. 그중에서도 모르핀은 오늘날까지도 매우 심각한 질병, 특히 말기암 환자들의 극심한 통증을 덜어주는 데 없어서는 안 될 약으로 사용된다.

모르핀의 진통 효과는 엔도르핀 부류의 작용을 모방하는 특성에서 비롯된다. 엔도르핀은 통증에 대한 뇌의 반응으로 생성되는 신경전달물질에 속한다. 이 엔도르핀류(프로엔케팔린, 프로디노르핀, 프로오피오멜라노코르틴)는 주로 대뇌 변연계(감정, 정서의 중심)에 자리 잡고 있는 수용체들과 결합함으로써 기쁨과 이완, 대담함, 통증에 대한 내성(이 신경전달물질들은 통증이 있을 때뿐만 아니라 운동이나 성적 흥분 등으로 감정이 격앙될 때 분비된다) 등을 야기한다. 모르핀은 수용체와 결합하면서 통증을 관상하는 기제를 차단하는 것이 아니라 이 통증에 대한 주관적인 인식 기능을 억제한다. 그러므로 모르핀을 투여받는 환자들이 통증의 존재는 인식하고 있으나 그것에 대해 완전히 무감각해지는 현상은 얼마든지 가능하다.

엔도르핀은 우리의 '정서적 건강'을 유지하는 데 중요한 역할을 하는데, 이는 모르핀 같은 아편류에 의해 쾌감을 느끼는 계통이 활성화되는 것을 뇌가 좋아하기 때문이라고 설명할 수 있다. 그러니 시간이 지날수록 아편 사용자가 증가했다 해도 그리 놀라운 일이 아니다! 16세기에 파라셀수스라고 하는 연금술사는 알코올(브랜디)을 이용해 아편을 추출하면 매우 효과 좋은 치료제를 만들 수 있다는 사실을 알아냈다. 그는 이 치료제를 로다눔(laudanum)이라고 이름 붙였는데, 이는 '칭송하다'를 뜻하는 라틴어 'laudare'에서 따온 이름이라고 한다. 19세기 말까지 감기 같은 단순한 질병에서부터 심장병같이 심각한 질환에 이르기까지 다양한 여러 문제를 치료하는 보편적인 약물로 각광받았던 로다눔은 말 안 듣는 자식들과 씨름하느라 지친 부모들이 아이들을 진정시키는 약으로도 사용했다.

불행하게도 아편은 중독성이 매우 강하다(211쪽의 박스 내용 참조). 영국을 비롯한 열강들의 식민지 개척 덕분에 아편 구입이 손쉬워지면서 20세기의 중대한 사회 문제로 대두될 약물 중독 현상의 토대가 마련되었다. 당시 인기 절정을 구가하던 이 마약에 대해 프랑스 시인 보들레르는 "오 정의롭고, 은근하면서도 강력한 아편이여! (…) 너는 낙원의 열쇠를 쥐고 있구나!"라는 찬사를 보냈다(『인공낙원Les Paradis artificiels』, 1860). 시인의 표현은 단기적인 안목에서 보자면 반드시 틀렸다고는 할 수 없으나, 몇십 년의 시간이 흐른 후, 인공낙원 추구에 따르는 위험, 다시 말해서 아편과 파생상품뿐만 아니라 벤조디아제핀(아티반), 바르비투르산제, 그 외에 신경계를 진정시키는 다른 합성물질들이 얼마나 위험한지가 적나라하게 드러났다.

호흡 장애

아편이나 알코올, 벤조디아제핀, 바르비투르산제 같은 마약성 물질이 선사하는 안락함과 긴장이 이완되는 듯한 느낌의 이면에는 이들 분자들과 뇌간 차원에서 호흡에 관계하는 뉴런들 간의 상호작용이 관찰된다. 어느 것이 되었건 이들 물질을 너무 많이 복용하면 압력을 떨어뜨리는 효과가 너무 강력하게 나타나는 나머지 폐로 가는 신경임펄스가 완전히 억제되어 호흡이 정지되면서 사망에 이를 수 있다. 이런 유형의 사망 위험은 헤

로인처럼 강력한 아편류 사용자에게 특히 높게 나타난다. 헤로인을 정기적으로 복용하는 자들의 사망률은 비사용자에 비해 스무 배나 높으며, 특히 과다복용이 원인이 되는 경우가 대부분이다. 하지만 흔히 사람들이 생각하는 것과는 달리, 이들의 죽음은 단순히 혈액 속에 지나치게 많은 양의 마약이 들어 있기 때문이 아니다. 이들은 마약 성분과 압력을 떨어뜨리는 다른 인자들 사이의 복잡한 상호작용 결과로 죽게 되는 것이다.

벼락

번개를 보았거나 천둥소리를 들었다면 벼락을 맞은 것이 아니다.

- 대 플리니우스, 『박물지』, II c. 77-79

벼락은 상당히 자주 일어나며, 우리의 눈길을 끄는 가장 강력한 자연 현상 중 하나이다. 매 초마다 지구상에는 2천 번가량의 뇌우가 일어난다. 평균적으로 1초에 45번씩 번개가 친다고 할 때, 1년이면 15억 번의 번개가 치는 셈이다. 지구상에 명멸한 모든 문명은 예외없이 인간의 행동 때문에 신이 진노하여 벼락이 친다고 생각했다. 그리스인들의 제우스, 바빌로니아인들의 아다드, 인도인들의 인드라, 일본인들의 라이진 등이 천둥과 벼락을 마음대로 부릴 수 있는 막강한 신들이었다.

이러한 자연 현상이 일어나는 원리를 알지 못했기 때

214 ∧ 헬리오스의 아들 파에톤이 제우스 신의 벼락을 맞아 지상으로 떨어지는 장면을 묘사한 판화작품

문에 인간들은 수천 년 동안 벼락이 치면 무작정 당하는 수밖에 없었고, 심지어 무지 때문에 매우 위험한 행동마저도 서슴지 않았다. 예컨대, 인간들은 오랫동안 교회의 종을 울리면 뇌우를 멈출 수 있고, 따라서 벼락을 멀리 쫓아 보낼 수 있다고 생각했다. 말하자면 신에게 인간들을 구해달라는 기도를 올리는 마음으로 교회당의 종을 쳤던 것이다. 하지만 이 같은 전략의 실효성에 대해서는 솔직히 고개가 갸우뚱해지는 것이 사실이다. 벼락이 교회 종탑에 얼마나 자주 떨어지는가! 18세기 독일에서 실시한 조사 결과에 따르면, 30년 동안 386개의 종탑에 벼락이 떨어졌으며, 뇌우가 쏟아지는 동안 종을 치던 사람들 중에서 121명이 죽거나 심각한 부상을 당했다! 벼락이라는 자연 현상의 원리를 이해하는 오늘날의 우리가 보기에 이 가엾은 사람들은 벼락이 칠 때 제일 먼저 피해야 할 장소에 있었다. 교회당의 종탑이야말로 지면과 구름의 전기가 접촉할 수 있는 가장 이상적인 장소, 다시 말해 벼락을 피하려는 사람에게는 최악의 장소이니 말이다(표 2).

벼락사

우리 인체에는 신경으로 이루어졌으며, 생체 기능에 필수적인 역할을 담당하는 놀라울 정도로 많은 전기회로가 포진하고 있으므로 벼락을 맞게 되면 굉장히 위험하다. 강도 높은 방전이 인체로 전달될 경우 신경임펄스의 정상적인 전달 기능에 장애가 일어날 수 있기 때문이다. 바로 이런 이유 때문에, 벼락으로 인한 사망의 직

(218쪽으로 이어짐)

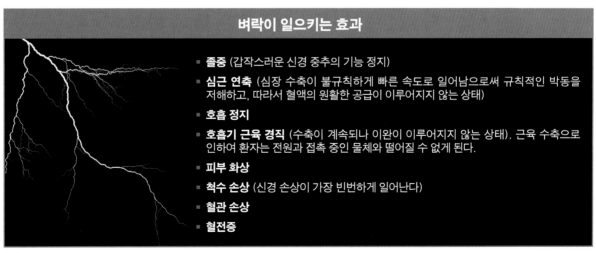

벼락이 일으키는 효과

- **졸중** (갑작스러운 신경 중추의 기능 정지)
- **심근 연축** (심장 수축이 불규칙하게 빠른 속도로 일어남으로써 규칙적인 박동을 저해하고, 따라서 혈액의 원활한 공급이 이루어지지 않는 상태)
- **호흡 정지**
- **호흡기 근육 경직** (수축이 계속되나 이완이 이루어지지 않는 상태). 근육 수축으로 인하여 환자는 전원과 접촉 중인 물체와 떨어질 수 없게 된다.
- **피부 화상**
- **척수 손상** (신경 손상이 가장 빈번하게 일어난다)
- **혈관 손상**
- **혈전증**

표 2

벼락은 어떻게 해서 일어나는가?

뇌우를 일으키는 구름(일반적으로 깊이가 수 킬로미터에 달하는 적란운)이 발달하면서 엄청난 전하를 띠게 된다. 구름의 윗부분엔 양전하가 모이는 반면 아래쪽(지면에 가까운 쪽)엔 음전하가 모인다. 상반되는 전기를 지닌 두 영역으로 인하여 전기장이 형성되며, 이로써 구름 내부에서 전류가 발생한다. 이것이 하늘에서는 번개(뇌우 때 보게 되는 번개의 4분의 3은 이런 방식으로 일어난다)로 나타난다. 그런데 우리에게는 하늘에 나타나는 번개보다 구름 아래쪽의 음전기를 띤 입자들이 지면에 양전기를 축적하는 현상(반대되는 성질의 전기는 서로를 끌어당기는 경향이 있다)이 한층 위협적이다. 공기는 전도체가 아니지만, 그 정도의 비전도성으로는 구름 내부의 전기장이 강력해질 경우 반대되는 전기들끼리 서로를 잡아끄는 힘을 차단하기에 불충분하다. 보이지 않는 음전기(스텝트 리더stepped leader, 선행 방전)가 지면을 향하게 되면 지면에 모여 있던 양전하의 움직임이 시작된다. 전하들은 대체로 높은 지점(교회당의 종탑, 나무 꼭대기, 서 있는 사람)에 집중되며, 스텝트 리더가 충분히 가까워지면 지표면과 접촉하고 있는 물체의 최정상부에서 리턴 스트로크(return stroke, 귀환 방전)가 형성된다. 이 단계에 이르면 문자 그대로 '대기는 전기를 머금게' 된다. 두 전류의 만남이

임박했음은 푸르스름한 빛을 통해서 확인할 수 있다. 또한 선박의 돛(세인트 엘모의 불)이나, 사람의 경우라면 머리(문자 그대로 머리카락이 곤두선다)같이 높은 지점에서 방전 현상이 일어나는 것으로도 알 수 있다. 두 전류의 만남으로 말하자면 지면과 하늘 사이에 전기를 전달해주는 다리가 생기게 되며, 강력한 전류가 이 통로를 통과한다. 1천만~1억 볼트의 전압에서 1만~2만 5천 A(암페어)의 전류가 10만 km/s이라는 속도로 상승(지면에서 하늘로)하는 것이다. 이처럼 어마어마하게 강력한 전류가 흐르면 대기가 순식간에 더워지며(순간적으로 30,000℃까지 올라간다!), 벼락의 전형적인 특성인 섬광이 나타난다. 이처럼 엄청난 열이 방출되면서 대기 온도가 상승하면 이와 동시에 충돌 지점으로부터 음파가 발생한다. 이것이 번개가 치고 나서 얼마 후 천둥소리가 들리는 이치이다. 천둥소리를 번개가 나타나고 난 다음에야 듣게 되는 건 소리의 전달 속도가 빛의 전달 속도보다 느리기 때문이다. 우리가 있는 곳이 벼락이 떨어진 곳으로부터 얼마나 멀리 떨어져 있는지 알려면, 번개를 본 시각과 천둥소리를 들을 시각의 차이만 계산하여, 3으로 나누면 된다. 번개가 지면에서 시작되면, 천둥 또한 지면에서 시작된다. 그렇기 때문에 가까이에서 벼락이 칠 때 우르릉 하는 굉음이 들려오는 것이다.

접적인 원인으로는 신경 신호에 가장 높은 의존도를 보이는 생체 기능, 즉 심장과 폐 기능의 정지를 꼽는다. 이는 다른 모든 감전사에서도 마찬가지이다. 이러한 신체 기관에 미치는 영향 외에도 벼락으로 인한 사고는 가슴을 철렁하게 하는 다양한 증세를 낳는다(표 2).

대체로 한 번에 한 사람이 희생되는 사고이긴 하나, 그럼에도 벼락사는 해마다 겪는 자연 현상 중에서 가장 많은 희생자를 내는 사건으로 꼽힌다. 희생자 수로 보자면 토네이도나 태풍보다 단연 위력적이다. 벼락을 맞은 사람들 가운데 10퍼센트 정도는 죽고, 70퍼센트는 오래도록 후유증으로 고생한다. 기억력 저하와 성격 변화가 대표적인 증상이다. 운이 나쁜 몇몇 사람들은 평생 여러 번씩이나 벼락을 맞기도 한다. '인간 피뢰침'이라는 별명을 얻은 버지니아 주의 산림감시원 로이 설리번은 1942년부터 1977년까지의 기간 동안 무려 일곱 차례나 벼락을 맞는 진기록을 세웠다. 그는 그때마다 용케 살아났지만, 발가락과 눈썹 등을 잃었고, 팔다리, 가슴, 배 등에 많은 상처를 안고 살아야 했다.

직접적인 벼락사. 번개가 지나가는 경로에 위치한 지면에 발을 대고 있는 사람에게 일어난다. 이때 지면은

∧ 스즈키 기이추, 천둥의 신을 묘사한 미닫이 패널

아무런 지형지물이 없는 나대지일 경우가 대부분이다. 이런 상황에서 전류는 가장 높은 곳(머리 또는 우산처럼 머리 위로 치켜든 물체)에서 하반신을 지나 지면으로 흐른다. 전기가 온몸을 관통할 경우, 전류의 세기는 불과 1백만 분의 1초 만에 최대 1,000A(암페어)에 도달할 수 있다! 머리와 발 사이의 전위차는 300,000V(볼트)에 달하는데, 다행히 인체의 저항은 매우 크므로 전류의 대부분은 저항이 적은 길을 택해(섬락현상) 외부로, 즉 몸의 표면으로 흘러나간다. 높은 전압에 열기가 더해지면 땀이 증발하고, 옷(구두나 장화도 포함된다!)이 기화되어

버리며, 금속성 물체(예를 들어 벨트의 버클)와 맞닿은 피부는 화상을 입게 된다. 그렇지만 섬락현상 덕분에 1천 분의 10초 내지 1천 분의 20초 동안 평균 3A의 전류가 몸을 관통한다. 이처럼 강한 전류는 다양한 결과를 야기하지만, 그렇다고 생명을 위협할 정도는 아니다. 다행히 전류의 대부분이 외부(그러니까 몸의 표면, 바깥쪽을 따라 흘러나가는) 섬락현상을 보이는 데다, 전류가 인체를 통과하는 시간이 매우 짧기 때문에 인체는 생명의 위험으로부터 보호받을 수 있으며, 심실 연축이나 전열로 인한 체내 화상 위험도 제한적인 수준에 그친다.

∧ 스즈키 기이추, 바람의 신을 묘사한 미닫이 패널   **219**

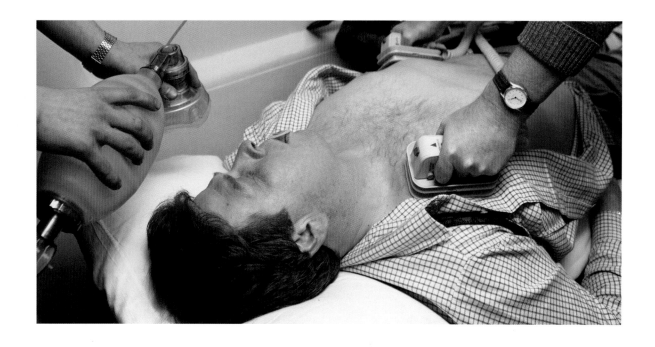

그럼에도 몸을 관통하는 벼락전류가 워낙 세기 때문에 중대한 질병을 야기할 수 있으며, 심할 경우 목숨을 잃을 수도 있다.

간접적인 벼락사. 간접적으로 벼락을 맞을 수 있다. 근처에 있는 물체를 매개로 벼락을 맞을 수도 있다는 말이다. 예를 들어, 어떤 사람이 전도체 성질을 띤 물체(각종 배관, 동굴벽)와 접촉 중인데 하필이면 그때 그 물체에 벼락이 떨어진다면, 엄청난 양의 전류가 그의 몸을 관통하게 되고, 이는 굉장히 위험할 수 있다. 나무 아래로 몸을 피하는 것도 위험을 자초하는 행동이다. 나무의 수액은 전도체가 아니므로, 나무 근처에 사람이

있을 경우 전류는 저항이 적은 쪽으로 방향을 틀게 되고, 이 경우 측격 낙뢰가 몸을 뚫고 지나가 지면으로 빠져나간다. 이 같은 측격 낙뢰는 한 사람에서 다른 사람으로도 전달 가능하다. 따라서 운 나쁘게도 뇌우가 몰아칠 때 야외에 있게 되는 사람들은 '집단 벼락사'를 당하고 싶지 않으면 서로 너무 가까이 붙어 있지 않는 것이 좋다. 끝으로, 지면을 때리고 난 벼락의 전류가 온 사방으로 확산됨으로써 야기되는 스텝 포텐셜(step potential)에 의한 벼락사가 있을 수 있다. 벼락이 떨어진 장소 인근에 있던 사람이 이러한 종류의 벼락을 맞을 수 있으나, 이 경우 치명적인 손상을 입지는 않는다.

∧ 응급환자에게 심근수축 치료기를 사용하는 장면

반면, 소떼나 양떼들은 한 번의 벼락으로도 여러 마리가 한꺼번에 죽을 수 있다. 이들 짐승들의 앞다리에서 뒷다리 쪽으로 전류가 통과하면서 흉곽과 심장을 관통하기 때문이다.

가정에서 맞는 벼락

사람 한 명이 감전사하는 데에 반드시 벼락 칠 때만큼의 강한 전류가 필요한 건 아니다. 흔히들 생각하는 것과는 달리 전기에 의한 충격의 심각성은 대부분 전하와 관련된 전압, 즉 볼트의 문제가 아니라 전류의 강도, 즉 암페어의 문제다. 실제로 가정에서 사용하는 약한 전압(120V나 240V)에서도 얼마든지 감전이 가능하다. 인체가 전기 회로의 일부분으로 기능함으로써 전류가 신경계를 자극하거나 내부 기관에 손상을 입히는 것이 가능

해지기 시작하는 순간부터 치명적인 사고의 위험이 생긴다고 보아야 하는 것이다. 예를 들면, 120V에 7.5W 약한 전력짜리 전등도 만일 전류가 한 손에서 가슴을 통과해서 다른 손으로 흐른다면 충분히 사람을 감전시킬 수 있다(표 3).

전류 검출 한계는 1mA(밀리암페어)이며, 불과 몇 밀리암페어 정도만으로도 우리 몸은 본능적으로 물러서는 반응을 보인다. 16mA 정도까지 올라가면 반사적인 근육 수축이 일어나 전류가 통과하고 있는 물체를 놓을 수 없게 된다. 감전된 물체를 얼른 놓아야 하는데 근육 통제가 마음대로 되지 않아 그렇게 하지 못하고 계속 쥐고 있게 되는 이 현상은 영어로 '렛 고 커런트(let-go current)'라고 부르는데, 흐르는 전류의 양이 20mA를 넘어서면 매우 위험해질 수 있다. 전류가 장시간 가슴 부위를 통과하게 되면 호흡 기능이 마비되어 죽음에 이를 수 있기 때문이다. 전류 세기가 이 정도일 때 공교롭

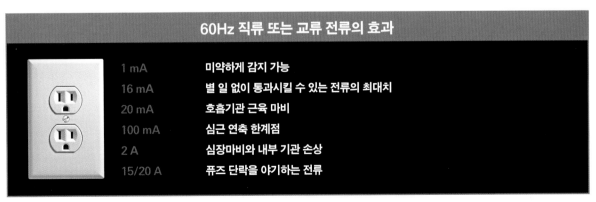

60Hz 직류 또는 교류 전류의 효과	
1 mA	미약하게 감지 가능
16 mA	별 일 없이 통과시킬 수 있는 전류의 최대치
20 mA	호흡기관 근육 마비
100 mA	심근 연축 한계점
2 A	심장마비와 내부 기관 손상
15/20 A	퓨즈 단락을 야기하는 전류

표3

게도 그 장소가 습하다거나 손에 물기가 있다면 상황은 매우 위험하다. 이 경우 인체의 전기 저항이 10만 Ω(옴)에서 1천 Ω으로, 그러니까 1백 배나 약해질 수 있기 때문이다. 옴의 법칙에 따르면, 전압(V)은 저항(Ω)과 전류(A)를 곱한 값과 맞먹는다. 120V의 전류는 건조한 곳에서는 그 세기가 1mA(120/100,000)에 불과하지만, 습한 곳에서는 전압이 같더라도 120mA(120/1,000)로 강해진다. 이 정도면 감전사를 초래하기에 충분하다. 그러므로 전압이 낮은 상태에서 일어나는 감전사의 대부분은 습한 곳에서 발생한다고 해도 과언이 아니다.

센 전류가 흐를수록 상황이 더 위험해지는 건 두말할 필요도 없다. 무엇보다도 센 전류는 심실 근육 연축을 일으키기 때문이다. 심실 근육 연축이란 심장 근육 벽이 제멋대로 수축함으로써 혈액 순환을 저해하고 따라서 신체 각 기관으로 혈액이 제대로 공급되지 않는 매우 위급한 증세를 말한다. 심실 근육 연축은 전기 감전으로 인한 사망의 가장 직접적인 원인이라 할 수 있으며, 뇌로 혈액을 공급하는 혈액 순환을 재가동시킬 수 있는 심폐소생과 신속한 심근수축 치료기 가동만이 돌이킬 수 없는 결과를 막을 수 있다. 하지만 전류가 1A를 넘어설 경우, 특히 심장 부근 세포들의 손상은 영구적이라고 보아야 한다. 가정에서 일상적으로 15A 또는 20A 퓨즈를 통해 보호하는 전류를 사용하고 있음을 고려할 때, 사실 사람 한 명이 감전사하는 데는 매우 약한 전류가 필요한 것이다. 다시 말해서 우리가 보통 사용하는 전류는 인체에 엄청난 손상을 입힐 수 있는 전류보다 천 배나 더 세다.

NASA 소속 엔지니어 잭 커버가 발명하였으며, 흔히 테이저(Taser)라고 부르는 전기총의 작동 원리도 이와 똑같다. Taser는 『Tom A. Swift and his Electic Rifle』라는 SF 소설 제목에서 머리글자를 따서 합성한 단어이다. 이 전기총은 지금까지 45만 자루 이상이 제작되었으며, 세계 각국의 경찰들이 주로 사용한다. 이 무기를 쏘면 두 개의 총부리에서 두 개의 전류계가 나와 상대방의 옷에 달라붙어 5만 V의 전위에 2mA짜리 전류를 전달한다. 이 정도 전류라면 일시적으로 근긴장 조절 능력 상실을 초래할 수 있으므로 순간적으로 마비 증세를 보이는 상대방을 제압하기에 충분하다.

평범하지 않으면서 깊은 충격을 주는 이러한 유형의 죽음을 보노라면 죽음 자체가 지니는 예측불가능성을 다시 한 번 되돌아보게 된다. 더구나 늘 접하는 물리적 · 화학적 또는 전기적인 힘 앞에서 우리 인체가 얼마나 나약한지를 새삼 깨닫게 된다.

<　테이저 권총을 소지한 경찰
>　친동의 신, 덴진사, 가마쿠라 시대

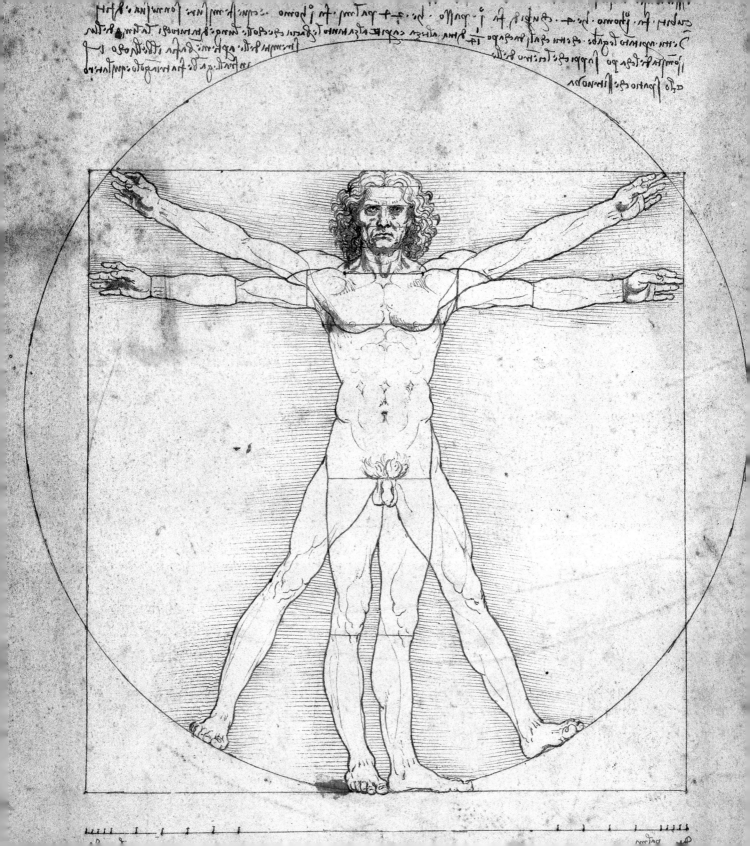

10장

사후에 벌어지는 일들

썩어가는 내 몸에서 꽃들이 피어날 것이며
나는 그 꽃들 속에 깃들어 있을 것이다. 영원이란 바로 이런 것이다.
- 에드바르트 뭉크(1863~1944)

사망 이후에 일어나는 일들은 우리가 생명체로서 몸담고 있는 이 세계 전체를 구성하는 에너지와 물질의 재활용이라는 좀 더 광범위한 맥락에서 살펴보아야 한다. 우리가 사는 지구는 대단히 복잡한 대규모 생태계이며 각각의 생명체는 이 생태계를 구성하는 요소이다. 지금으로부터 약 50억 년 전에 거대한 별들이 폭발하면서 생겨난 가스와 먼지들이 응집하고 응축하여 이루어진 지구는 그 후로도 줄곧 동일한 성분을 유지해왔다. 오늘날 우리를 에워싸고 있는 세계를 구성하는 원자 각각은 오래전 별들이 폭발하면서 생긴 분진에서 유래한다. 우주가 거대하며, 그 거대한 우주에 엄청나게 많은 수의 은하계가 존재한다지만, 그와 무관하게 우리는 말하자면 고립된 곳에서 살고 있으며, 태양 에너지와 해마다 떨어지는 1만 5천 톤의 운석 먼지를 제외하면(그런데 이 정도는 6×10^{24}킬로그램이라는 지구의 무게를 고려할 때 무시해도 좋을 정도의 양이다), 태초에 비해서 이 고립된 곳에 더해진 것이라고는 없다. 바위 하나하나, 생명체 하나하나는 박테리아건 식물이건 동물이건 구별할 것 없이 모두 수십억 년 동안 끊임없이 재활용되어 온 태초의 원자들로부터 생성되었다. 물론 인간이라고 해서 이 법칙에서 예외일 수 없다. 우리 인체를 구성하는 원자들 역시 동일한 재활용 과정을 거쳤다. 우리 몸을 구성하는 7×10^{27}개의 원자들(수소, 산소, 탄소, 질소, 이 네 가지가 이 원자들의 99퍼센트를 차지한다(표 1)) 가운데, 일부는 과거의 어느 시점에선가 잠시 동안 나무였을 수 있으며, 다른 몇몇은 박테리아였을 수도 있다. 또 누가 알겠는가, 공룡이었을지! 이건 통계적으로 얼마든지 가능한 일이다.

이 똑같은 재활용 원리를 현재의 우리 몸에도 적용할 수 있다. 성경에서도 분명하게 "너는 먼지이며 먼지로

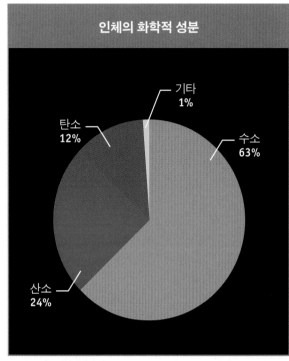

인체의 화학적 성분

기타
1%

탄소
12%

수소
63%

산소
24%

표 1

돌아갈 것"이라고 말하고 있듯이 (창세기 3장 19절), 우리가 우리의 실존에 대해 확실하게 말할 수 있는 사실은 '인체'라고 부르는 원자들의 결집은 죽음으로 인하여 해체된다는 점이다. 이러한 재활용 개념은 불쾌하거나 불길하기는커녕 오히려 우리에게 일정 부분 안도감을 선사한다. 우리가 이 세상에서 사라짐으로써 우리 몸을 구성하던 원자들이 식물이 되었건 동물이 되었건, 좌우지간 다른 생명체로 태어날 수 있도록 재분배되며, 이로써 지구에서 생명이라고 하는 근사한 모험이 영원히 지속될 수 있으리라는 믿음이 샘솟기 때문이리라. 인체의 부패 과정 묘사만큼은 차마 읽지 못하겠다는 마음 약한 독자들의 심정도 충분히 이해가 간다. 그러나 호기심 많은 독자들에게는 이 과정이 죽음을 다른 관점, 즉 지구상의 생명이라는 광범위한 맥락에서 우리의 삶을 바라볼 수 있는 기회가 될 수도 있을 것이다.

창백함, 차가움, 뻣뻣함

인체의 부패는 그것이 아무리 자연스럽고 본질적인 현상이라고 할지라도 솔직히 눈을 즐겁게 해주는 구경거리는 아니다. 오죽하면 죽음 후에 인체가 변화하는 모습을 우리의 시선(후각도 빠질 수 없다)에서 차단하고자 그토록 다양한 장례의식까지 생겨났겠는가. 사실 매장이나 화장, 또는 시체를 새들의 먹이로 제공하는 조장(조로아스터교 장례의식) 등, 죽음을 둘러싼 이 모든 전통은 육신의 부패를 일단 거부감을 일으키는 현상으로 간주하며, 따라서 육신이 아닌 영혼의 해방을 강조한다는 공통점을 지닌다.

인체의 부패 과정은 생체 기능이 정지하고 나서 4분 정도 시간이 흐른 후부터 일사천리로 진행되지만, 그 결과가 겉으로 드러나면서 유기체의 부패에 익숙하지 않은 사람들에게 충격적인 양상으로 대두되기 시작하는 건 사망 후 며칠이 지난 다음부터이다. 미처 이 단계에 이르기 전이라 할지라도, 시체는 벌써 몇몇 중요한 특징, 즉 추리 소실을 즐겨 읽는 사람들에서는 사망 시각을 추정하는 데 결정적인 단서가 되는 변화를 보인다.

죽은 자에게서 가장 먼저 관찰되는 중요한 특징은 시체 특유의 창백함(livor mortis)이다. 이는 중력 때문에 신체의 가장 아래쪽 부위로 피가 몰리기 때문에 피부에서 혈색이 사라지는 현상으로, 이와 같은 혈액의 재분배는 사망 직후에 혈액이 엉기지 않는 성질에서 기인한다. 혈관에서 대량으로 분비되는 혈전방지 효소가 응고를 막는다. 창백해지는 현상은 혈액 순환이 정지됨과 동시에 나타나기 시작해서 사망 후 12시간이 경과할 때쯤 절정에 달한다. 혈관에 조금이라도 압력을 가할 경우 압력이 가해지는 지점에는 피가 고이지 않기 때문에, 사망 당시 어떤 자세를 취하고 있었느냐에 따라 창백함이 확산되는 양상은 달라진다. 이러한 특성은 법의학에서 사망 전후 시신을 옮겼는지 아닌지 여부를 결정짓는 데 중요한 단서가 된다. 예를 들어 누운 자세로 죽었을 경우라면, 창백함은 상반신 중에서 아래쪽, 팔다리, 귓불 등에서 관찰된다. 만일 창백함이 이러한 식으로 분포되어 있는데, 시신이 엎드린 자세를 취하고 있다면, 분명 뭔가 수상쩍은 것이다!

죽음이 초래하는 두 번째로 중요한 양상은 점차적인 체온 저하 현상(algor mortis)이다. 체온은 점점 내려가 상온과 같아진다. 체온 강하에는 무수히 많은 환경적 요인들(의복, 지방 축적 정도 등)도 작용한다. 일반적으로 사망 직후 한 시간 이내에 2℃가량 체온이 떨어진 뒤 두

∧ 2009년 6월 4일 인도의 바흐완에서 거행된 영적 지도자 산트 라마 난드의 다비식에 참석한 신도들

시간째부터는 시간당 1℃씩 내려간다고 추정한다.

사망 직후 처음 몇 시간 동안에 나타나는 변화 가운데 가장 흥미로운 현상은 아마도 시체 경직(rigor mortis)일 것이다. 사망 후 두세 시간 이후부터 나타나기 시작하는 이 희한한 현상은 근육의 (반사적인) 경직에 의한 것으로, 얼굴과 목 근육에서 시작하여 점차 다리 쪽으로 내려간다. 열두 시간에서 열여덟 시간 정도가 지나면, 시신은 뻣뻣하게 굳어버리며, 이러한 상태는 사망 후 사흘 정도까지 지속된다. 시체 경직의 기제는 오랫동안 밝혀지지 않고 수수께끼로 남아 있으면서 과학적 근거라고는 전혀 없는 황당한 속설들을 낳았다. 가령, 고대 그리스와 로마 의사들은 이 때문에 시체를 앉힐 수도 있다고 믿었다. 현실적으로 근육이 뻣뻣하게 굳는 건 사실이지만, 그렇다고 해도 효율적인 수축과는 거리가 멀다(229쪽 박스 내용 참조).

사후 자기파괴

사망 후 산소 부족 때문에 생겨나는 또 하나의 결과로 인체 각 기관을 구성하는 세포들의 자기파괴 기제가 발동한다는 점을 꼽을 수 있다(표 2). 시체 경직과 마찬가지로, '자가분해'라고 불리는 이 과정은 주로 세포의 산성화로 인하여 야기된다. 세포의 산성화는 산소가 없는 상태에서 ATP가 연소될 때 발생하는 젖산 때문에 일어난다. 세포의 산성화로 말미암아 일련의 사건들이 연

즉사

시체 경직은 오랜 세월에 걸쳐 많은 사람들이 매료되었던 현상이었다. 아주 최근에 들어와서야 근육 수축을 가능하게 해주는 생화학적 기제가 밝혀지면서 시신에 나타나는 시체 경직이라는 특성에 참여하는 요인들도 표면으로 드러나게 되었다.

살아 있는 세포들은 산소를 이용해서 에너지 원천인 ATP를 만든다. 그런데 생명체가 사망하게 되면 그 내부에 있던 세포들은 즉각적으로 '다른 살 길'을 강구한다. ATP 제조를 위해 근육에 비축되어 있는 당분을 꺼내 쓰기 시작하는 것이다. 하지만 이러한 기제의 효율성은 제한적이다. 사망 후 몇 시간이면 ATP가 바닥날 뿐 아니라, 그 과정에서 대사 노폐물이 발생하여 근육 세포들을 산성화시키고, 통상적으로 근육 수축에 관여하는 단백질의 기능을 변질시킨다. 정상적인 상황에서라면 이 단백질들(액틴, 미오신)은 신경계로부터 전해지는 신호를 통해 명령을 전달받아야만 개입하기 시작한다. 그런데 죽은 자의 근육세포에서는 세포의 산성화와 ATP 소멸로 인하여 이러한 제한이 풀려버리며, 이로써 근육섬유들 간에 비정상적인 상호작용과 그에 따른 근육 경직을 야기한다. 액틴과 미오신 사이의 상호작용이 매우 강력하며 시체의 부패 과정이 시작되는 시점까지 계속된다고 하더라도, 진정한 의미에서의 근육 수축이나 근육의 조화로운 움직임을 만들어내기엔 역부족이다. 그러기 위해서는 세포 내부에 반드시 ATP가 필요하기 때문이다. 그러므로 시체 경직은 주로 사망후 몇 시간이 경과해서 ATP가 완전히 고갈되면서부터 관찰된다. 이러한 이유로 죽기 전에 강도 높게 근육을 사용한 사람들(그러니까 당분과 ATP 비축분의 상당 부분을 이미 소모한 사람들)은 그렇지 않은 사람들에 비해 시체 경직이 일찍 시작된다.

시체 경직과 시체의 경련을 혼동해서는 안 된다. 시체 경련은 매우 드문 형태의 근육 뻣뻣해짐 현상으로 바로 사망 순간에 나타날 수 있다. 이러한 현상이 나타나는 원인은 아직 알려지지 않았으나, 주로 급사와 관련이 있는 것으로 추정한다.

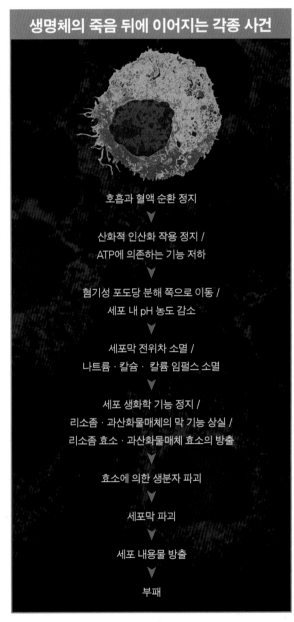

생명체의 죽음 뒤에 이어지는 각종 사건

호흡과 혈액 순환 정지

↓

산화적 인산화 작용 정지 /
ATP에 의존하는 기능 저하

↓

혐기성 포도당 분해 쪽으로 이동 /
세포 내 pH 농도 감소

↓

세포막 전위차 소멸 /
나트륨 · 칼슘 · 칼륨 임펄스 소멸

↓

세포 생화학 기능 정지 /
리소좀 · 과산화물매체의 막 기능 상실 /
리소좀 효소 · 과산화물매체 효소의 방출

↓

효소에 의한 생분자 파괴

↓

세포막 파괴

↓

세포 내용물 방출

↓

부패

표 2

속적으로 일어나게 되며, 이 때문에 세포 구성요소들의 구조마저 돌이킬 수 없을 정도로 손상된다. 이는 말하자면 이제까지 놀라운 조직력과 완벽한 정리벽을 자랑하던 존재가 부르는 '백조의 노래'에 해당된다. 세포들을 여러 개의 구역으로 분리해주던 막이 용해되면서 어디로든 넘나들게 된다는 말이다. 칼륨을 비롯한 일부 전해질은 세포 밖으로 방출되어 몇몇 조직 안에 비정상적으로 축적된다(가령, 안구의 유리체액에 들어간 칼륨은 사망 시각을 추정하는 단서로 사용되기도 한다). 정상적인 상태에서라면 다른 세포들과 떨어져서 특별한 구역에 비축되어 있어야 할 많은 분해효소들이 쏟아져 나와, 세포의 주요 구성 성분들을 무차별적으로 파괴한다. 한편, 세포의 주요 구성성분들(단백질, 지방, DNA)은 이들의 활동에 무방비 상태로 노출된다. 특히 이 효소들이 다량으로 비축되어 있는 소화와 관련된 기관(췌장, 내장)에서 이러한 현상이 두드러진다. 생명체의 총체적인 사망 후 며칠이 지나면, 약산성화되고 산소 공급이 끊겼으며 양분을 공급하는 요소들이 포함된 내용물이 더 이상 세포 구조 또는 면역 기제에 의해 보호받지 못하는 몸을 그대로 방치한 채 세포들도 무기를 내려놓는다. 그렇게 되면 호시탐탐 기회를 엿보는 미생물들이 번성할 수 있는 이상적인 토양이 마련된다!

방부 조치를 하거나 신속하게 화장을 하지 않을 경우 시체에 최초로 나타나게 되는 부패 신호는 복부 아래 오른쪽 부위(장골오목)에 보이는 초록 빛깔 반점이며, 이는 사망 후 약 48시간이 지나면 모습을 드러낸다. 장

> 플라스티네이션 기법으로 처리된 인체. 군터 폰 하겐스의 인체의 신비전 출품 모델

골오목은 결장이 시작되는 부위(맹장)와 일치한다. 초록빛이 나타나는 현상은 내장의 이 부위에 기거하는 수많은 박테리아들(각 세포조직 1그램당 수십억 개)이 삽시간에 번식함으로써 야기되는데, 이때 박테리아들은 황화수소(H_2S) 같은 기체도 발생시킨다. 황화수소는 혈액의 헤모글로빈에 함유된 철과 반응하여 황화헤모글로빈이라는 결합물질을 만들어내는데, 이것이 바로 위에서 언급한 초록빛의 정체이다. 가스의 압력이 점점 커지게 되면 이 초록빛깔 반점들은 몸의 다른 부위(흉곽, 머리, 팔다리)로 확산되며, 시간이 지나갈수록 검게 변한

죽음의 냄새

죽음의 냄새를 감지하는 것은 생명체의 기본적인 속성인 듯하다. 최근의 한 연구 발표에 따르면, 개미와 바퀴벌레는 동료가 죽을 때 발생하는 몇몇 분자들을 감지하여, 그 분자들이 생성되는 장소에는 가지 않으려 한다. (이는 매우 유용한 본능이다. 왜냐하면 그 냄새는 근처에 포식자가 있음을 알려주는 신호이기도 하니까)

우리 인간들의 경우, 부패로 인하여 발생하는 악취는 주로 황화수소(H_2S) 때문이다. 황화수소의 냄새는 썩은 계란이나 배설물 냄새(물론 사람에 따라 다르겠지만!)와 유사하다. 단백질의 부패로 생성되는 이름만 들어도 어쩐지 오싹한 두 물질, 즉 푸트레신(putrescine)과 카다베린(cadaverine)도 부패 중인 시신에서 나는 구역질나는 냄새의 주요 원인으로 지목할 만하다. 때문에 이 물질들은 시신 발굴 전문견을 훈련하는 데 사용된다. 이 유능한 탐정견들은 놀라운 후각으로 깊은 물속에 가라앉아 있는 시신까지도 발굴해낸다. 한 예로, 1년 이상 스위스 레만호에 가라앉아 있던 시신을 찾아낸 개도 있다. 시체는 수심이 무려 45미터나 되는 곳에서 발견되었……. 시체 찾는 데 가장 뛰어난 능력을 보이는 개는 블러드하운드라고 하는 사냥개 종류로, 전 세계에서 대단한 인기를 누리고 있는 플루토, 바로 그 만화 주인공과 같은 가문의 개들이다.

푸트레신

카다베린

스페르미딘

스페르민

는 복부가 다른 부위에 비해 훨씬 많이 부풀어 오르는 것이 사실이지만, 다른 부위, 특히 머리 부분의 팽창도 주목할 만하다. 안구가 안와에서 튀어나오고 입술이 부풀며 혀가 축 쳐진다. 미생물 활동에 의한 이 가스가 시체의 부패 과정에서 발생하는 구역질나는 냄새의 주범이다. 가스를 구성하는 몇몇 성분, 특히 황화수소와 지방산(낙산, 프로피온산)의 부산물, 단백질이 부패하면서 생성되는 물질들(카다베린, 푸트레신)이 혼합되면서 그 같은 악취가 난다(233쪽 박스 내용 참조).

이 가스의 상당량은 자연적인 구멍(입, 콧구멍, 항문, 질)을 통해 배출된다. 하지만 가스로 인한 강한 압력 때문에, 또는 시체를 미숙하게 다룸으로써 피부에 균열이 생기기도 한다. 역사가 오르데리쿠스 비탈리스가 정복왕 윌리엄의 죽음(1087년 9월 9일)을 묘사한 글(『노르망디 역사』, 제 7권, c. 1140)에서 이 예사롭지 않은 현상의 좋은 예를 볼 수 있다.

"그런데 시신을 관에 내려놓아야 할 때였다. 공교롭게도 인부들이 짠 관이 너무 작아 시신을 접으려하자, 지방질이 풍부했던 배가 터져버리면서 참을 수 없이 역한 냄새가 주변에 있던 사람들은 물론 다른 모든 사람들에게까지 퍼져나갔다. 향로에 향을 피우고 다른 방향성 물질들도 듬뿍 넣어 태웠지만 시신에서 나오는 악취를 사라지게 하기엔 역부족이었다. 서둘러서 예식을 마친 사제들은 놀란 가슴을 안고 얼른 거처로 돌아가서 칩거했다."

왜 아니겠는가, 우리는 이들 사제들의 행동을 쉽게

다. 이와 아울러, 외부에서 오는 위력적인 무리가 내장 속 박테리아들과 합류하여 혈관을 타고 몸 전체로 퍼져 나가기 시작한다. 이 현상은 대리석에서 흔히 볼 수 있는 무늬가 피부에 나타나는 것(마블링)으로 알 수 있으며, 이러한 현상의 원인으로는 살갗 표면 가까운 쪽에 위치한 정맥 착색을 꼽을 수 있다. 피부색의 변화는 부패로 인하여 발생하는 가스와 액체로 채워진 물집(수포) 형성을 동반한다. 수포 중에는 크기가 20센티미터나 되는 것도 있다. 일단 수포가 터지게 되면 진피층이 외부와 직접 접촉하게 된다.

박테리아가 증식하는 과정에서 발생하는 가스의 배출로 신체 외부 벽에 점점 더 큰 압력이 가해지면서 시체는 풍선처럼 부풀어 오른다. 이로써 시체의 체적은 거의 두 배로 커진다. 박테리아가 특별히 많이 모여 있

∧   파리 유충과 지렁이가 들끓는 시신 일부

이해할 수 있다. 대대적인 가스 방사는 시신을 독점한 미생물들 사이에서 이루어지는 왕성한 신진대사의 산물이다. 영양분을 취하기 위해 이들 박테리아는 복잡한 분자들(단백질, 다당류)을 분해시키는 데 사용되는 특수한 효소들을 대량으로 분비한다. 효소들의 작용으로 복잡한 분자들은 박테리아의 신진대사만으로도 동화될 수 있을 정도로 잘게 쪼개진다. 이 과정은 박테리아의 성장이라는 관점에서 보자면 필수적이지만, 신진대사 과정의 찌꺼기로 여러 가지 악취성 가스가 발생하는 것도 어쩔 수 없는 사실이다. 박테리아로 인한 부패 작용은 악취 나는 가스를 발생시킨다는 사실 외에 신체 조직을 액화하고 용해시킴으로써 시체를 분해하는 중요한 역할을 한다.

부패의 속도나 양상을 결정짓는 데에는 수많은 요소들이 개입한다. 예를 들어, 감염이나 외상으로 사망한 자에게서는 박테리아의 증식 속도가 훨씬 빠르다. 반대로 맹독성 물질로 인해 사망한 사람에게서는 부패가 서서히 진행된다. 이 독성물질 분자들이 부패에 개입하는 미생물에게도 독성으로 작용하기 때문이다. 시체가 보관된 곳의 온도, 습도 등도 당연히 부패 양상을 결정짓는 데 커다란 영향을 끼친다. 일반적으로 대기 중에서 일주일 정도 부패가 진행되었다면, 이는 수중에서 2주, 땅속에서 8주 정도 진행된 부패와 맞먹는다.

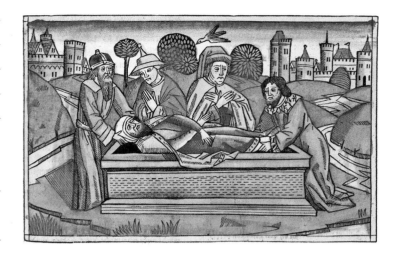

곤충들의 개입

나는 죽어가면서 파리 소리를 들었다.

– 에밀리 디킨슨

이 유명한 구절은, 특히 시체가 대기 중에 놓여 있을 경우 곤충들에게 엄청난 유혹이 된다는 사실을 고려할 때, 대단한 선견지명을 보여준다고 할 수 있다. 썩은 것을 먹고사는 곤충들에게 내려지는 시체를 장악하라는 명령은 매우 구체적인 일련의 순서에 따라 전해진다. 일부 곤충들이 사망 시각에 그 장소에 있었다는 사실과 밀접한 상관관계가 있을 수 있다. 살해 사건과 관련한 조사에서 이 점은 매우 중요한 역할을 할 수 있다. 이와 같은 수사 전략은 어제오늘 일이 아니다. 13세기에 벌써 중국 농부 한 명이 날이 있는 도구로 살해당하자, 모든 용의자들은 빠짐없이 낫을 들고 사건 장소에 소집되었다. 그런데 어떤 하나의 낫에만 파리들이 유난히 많이 몰려들었다. 혈흔이 남아 있었기 때문이었다. 결국 그 낫의 주인은 자신이 농부를 죽였다고 실토했다.

하지만 부패 중인 사체를 곤충들이 장악하는 과정의 상세한 묘사는 1894년 피에르 메냉(1828~1905)이 저 유명한 『시체를 따르는 무리: 법의학에 적용해본 곤충학』을 출간하면서 처음으로 소개되었다. 이를 계기로 오늘날 법의곤충학이라고 부르는 학문이 태어나게 되었다. 메냉은 곤충들이 썩어가는 고깃덩어리에 덮어놓고 몰려드는 것이 아니라 매우 정돈된 조직적인 행렬을 이루고 있음을 발견했다. 그의 관찰에 따르면, 뚜렷하게 구별되는 여덟 개의 '분대'가 차례로 등장하는데, 이 순서는 신선한 고기를 선호하는지, 아니면 특별히 선호하는 부패 시점이 있는지에 따라 결정된다. 일반적으로 행렬의 첫머리를 장식하는 곤충들은 집파리과, 검정파리과, 쉬파리과 등에 속하는 쌍시류 곤충들이다. 이 파

리들은 아직 신선한 상태의 시체에 알을 낳기를 좋아하는 까닭에, 사망 후 불과 몇 분 만에, 그러니까 아직 진정한 의미에서의 부패 과정이 시작되기도 전에 일찌감치 시체에 도착한다. 이 파리들이 인체에 원래 있는 구멍들이나 상처에 알을 낳으면, 우리가 '구더기'라고 부르는 이들의 애벌레들이 부패 중인 시체를 파먹으며 자라나서 중간 단계인 번데기가 되었다가 마침내 성충 파리가 된다. 이들 1차 송장벌레들에 이어서 다양한 종의 초시류, 파리, 풍뎅이들(*Drosophila funebris, Necrobia violacea, Necrophorus humato* 등)이 도착한다. 이들 중 일부는 직접 시체를 파먹고, 이들보다 조금 더 기회주의자적 성향이 강한 곤충들은 직접 시체를 파먹는 곤충 녀석들을 먹잇감으로 삼는다. 이들 곤충 각각의 도착 속도와 활약 정도는 시체가 놓여 있는 기후 조건과 '가처분성'에 좌우된다. 시체를 방부 처리하여 완전히 방수 처리가 된 관에 넣은 다음 일정한 깊이에 매장할 경우 부패 속도는 현저하게 느려지지만, 그렇다고 해서 최종적인 결론이 달라지지는 않는다. 우리 인간의 육체는 매장되건 화장되건 방부 처리되건 언젠가는 반드시 먼지로 되돌아간다. 또 그래야만 우리 인간은 지구에서 생명 모험이 지속될 수 있도록 일조하는 원자들을 지구 생태계에 제공할 수 있다.

236   ∧   배설물을 먹는 분식성(糞食性) 곤충(*Scathophaga stercoraria*)   >   은하수

자연적인 미라

상당히 명확하게 규정할 수 있는 특정 기후 조건이 충족될 경우, 부패 과정에는 약간의 차질이 생길 수 있다. 그렇게 되면 불완전한 부패로 끝날 수 있다. 예를 들어 5천 년 동안 얼음 층에 갇혀 있었던 인간 외치(ötzi)는 1991년 오스트리아와 이탈리아 국경 근처 산악지대에서 우연히 발견되었을 때, 비교적 보존 상태가 양호했는데 이는 그가 얼어 있었기 때문이다. 외치보다 훨씬 젊은 편에 속하는 톨룬드인은 1950년 덴마크의 이탄층에서 발견되었다. 자연적으로 형성된 이 미라는 뚜렷한 얼굴 윤곽을 지니고 있어 사람들에게 강렬한 인상을 심어주었다. 분석 결과 그는 기원전 400년경에 죽은 것으로 추정되었다! 그가 이처럼 오랜 기간 보존될 수 있었던 것은 이탄층을 흐르는 약산성물에 춥고 산소가 적은 기후가 결합하여 자연스럽게 피부의 건조와 무두질이 이루어졌기 때문이다.

부패 과정에서 관찰되는 가장 희한하고 예외적인 현상은 시랍(adipocere)의 형성이다. 시랍은 밀랍과 비슷한 점도를 지닌 물질로서 일부 시체의 표면에 형성된다. 라틴어에서 '지방'을 뜻하는 adeps와 '왁스'를 뜻하는 cera가 결합하여 만들어진 이 용어는 18세기 파리의 인노상 묘지(Cimetière des Innocents)가 폐쇄되면서 발굴된 어린아이 시신 표면에서 지방과 왁스의 중간쯤 되어 보이는 듯한 물질을 발견한 프랑스 출신 화학자 프랑수아 푸르크루아가 이 물질을 설명하기 위해 처음으로 사용했다. 이 신기한 물질의 성분을 궁금해한 푸르크루아와 그의 동료 화학자들은 그 후 이 물질이 화학적으로 비누와 매우 유사한 성질을 보인다고 밝혀냈다!

오늘날에는 혐기성 박테리아들(특히 클로스트리디움 페르프린겐스*Clostridium perfringens*)에 의해서 지방 조직이 분해되면서 지방산이 배출되고, 배출된 지방산은 초기에 시체의 자가분해가 이루어지면서 방출된 일부 이온들과 상호작용을 벌이는 과정에서 시랍이 생성된다는 사실이 잘 알려져 있다. 최적 상태, 즉 습기와 알칼리성, 산소 결핍 이렇게 세 가지 요소가 어우러진 상황에서라면 배출된 지방산이 나트륨이나 칼륨과 결합하여 단단한 합성물을 형성한다. 이는 비누가 만들어질 때의 반응과 매우 흡사하다. 시체에서 부패가 완만하게 진행될 경우, 이 '비누'는 체액 안에 풍부한 나트륨을 주원료로 하여 형성되며 부드러워서 마치 치즈와 비슷하다. 반면 부패가 빠른 속도로 진행될 경우라면 세포의 자가분해 과정에서 칼륨이 방출되어 이보다 훨씬 단단하고, 양초를 닮은 물질이 형성된다. 물론 어린이나 여자, 뚱뚱한 사람들처럼 지방을 많이 함유한 시체는 시랍으로 덮일 확률이 훨씬 높다.

몸에 포함되어 있던 지방이 시랍으로 변하는 현상은 그러나 매우 드물게 나타나며, 습한 땅에 매장된 시체 또는 익사한 시체에서 주로 관찰된다. 그런데 이러한 현상이 나타날 경우, 시랍은 눈에 띄게 부패 진행 속도를 늦추는 역할을 한다. 이 '비누'가 박테리아를 죽이는 살균작용을 하기 때문이다. 가령, 로마 시대의 것으로

추정되는 한 어린아이의 시신은 시랍으로 덮여 있었는데, 그 덕분인지 사망 후 1천 6백 년이 넘는 시간이 흘렀음에도 보존 상태가 매우 양호했다.

즉신불 : 스스로 미라 되기

일본 북부에서 유래한 즉신불은 자진해서 미라가 되기를 선택한 일부 일본 불교 승려들이 실제로 미라가 되어가는 과정 또는 그 결과물을 가리킨다. 이런 방식의 죽음은 우리 눈에 보이는 세상이란 물리적인 세계와는 분리된 전적으로 비물질적인 실존을 가려버리는 환상에 불과하다는 식의 극단적인 불교 해석에서 비롯된다. 미라가 되기 위해서 제일 먼저 밟아야 할 단계는 천 일 동안 음식이라고는 오로지 곡물과 호두만 먹으면서 몸을 최대한 많이 사용하는 것이다. 이 '몸 만들기'가 끝나면 체내에 최소한의 지방만 남게 되며, 따라서 부패를 일으키는 주요 성분이 제거되는 셈이다. 그다음으로 이어지는 천 일 동안 스님은 엄격하게 나무껍질과 뿌리로만 구성된 식단으로 연명하다가 천 일이 끝나갈 무렵 독성이 매우 강하며 일반적으로 옻칠용 물감으로 사용되는 옻나무 수액으로 끓인 차와 유도노 산에서 내려오는 샘물을 마신다. 오늘날엔 이 물의 비소 농도가 비정상적으로 높다는 사실이 밝혀졌다. 이런 물이 옻나무 수액과 결합하면, 체내는 당연히 높은 독성으로 멸균상태가 되며 따라서 사망 후 박테리아나 곤충들에 의해 부패가 일어날 위험이 최소화된다. 마지막 단계에 이르면 승려들은 아주 좁은 지하 토굴로 들어간다. 가부

미라 만들기

고대 이집트인들은 사후 시신을 온전하게 보존하는 기술 분야에서 단연 독보적인 역할을 했다. 그 당시 죽음은 끝이나 시작이 아닌 지상에서의 삶의 연장으로 인식되었다. 내세로 가서, 죽은 자들의 신인 오시리스의 왕국에 들어가기 위해서는 망자의 육신을 보존해야 할 필요가 있었다. 그래야만 그의 영혼에게 삶을 보장해줄 수 있기 때문이었다.

　제3왕조(기원전 2800년 무렵) 시대에도 벌써 시행되고는 있었지만, 미라 작업이 절정에 도달한 것은 18, 19왕조(기원전 1550~1070년) 무렵이다. 이 시기는 람세스 2세의 통치 시기와 맞물린다.

　미라 제작은 매우 복잡한 공정으로, 우리는 눈밝은 역사가 헤로도토스 덕분에 이 과정을 실제로 본 듯 생생하게 파악할 수 있다. 도합 70일, 즉 시리우스의 일시적인 소멸과 맞먹는 기간 동안 이루어지는 이 작업은 우선 비강(사골)을 통해 청동 막대를 삽입하여 흐물거리는 상태의 뇌를 축소시키는 것으로 시작한다.

　그런 다음 항생제 속성을 지닌 다양한 수지들로 두개골을 채운다. 날카롭게 벼른 에티오피아 돌을 이용해서 옆구리를 갈라 내장은 모두 꺼낸다. 상처 부위를 야자술로 세척

하고, 곱게 간 향료들을 뿌린다. 내장을 들어낸 곳에 몰약과 계피를 비롯한 향신료들을 채운 다음 옆구리를 다시 봉한다. 이때 향은 넣지 않는다.

— 헤로도토스, 『역사』, 2권, 86~87

방부 처리된 시신은 천연탄산소다를 이용해 50일 동안 탈수 과정을 거친다. 천연탄산소다는 카이로와 알렉산드리아 사이의 지역에 위치한 일부 호수에서 봄철에 수면이 낮아질 때 생겨나는 맑고 투명한 결정체로, 탄산나트륨, 중탄산나트륨 등을 포함하고 있어서 신체 조직의 습기를 흡수한다. 마지막 단계에서 액체를 흡수하는 물질들로 채워진 시신에 고무 또는 침엽수 수지로 처리한 린넨 붕대를 감는다. 신제국 시대부터는 시신의 얼굴과 어깨 부위까지 가면을 씌우기 시작했다. 가장 유명한 가면은 뭐니뭐니 해도 순금으로 만든 투탕카멘의 가면일 것이다.

현대식 방부 처리

오늘날에 이루어지는 시신 방부 처리는 장례의식을 치를 때까지 시신을 보존하고, 그 때까지 시신 내부에서 질병이 번지는 것을 막으며 고인의 마지막 모습을 보기 좋게 가다듬어준다는 데 의미를 둔다. 시신의 영구 보존을 추구한 고대 이집트인들과는 다른 입장이라고 하겠다.

방부 보존기술(thanatopraxie, 죽음의 신을 뜻하는 그리스어 Thanatos에서 유래)이라고 불리는 이 처리 과정은 시신의 상태, 사망 원인에 따라 상당히 달라지지만, 그래도 일반적으로 경동맥이나 대퇴부 동맥을 통해 포름알데히드(5~35퍼센트), 에틸 알코올(9~56퍼센트) 등을 함유한 소독액을 다량 주입하여 피를 몸 밖으로 뽑아내는 것이 관건이다. 해당 부위 정맥(경정맥, 대퇴부 정맥) 절개를 실행하여 체액 배출을 유도할 수도 있다. 소독액 안에 포함되어 있는 포름알데히드는 매우 강력한 소독 효과를 지닌 물질로서 세포 단백질들과 반응하여 조직을 화학적으로 고정시키기도 한다. 방부 처리된 시신의 피부가 단단해지는 건 바로 이러한 고정 속성 때문이다. 시신에게 살아 있을 때의 모습에 가까운 분홍빛 혈색이 감돌도록 하기 위해 소독액에 색소를 첨가하기도 한다. 복강 안에 있던 가스와 액체들도 제거되며, 그렇게 해서 빈 자리는 보존물질들로 채운다. 이 같은 방부 처리 방식이 시신의 손상을 상당히 많이 늦추는 것은 사실이지만, 그럼에도 이는 어디까지나 임시적인 방편에 불과하다. 일단 시신이 매장되고 나면 대기 중 혹은 땅속에 존재하는 미생물들이 이를 완전하게 분해할 것이기 때문이다.

< 투탕카멘의 장묘가면

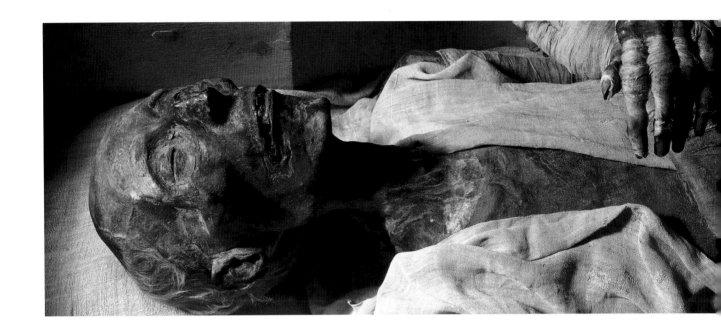

좌 자세로 앉아 꼼짝도 하지 않고 명상만 할 정도로 좁은 방에 들어간 승려에게는 호흡을 위한 대롱과 자신이 아직 살아 있음을 알리는 종만이 외부 세계와 이어지는 유일한 통로가 된다. 이 종이 침묵 속으로 젖어들게 되면 그로부터 천 일 동안 무덤은 봉해진다. 그 후 시체를 꺼내게 되는데, 시신이 부패하지 않은 승려는 부처 대우를 받게 된다. 오늘날에도 일본의 일부 절에서는 이 즉신불을 볼 수 있다.

죽음에 대한 우리의 공포와 무지 가운데에서, 아마도 이번 장에서 설명한 과정들이야말로 많은 사람들을 가장 심란하게 만드는 대목이 아닐까 싶다. 하지만 이러한 현상들이 불안감을 조성하는 원천이 되기보다, 우리로 하여금 존재의 유한함, 지구에서 인간이라는 존재가 차지하는 겸허하고 한시적인 자리에 대해 한 번쯤 깊이 성찰해보는 기회가 되었으면 하는 바람이 크다. 겸양과 공손함은 모든 문화권에 공통적으로 적용될 수 있는, 인간 모두에게 가장 기본이 되는 덕목이 아닐까?

이렇게 기를 죽이는 주제에서 출발해서도 멋지게 사랑을 노래하기 위해서는 적어도 인류 역사상 가장 위대한 시인 중의 한 사람으로 추앙받는 샤를르 보들레르 정도의 천재성은 지녀야 하는 걸까?

∧ 람세스 2세의 미라

시체

우리가 본 물체를 기억해보오, 내 사랑이여,
이 아름답고 감미로운 여름날 아침에.
오솔길에서 돌아오는 길에 흉측한 시체가
조약돌이 여기저기 흩어져 있는 강바닥 위에 누워 있었지,

다리를 공중으로 치켜들고서 몸이 뜨겁게 달아오른
음탕한 여자가 독을 뚝뚝 흘리며,
무심하고 냉소적인 태도로
악취로 가득 찬 자신의 배를 열어주듯이.

태양은 이 썩어빠진 것 위를 환하게 비추었지,
마치 그걸 적당하게 익히고,
그것과 하나가 된 것을
자연에게 백 배로 돌려주려는 듯이.

그리고 하늘은 이 멋진 껍데기가 꽃처럼
활짝 열리는 광경을 지켜보았지.
악취가 너무도 강해서 풀잎 위에서
당신은 기절이라도 할 것만 같았지.

파리들이 이 썩어가는 배 위에서 웅웅거렸지,
그곳에서 구더기의 군대가 새카맣게 쏟아져 나와
묵직한 액체처럼
이 살아 있는 누더기를 따라 흘러내렸지.

이 모든 것이 내려갔다 올라갔다 했지, 파도처럼,
아니 거품을 뿜으며 솟아나왔지,
몸뚱이가 희미한 입김으로 부풀어 올라
수천 수만으로 살아나는 것 같더군.

세상은 이상한 음악을 들려주었지,
흐르는 물과 바람인 듯,
키질하는 사람이 흥겨운 동작으로
키 안에서 흔들어대는 낟알인 듯.

소멸해버린 형체들은 한낱 꿈에 불과하지,
천천히 그려지게 될 밑그림,
잊혀진 화폭 위에, 예술가가
오직 추억에 의해서 완성시키는 밑그림.

바위 뒤에서 초조한 암캐 한 마리가
화난 눈으로 우리를 바라보았지,
해골에서 놓쳐버린 고깃조각을
다시 집어들 순간을 노리면서.

그런데 당신도 이 쓰레기와 다르지 않을 거요,
이 끔찍하게 혐오스러운 것과 말이오,
나의 별, 나의 태양, 나의 천사,
나의 열정인 당신도!

그래요! 오, 우아함의 여왕인 당신도 그럴 거요,
최후의 성사를 마친 후,
당신이 풀잎과 풍성하게 만개한 꽃들 아래서
나뒹구는 백골들 속에서 곰팡 슬어갈 때면 말이오.

그러니 나의 아름다운 여인이여! 말하시구려
입맞춤으로 당신을 파먹어 들어갈 벌레들에게,
나는 썩어버린 사랑이어도
그 모습과 신성한 본질을 간직했노라고!

샤를르 보들레르
『악의 꽃』, 1857년

> 피터 클래스의 정물화, 〈바니타스〉

11장

죽음과 유머

인류 역사에서 죽음은 사랑과 더불어 아마도 철학자와 시인들에게 가장 풍부한 영감을
불어넣은 주제일 것이다. 솔직히, 모든 것을 다 떠나서, 웃음이야말로
죽음에 대항해서 최종적으로 승리를 거둘 수 있는 가장 효과적인 방법이 아닐까?

"아무리 좋은 것이라 해도 반드시 끝이 있게 마련이다.
소시지만 예외다. 끝이 양쪽에 있으니까."

장-마르크 미노트, 일명 장 랑셀므

"'나는 이제 완전히 다 타버렸다!'
죽기 전에 소방수가 외쳤다."

피에르 도리스

"죽음이란 무엇인가?
-마지막으로 겪어야 할 재수 없는 순간이지."

클로드 아블린

"죽는 법을 배워야 한다니? 왜 그래야 하지?
비록 첫 경험이어도 단번에 성공할 수 있는데 말이야."

니콜라 드 샹포르

"위대한 인간의 심장이 뛰기를 멈추면, 그 순간
그의 이름을 딴 동맥(간선 도로를 비유하는 말―옮긴이)이

생기게 되지."

외젠 라비슈

"절대로 인생을 너무 심각하게 받아들이지 말게. 어쨌거나
자넨 살아생전에 그 문제를 해결하진 못할 테니까 말일세."

엘버트 허버드

"무(無)란 내가 빠진 우주라네."

이브 스캉델, 일명 앙드레 쉬아레스

"건강이란 좋은 전조랄 것도 없는 잠정적인
상태일 뿐이지."

쥘 로맹

"시간은 인간의 얼굴에 주름을 만드는 반면,
타이어의 주름은 매끈하게 편다."

폴 모랑

247

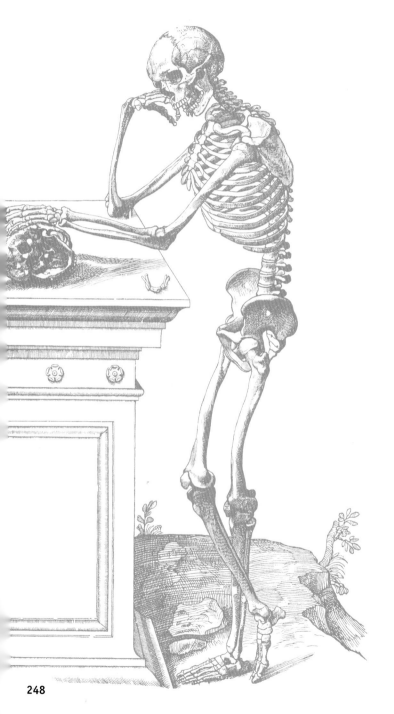

"죽는다는 건 이 땅을 떠나는 동시에 이 땅의 속으로
들어가는 것이다."

앙드레 비라보

"언제까지고 살아야 한다면?
따지고 보면, 그것만큼 죽을 지경인 일도 없지."

자크 오디베르티

"그는 죽었다. 그러니 왜 내가 그의 장례식에 가야 한단
말인가? 그가 내 장례식에 못 올 것이 뻔한데."

자크 프레베르

"죽는다는 생각을 견딜 수 없어 그는 죽어버렸다."

클로드 루아

"죽음의 그림자 덕분에 삶에 두께가 생긴다."

잉마르 베리만

"늙도록, 아주 많이 늙도록, 지나치게 늙었다 싶을 때까지
악착같이 살아야 한다. 그래야만 당신을 놀려대던
사람들의 장례를 치르는 기쁨을 여러 해 동안 누릴 수
있을 테니까."

장 뒤투르

"가장 아름다운 죽음은 여든 살에 질투에 불탄 남편이 쏜
총에 맞아 죽는 죽음이다."

프랑시스 블랑시

"삶: 지상으로 나오는 것,
죽음: 지하로 들어가는 것."

자크 칼라이지앙, 일명 지카

"식탐이 많은 사람들은 이빨로 자신의 무덤을 판다."

앙리 에스티엔

"인간의 모든 불행은 하나의 방 안에서 평온하게 지낼 줄 모른다는 단 한 가지 사실에서 비롯된다."

블레즈 파스칼

"내가 살아 있는 한 죽음은 절대 나를 이기지 못하지."

장 콕토

"쓸데없이 돈을 쓴 사례는 얼마든지 많이 있다. 가령 묘지의 담만 해도, 안에 있는 자들은 밖으로 나올 수가 없고, 밖에 있는 자들은 그 안으로 들어가고 싶은 마음이 전혀 없는데 뭐하러 세웠담?"

마크 트웨인

"그가 죽었다는 사실이 그가 살았음을 절대적으로 입증하지는 못한다."

스타니스와프 예지 레츠

"죽은 양은 더 이상 늑대를 무서워하지 않는다."

러시아 속담

"서로 아무 할 말이 없을 때가 바로 삶이 멈춘 때라면, 사망률은 아마도 급속하게 올라갈 것이다."

부아즈농 사제

"우리는 모두 시인이 되어, 시를 지을(원문이 faire des vers로 '지렁이를 양산할 것이다'라는 뜻도 됨—옮긴이) 운명이다."

조르주-자크 당통

"잠은 삶을 유지하기 위해 죽음으로부터 잠시 차용한 빚."

아르투르 쇼펜하우어

"죽어야 할 사람이라면 제아무리 양초 파는 장사라고 한들 어둠 속에서 죽게 마련이다."

콜롬비아 속담

"단단함과 경직은 죽음의 동반자. 나약함과 유연함은 삶의 동반자."

중국 속담

"교황의 시신이라고 해서 성당 관리인의 시신보다 더 넓은 자리를 차지하지는 않는다."

스페인 속담

"나이 든다는 건 정말 굉장한 일일세, 그런데 그처럼 안 좋게 끝나야 한다니 유감이군!"

프랑수아 모리스

"잘 죽으려면 부단히 노력해야 한다. 마지막엔 재가 되어야 한다."

프랑스 속담

"죽음은 산등성이 뒤에 있지 않고 바로 우리 어깨 뒤에 있다."

러시아 속담

"똑바로 쳐다볼 수 없는 것이 두 가지 있다. 태양과 죽음이다."

프랑수아 드 라로슈푸코

"죽음은 결국 잘못된 교육이 낳은 결과일 뿐이다. 제대로 사는 방법을 몰랐기 때문에 일어나는 일이기 때문이다."

피에르 다크

"어떤 사람들은 너무 일찍 죽는다.
많은 사람들이 너무 늦게 죽는다.
적당한 시기에 죽는 사람은 너무 드물다."

프리드리히 니체

"질병, 전쟁, 죽음만 빼면, 나머지는 다 괜찮아?"

조제프 델테유

"나는 들판에 서서 태양을 바라보며 죽고 싶다.
구겨진 침대 시트 위, 꿀벌 한 마리 날아오지 않는
닫힌 덧문의 어두운 그림자 속에서가 아니라."

장 페라

"단 한순간만 더 있었다면,
죽음이 덥석 찾아왔을 텐데,
그런데 벌거벗은 빈손이, 와서, 내 손을 잡았다네.
누가 도대체 잃어버린 빛깔을 돌려주었을까,
하루하루 나날들과 주일들에게?
거대한 인간사의 현실감. 단 하나의 몸짓,
잠을 자며 가볍게 밤 속에서 나에게 기대고 있는
나의 이마를 스치는 몸짓,
커다랗게 뜬 두 눈에 모든 것이 밀밭 같아 보였지,
이 우주 속에서."

루이 아라공

"이런! 난 죽을 사람들만 남기고 가는구나."

니농 드 랑클로(운명할 때 남긴 말)

"죽는 건, 제일 나중에 해야 할 일이지."

앙드레 뷔름세르

"인간이란 사형수의 다른 이름."

쥘 르나르

"죽음은 너무도 의무적이라 거의 요식 행위가
되어버렸다네."

마르셀 파뇰

"죽음은 살아 있는 사람들이 만들어낸 생각이지.
산 사람들이 너무도 많은 삶을 그 안에 구겨넣었기 때문에
끔찍하기 짝이 없는 생각이 되어버렸지."

폴 발레리

"당신은 그저 죽기만 하면 됩니다,
나머지는 우리가 다 알아서 할 테니까요."

미국 장례업계 광고 카피

"그는 죽음 때문에 두 주먹을 꽉 쥐고 잠들었다."

쥘 르나르

"우리는 죽음을 준비하지 않는다. 삶에서 멀어질 뿐이다."

폴 클로델

"질병이란 죽음 연습."

쥘 르나르

"사람의 귀가 들은 가장 어리석은 말은 '밝은 미래' 어쩌고
하는 말이다. 부패와 해체, 무(無) 외에 도대체
무슨 미래가 있단 말인가?"

프랑수아 모리아크

"죽어가는 모든 사람은 두 사람으로 이루어져 있다.
즉 현재의 그와 현재의 그가 두 발로 서서 지탱하도록
유지시켜주는 과거의 그."

앙리 드 몽테를랑

"고통은 한 세기이며 죽음은 한순간이다."

장-바티스트 그라세

"제일 큰 수수께끼는 죽음이 아니라 삶이다."

앙리 드 몽테를랑

"철학은 죽는 법을 배우는 것이다."

미셸 드 몽테뉴

"죽음이라고? 제발 그때까지 살기나 한다면!"

장 폴랑

"죽는 법을 배우는 건 고귀한 일이다."

에피쿠로스

"죽음은 나에게 강한 인상을 주지 않는다. 나 자신이
언젠가는 죽으리라고 굳게 마음먹고 있는 터이니 말이다."

쥘 르나르

"한 인간이 죽기까지 얼마나 많은 사람들이
그보다 먼저 죽는가!"

공쿠르 형제 에드몽과 쥘

"아름다운 죽음을 맞이하면서 그는 그 죽음이
몹시 추하다고 느꼈다네."

로베르 사바티에

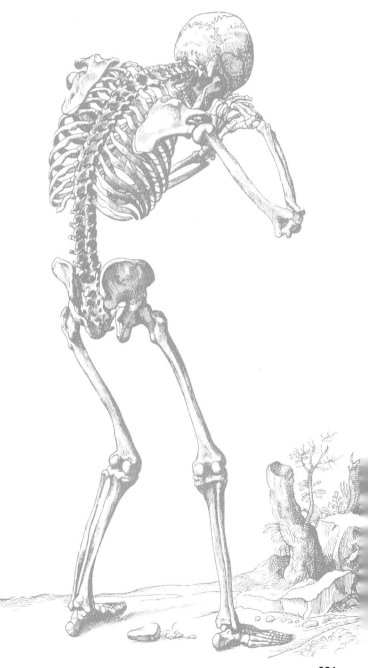

"매일매일이 당신의 마지막 날이라고 생각하라."

호라티우스

"인간은 죽음은 받아들이지만 죽음의 순간은 받아들이지
못한다. 아무 때나 죽을 수 있다, 반드시 죽어야 할 시간만
빼고."

에밀 미셸 시오랑

"살기를 원한다면, 너는 죽기를 원할 수도 있다. 그렇지
않다면 너는 삶이 무엇인지 이해하지 못하는 것이다."

폴 발레리

"삶은 죽음이다."

루이 스퀴트네르

"오늘은 나
내일은 너"

알제 묘지 입구에 붙은 경구

"개인의 불멸을 요구하는 건 실수를 무한히 반복하고자
하는 것이다."

아르투르 쇼펜하우어

"그는 모든 죽은 사람들과 악수를 나눈 다음
그들 뒤에 섰다."

엘리아스 카네티

"내가 분명 당신한테 난 아프다고 말했잖아요!"

어느 무덤에 새겨진 묘비명

"네가 어느 쪽으로 몸을 돌리건
죽음은 항상 너를 노리고 있다."

파리 지하 묘지에 붙어 있는 포스터

"그들은 지금 우리와 같았다.
먼지, 바람의 노리개
인간만큼 부서지기 쉽고 허무만큼 나약한 존재."

알퐁스 드 라마르틴

"나는 거울을 통해서 죽음의 작업을 지켜본다."

장 콕토

"그는 마지막 두려움을 쫓아낸 다음 죽었다."

엘리아스 카네티

"영혼의 불멸성이란 죽음에 대한 공포 또는 죽은 자들에
대한 회한이 만들어낸 발명품이다."

귀스타브 플로베르

"죽음에 대한 공포만이 그들을 삶에 매달리게 한다."

쥘 르나르

"잘 뜯어보면, 죽음은 쉽게 이해할 수 있다."

쥘 르나르

"한 사람의 죽음은 비극이다. 수백만 명의 죽음은 통계에
불과하다."

이오시프 스탈린

"죽음은 달콤하다. 우리를 죽음에 대한 생각으로부터
해방시켜주기 때문이다."

쥘 르나르

"죽음이란 원대하다……. 그 안에 삶이 가득 차 있으니까."

펠릭스 르클레르

252

"죽음의 순간이 오기 전까지도 죽지 않은 사람은
죽음의 순간이 오면 이미 어찌해볼 도리가 없다."

야콥 뵈메

"결혼 1년 만에 사망한 나의 남편에게."
부인의 고마움을 전하며.

페르라셰즈 묘지의 한 무덤에 새겨진 묘비명

"당신은 살아 있는 평생 즐겁게 살 수 있고,
죽은 다음에는 내내 휴식을 취할 수 있다."

프랑수아 라블레, 『포도주 사용법 소고』

"그는 촉망되는 장래를 뒤로 하고 죽었다."

제임스 조이스

"제아무리 높이 올라간다 한들 항상 재로 끝나기
마련이다."

앙리 로슈포르

"삶은 유쾌하다. 죽음은 평화롭다. 그런데 전자에서
후자로의 이행은 서글프다."

아이작 아시모프

"침대는 이 세상에서 가장 위험한 장소이다.
80퍼센트의 인간이 그곳에서 죽음을 맞이하니까."

마크 트웨인

"남편이 죽자 그녀는 비로소 혼자가 아니라고
느끼기 시작했다."

질베르 세브롱

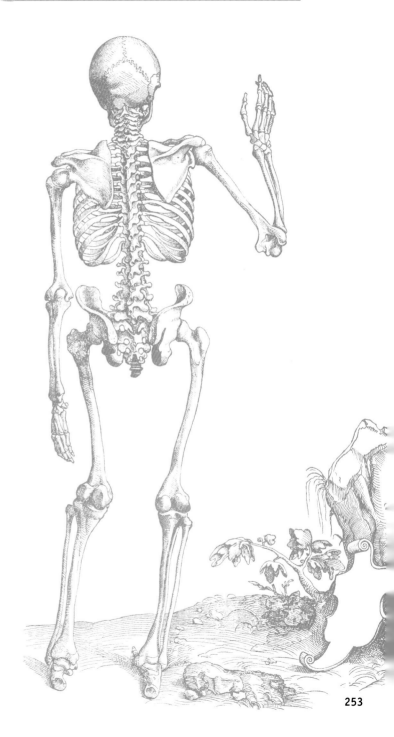

> 교토 북동쪽 료안지(龍安寺)

"두려움은 고통이다.

두려움은 있는 그대로를 받아들이지 않는 것이다.

두려움은 무엇인가와의 관계에서만 존재한다.

두려움을 만들어내는 건 정신이다.

자신에 대한 깨달음만이 당신을 죽음으로부터 해방시켜준다.

자신에 대한 깨달음은 곧 지혜의 시작이며

두려움의 끝이다."

- 지두 크리슈나무르티

30년 전, 리샤르 벨리보의 친구이자 멘토였던 벤 설스키는 심각한 심장 질환으로 여러 차례 대수술을 받았다. 아주 가까이에서 죽음을 지켜본 후 그는 대대적으로 생활방식을 바꾸었다. 담배 끊기, 매일 운동하기, 건강한 섭생, 지속적인 지적 활동, 적극적인 봉사 활동, 이런 몇 가지 습관을 도구 삼아 그는 새로운 생활을 시작했다.

73세에 테니스를 배우기 시작했고, 80세에 골프에 입문했다. 올해 85세 생일을 맞는 그는 삶을 사랑하며 유머를 즐기는 에피쿠로스의 후예로서 왕성한 호기심, 인습을 타파하는 유연한 정신, 예외적이다 싶을 만큼 넘치는 관대함을 자랑한다. 삶에 대한 무한한 사랑과 풍부하고 너그러운 감정이야말로 죽음에 대한 공포를 물리치는 가장 효과적인 무기가 아닐까?

결론

사람들은 마치 절대 죽지 않을 것처럼 살며, 절대 살아보지 않았던 것처럼 죽는다.
- 달라이 라마

나는 죽음이 두렵지 않다.
나는 태어나기 전 몇십억 년 동안 죽어 있었으며,
그 때문에 괴로웠던 적은 단 한 번도 없다.
- 마크 트웨인

존재의 덧없음에 대한 예리한 인식은 인간이라는 종에게서만 나타나는 근본적인 특성이다. 하지만 죽음은 어쨌거나 개별적인 시련이며 우리들 각자는 나름의 방식으로, 자신의 역량을 최대한 발휘하여 이 죽음에 대처한다. 죽음에 대처하기 위한 보편적인 사용 지침 따위는 존재하지 않는다. 존재의 종착점 앞에 섰을 때 우리 각자가 보이는 태도는 살아 있는 동안 겪은 모든 경험과 지식, 그리고 타고난 유전자, 가치관이며 인생관에 영향을 미치는 총체가 빚어내는 복잡한 감정들이 다양한 방식으로 혼합되어 나타나는 결과이다. 어떤 사람들에게는 이 모든 요소들이 결합하여 죽음을 가장 공포스러운 대상으로 보여주는가 하면 다른 사람들에게는 죽음이 생각조차 하기 싫은 절대악일 수도 있다. 모든 생명체들이 본능적으로 죽음에 대한 두려움을 갖고 있고, 따라서 죽음을 두려워하는 것이 지극히 정상적인 반응

이라 하더라도, 그 공포 자체는 순전히 우리의 정신이 만들어낸 구조물이며, 인간에게만 나타나는 현상이다.

죽음으로 인한 불안감과 관련해서는 인간의 경험이 상당한 비중을 차지하고 있다. 그러나 또 한편으로는 죽음과 관련한 두려움을 조절하고, 비교할 대상이 없을 만큼 뛰어난 인간의 지적 능력을 이용해서 불가피한 것으로 알려진 노화를 관리하고, 궁극적으로는 죽음까지도 통제할 수 있는 가능성을 제공하기도 한다. 이런 의미에서 본다면, 생명이 태어나고 유지되는 과정에서 일어나는 현상들에 대한 이해 부족이야말로 죽음을 받아들이기를 주저하게 만드는 여러 어려운 점 중에서도 가장 큰 난관이라 할 수 있다. 생존에 필수적인 여러 과정들이 합해져서 빚어내는 놀라운 총체, 오늘날 우리가 알고 있는 생명의 만개에 도달하기 위해 넘어서야 했던 수많은 장애물들을 충분히 이해하게 된다면, 우리는 세

상에 태어나는 기회를 가졌다는 사실만으로도 경이로움을 맛보게 될 것이다. 죽음은 비정상적이거나 부조리한 사건이 아니다. 오히려 그와 반대로, 살 기회를 얻었다는 것이 기적이다.

죽음은 생명의 지속성과 진화를 위해서 필수적인 선제 조건이다. 우리보다 앞서 살았던 헤아릴 수 없이 많은 생명체들의 죽음 덕분에 우리가 태어날 수 있었던 것과 마찬가지로, 우리의 죽음이 새로운 세대의 출현을 가능하게 해줄 것이다. 각 개인에 내재하는 한계 때문에 진화가 불가능한 불멸의 세계는 요지부동으로 경직된 상태를 벗어날 수 없을 것이다.

우리는 우주가 존재하기 시작한 이후의 전 기간에 걸쳐 생존한 것이 아니며, 이제까지 지구상에 존재한 다른 모든 생명체의 총체와 마찬가지로, 몇십 년이라는 세월이 지나면 사라질 것이다. 우리의 존재가 계속되어온 이 짧은 기간 동안, 예외적이라 할 만한 조건들이 결합하여 이제까지 한 번도 볼 수 없었으며 앞으로도 볼 수 없을 독창적인 삶이 분출했다. 그러니 죽음에 대한 공포를 두고두고 간직하느니, 차라리 지구에 와서 머무는 이 짧은 기간을 충분히 향유하며 삶을 예찬하고 그 찬란한 모험에 동참할 수 있는 기회를 누리게 됨을 감사하자. 삶이란, 비록 언젠가는 반드시 죽음으로 끝이 나게 마련이지만, 그럼에도 분명 대단히 멋진 경험이다.

참고자료

이 책에서 다루고 있는 주제의 특성상 무수히 많은 참고자료들을 섭렵해야 했으나, 그중에서 주요 자료들만 이 지면에 소개한다.

1장. 영혼의 죽음

Le cerveau à tous les niveaux!: http://lecerveau.mcgill.ca/

Linden D.J., *The Accidental Mind: How Brain Evolution Has Given Us Love, Memory, Dreams, and God*, Cambridge, Harvard University Press, 2007, 288 pages.

"Conscience: les nouvelles découvertes", La Recherche, n°439, mars 2010.

Blanke O., Arzy S., "The Out-of-Body Experience: Disturbed Self-Processing at the Temporo-Parietal Junction", *Neuroscientist*, n° 11, 2005, p. 16-24.

2장. 죽는 것이 사는 것이다!

Ciccarelli F.D. et al., "Toward Automatic Reconstruction of a Highly Resolved Tree of Life", *Science*, n° 311, 2006, p. 1283-1287.

Powner M.W. et al., "Synthesis of Activated Pyrimidine Ribonucleotides in Prebiotically Plausible Conditions", *Nature*, n°459, 2009, p. 239-242.

Lane N., *Power, Sex, Suicide: Mitochondria and the Meaning of Life*, Oxford, Oxford University Press, 2006, 368 pages.

Kirschner M.W., Gerhart J.C., *The Plausibility of Life: Resolving Darwin's Dilemma*, New Haven, Yale University Press, 2005, 336 pages.

Dawkins R., *The Greatest Show on Earth: The Evidence for Evolution*, Free Press, 2009, 480 pages.

3장. 죽음을 의식하고 살기: 희망과 공포 사이에서 줄타기

Morin E., *L'Homme et la Mort*, Paris, Éditions du Seuil, 1976, 372 pages.

Wright R., *The Evolution of God*, Little, Brown and Company, 2009, 576 pages.

Hall J., "Biochemical Explanations for Folk Tales: Vampires and Werewolves", *Trends in Biochemical Sciences*, n° 11, 1986, p. 31.

4장. 노화

Fries J.F., "Aging, Natural Death, and the Compression of Morbidity", *New England Journal of Medicine*, n° 303, 1980, p. 130-135.

Colman R.J. et al., "Caloric Restriction Delays Disease Onset and Mortality in Rhesus Monkeys", *Science*, n° 325, 2009, p. 201-204.

Leslie M. "Aging. Searching for the Secrets of the Super Old", *Science*, n° 321, 2008, p. 1764-1765.

The Science of Staying Young, Scientific American: Special Editions, juin 2004.

5장. 만성질환으로 서서히 죽어가기

Nuland S.B., *How We Die: Reflections of Life's Final Chapter*, Vintage, 1995, 304 pages.

Zipes D.P., Wellens H.J., "Sudden Cardiac Death", *Circulation*, n° 98, 1998, p. 2334-2351.

Physicians' Desktop Reference: http://www.pdrhealth.com:80/home/home.aspx

Organisation mondiale de la santé:www.who.int/fr

Emanuel E.J., "Euthanasia. Historical, Ethical, and Empiric Perspectives", *Archives of Internal Medicine*, n° 154, 1994, p. 1890-1901.

6장. 감염으로 인한 죽음

Barry S., Gualde N., "La Peste noire dans l'Occident chrétien et musulman, 1347-1353", *Bulletin canadien d'histoire de la méde-*

cine, n° 25, 2008, p. 461-498.

Kelly J., *The Great Mortality: An Intimate History of the Black Death, the Most Devastating Plague of All Time*, Toronto, Harper Collins, 2005, 384 pages.

Engleberg N., DiRita V., Dermody T. (dir.), *Schaechter's Mechanisms of Microbial Disease*, 4ᵉ édition, Lippincott Williams & Wilkins, 2006, 784 pages.

Shinya K. et al., "Avian Flu: Influenza Virus Receptors in the Human Airway", *Nature*, n° 440, 2006, p. 435-436.

Taubenberger J.K., Morens D.M., "The Pathology of Influenza Virus Infections", *Annual Review of Pathology*, n° 3, 2008, p. 499-522.

Neumann G. *et al.*, "Emergence and Pandemic Potential of Swine-origin H1N1 Influenza Virus", *Nature*, n° 459, 2009, p. 931-939.

7장. 독: 매혹과 위험성

Mead R.J., "The Biological Arms Race: Evolution of Tolerance to Specific Toxins", *Proceedings of the Nutrition Society of Australia*, n° 11, 1986, p. 55-62.

Appendino G. *et al.*, "Polyacetylenes from Sardinian Oenanthe Fistulosa: A Molecular Clue to Risus Sardonicus", *Journal of Natural Products*, n° 72, 2009, p. 962-965.

Goldfrank L. *et al., Goldfrank's Toxicologic Emergencies*, McGraw-Hill Professional, 7ᵉ édition, 2002, 2170 pages.

"A Brief History of Poisoning": http://www.bbc.co.uk/dna/h2g2/A4350755

8장. 변사

Patrick U.W., "Handgun Wounding Factors and Effectiveness", *Quantico: Firearms Training Unit*, FBI Academy, 14 juillet 1989: http://www.firearmstactical.com/pdf/fbi-hwfe.pdf

9장. 예외적인 죽음, 충격적인 죽음

Sanchez L.D., Wolfe R., "Hanging and Strangulation Injuries",

Harwood-Nuss' Clinical Practice of Emergency Medicine, 4ᵉ édition, Lippincott Williams & Wilkins, 2005.

Pattinson K., "Opioids and the Control of Respiration", *British Journal of Anaesthesia*, n° 100, 2008, p. 747–758.

10장. 사후에 벌어지는 일들

Vass, A., "Beyond the Grave: Understanding Human Decomposition", *Microbiology Today*, n° 28, 2001, p. 190-192.

Goff, M.L., "Early Post-mortem Changes and Stages of Decomposition", in Amendt J., Goff M.L., Campobasso C.P., Grassberger, M. (dir.), *Current Concepts in Forensic Entomology*, 2010, p. 1-24.

Amendt J. *et al.*, "Forensic entomology", *Naturwissenschaften*, n° 91, 2004, p. 51-65.

Department of Forensic Medicine (University of Dundee). "Post-mortem Changes and Time of Death": http://www.dundee.ac.uk/forensicmedicine/notes/timedeath.pdf

Fiedler S., Graw M., "Decomposition of Buried Corpses, with Special Reference to the Formation of Adipocere", *Naturwissenschaften*, n° 90, 2003, p. 291-300.

도판 출처

Amélie Roberge: 20, 24, 25, 33, 36, 39, 40, 57ab, 59, 61, 63, 64, 67, 70, 105, 109, 116, 117, 120, 130, 152b, 154, 195, 199

Bridgeman Art Library: Arthur M. Sackler Gallery, Smithsonian Institution, É-U./The Anne van Biema Collection 202; Biblioteca Ambrosiana, Milan, Italie 185a; Bibliothèque Nationale, Paris, France/Archives Charmet 138a, 144; British Museum, Londres 81; Casa di Dante, Florence, Italie 18; Grottes de Lascaux, Dordogne, France 79; collection privée 8, 85, 100, 143a, 161; collection privée/Archives Charmet 124, 151, 190; collection privée/© Aymon de Lestrange 210; collection privée/Giraudon 26; collection privée/© Look and Learn 146; collection privée/Peter Newark Pictures 204; collection privée/photo © Boltin Picture Library 223; collection privée/photo © Bonhams, Londres, Royaume-Uni 191; collection privée, photo © Christie's Images 111, 172; collection privée/The Stapleton Collection 177, 214, 235; Deir el-Medina, Thèbes, Égypte 241; Egyptian National Museum, Le Caire, Égypte/AISA 82; Egyptian National Museum, Le Caire, Égypte/photo © Boltin Picture Library 242; Galleria dell' Accademia, Venise, Italie 224; Graphische Sammlung Albertina, Vienne, Autriche 94; Hamburger Kunsthalle, Hambourg, Allemagne 260; Herbert Ponting, Royal Geographical Society, Londres 32; Johnny van Haeften Gallery, Londres, Royaume-Uni 245; Leeds Museums and Galleries (City Art Gallery), Royaume-Uni 137; Le Louvre, Paris 76; Le Louvre, Paris, France/B. de Sollier & P. Muxel 131; Le Louvre, Paris/Giraudon 42, 162; Mauritshuis 45; Musée de l'assistance publique, Hôpitaux de Paris, France 126; Musée des Beaux-Arts, Dijon, France/Giraudon 173; Musée des Beaux-Arts, Dijon, France/Peter Willi 229; Musée du Berry, Bourges, France/Giraudon 148; Museo Correr, Venise, Italie 150; Museo della Specola, Florence, Italie 147; National Archaeological Museum, Athène, Grèce/Giraudon 83; National Museum, Oslo, Norvège 155; Prado, Madrid, Espagne 15, 86; Service historique de la Marine, Vincennes, France/Giraudon 77; Rijksmuseum Kroller-Muller, Otterlo, Pays-Bas 12; Saint-Pierre, Vatican, Italie 112; The Marsden Archive, Royaume-Unis 187; © Tokyo Fuji Art Museum, Tokyo, Japon 218, 219; Musées et Galeries du Vatican 30; Walkert Art Gallery, National Museums Liverpool 71

Centers for Disease Control and Prevention: CDC/Dr. Fred Murphy 138b; CDC/ Jean Roy 141; Janice Haney Carr 145

David M. Hillis, Derrick Zwickl, Robin Gutell (Université du Texas): 49

Getty Images: 89, 133, 186, 189, 231; Aaron Graubart 17; AFP/Getty Images 34, 80, 134, 153, 160, 178, 207, 222, 227, 240; Andrew Errington 212; Anna Huerta 106; Anthony Bradshaw 211; Arctic-Images 28; Ashok Sinha 11; © Axel Laurer 216; Bert Hardy 246; Celeste Romero Cano 156; Charles Thatcher 52; Christy Gavitt 50b; CMSP 60; Comstock 159; David Becker 46, 123; David Fleetham/Visuals Unlimited, Inc. 168a; David Wrobel 168b; DEA Picture Library 243; Dr. David Phillips 54; Dr. Gopal Murti 68, 69, 230; Dr. James L. Castner 234; Dr. Kenneth Greer 122; Erik Dreyer 72; ERproductions Ltd 118; Frank Greenaway 236; Gordon Wiltsie 102; Henrik Sorensen 37; Ian Sanderson 184; Ihoko Saito/ Toshiyuki Tajima 50fn; James Balog 74; Jason Edwards 168d; Joe Raedle 41; John Sann 103; Kallista Images 152a; Kenneth Garrett 75; Luis Veiga 201; Mahaux Photography 197; Marco Di Lauro 196; Marcy Maloy 104; Mark Andersen 97; Mark Bolton 164; Mark Raycroft 233; Marta Bevacqua photos 56; Medioimages/Photodisc 50m; Micheal Simpson 237; Moredun Animal Health Ltd/SPL 127; National Geographic/Getty Images 91; NHLI via Getty Images 200; OJO Images 110; Oxford Scientific 65; Oxford Scientific / Photolibrary 50d; PhotoAlto/Michele Constantini 181; Popperfoto/Getty Image 143b; Ralph Hutchings 65; Richard Ashworth 238; Sarah Faubus 55f; Science Photo Library 22; Simon Roberts 132; SSPL via Getty Images 209; Steve Allen 220; Steve Gschmeissner/SPL 119; Stocktrek Images 193; SuperStock 88; Time & Life Pictures/Getty Images 87, 98, 108, 140, 171, 174b, 182; Tim Flach 169; Todd Gipstein 44; Topical Press Agency/Stringer 53; Wood/CMSP 176

Groupe Librex: 29, 38, 101, 109, 226

Istockphoto: duncan1890 14

Jupiter Images: 97

Sarah Scott: 58, 84, 93, 185b, 205, 257

Shutterstock: couverture, 97, 192; A Cotton Photo 168c; Ajay Bhaskar 55g; Alexander Gitlits 135; Alleksander 55o; almondd 50a; andesign101 114; Andrejs Pidjass 55b; ansar80 55h; Anyka 50k; Basov Mikhail 21; beaumem 165b; bikeriderlondon 142; Bliznetsov 206; Carolina K. Smith, M.D. 149; Carrie's Camera 50j; Carsten Reisinger 129; Cathy Keifer 50g; chuong 254, 255; Cigdem Cooper 90; delihayat 55j; Dmitry Savinov 232; Eastimages 81; EcoPrint 50ehiop, 170; ene 115; ggw1962 180; Goran Kapor 167b; gorica 215; Graphic design 179; Gregory Johnston 55l; iDesign 27; iofoto 98; James Steidl 43; Jarno Gonzalez Zarraonandia 78; JinYoung Lee 107; Jose AS Reyes 50 l; Kobby Dagan 55m; KUCO 1,3; lcepparo 55d; Izaokas Sapiro 97b; Levent Konuk 48; Lucian Coman 55c; margita 109; Martin Fowler 166; Melinda Fawver 167a; michaeljung 55a; Monkey Business Images 55k; Natale Matt 175; Natalia Sinjushina & Evgeniy Meyke 65; Olivier Le Queinec 221; ostill 55n; R. Gino Santa Maria 55i; Richards 228; Rob Marmion 55e; SFC 174a; Stanislav Bokach 57c; Stefan Schejok 62; Stephen Mcsweeny 194; Steve Smith Photography 50c; stocksnapp 165a; Stuart Monk 55p; Supri Suharjoto 96; Suzan Oschmann 248, 251, 253; Yuri Arcurs 99

Wikipedia: 208

찾아보기

기타